重点建设工程施工技术与管理创新 6

北京工程管理科学学会　编

中国建筑工业出版社

图书在版编目（CIP）数据

重点建设工程施工技术与管理创新 6/北京工程管理科学学会编. —北京：中国建筑工业出版社，2012.12
ISBN 978-7-112-14360-3

Ⅰ.①重… Ⅱ.①北… Ⅲ.①建筑工程-工程施工-施工技术-文集②建筑工程-施工管理-文集 Ⅳ.①TU7-53

中国版本图书馆 CIP 数据核字（2012）第 287004 号

本书为北京工程管理科学学会推出的《重点建设工程施工技术与管理创新》系列的第6本。本册仍秉承务实创新的思想，向广大工程技术人员提供年度内最新工程项目施工技术与管理经验的总结。本书包括工程管理专业论文6篇、地基与基础工程技术论文5篇、混凝土结构工程技术论文8篇、钢结构工程技术论文4篇、装修工程3篇、专业工程技术论文6篇、加固、防水及其他工程技术论文4篇，共36篇论文。本书可作为工程施工技术及管理人员的工作参考书，也可作为高等院校相关专业师生的学习辅助用书。

责任编辑：刘　江　赵晓菲
责任设计：董建平
责任校对：刘梦然　王雪竹

重点建设工程施工技术与管理创新 6
北京工程管理科学学会　编

*

中国建筑工业出版社出版、发行（北京西郊百万庄）
各地新华书店、建筑书店经销
北京红光制版公司制版
北京富生印刷厂印刷

*

开本：787×1092 毫米　1/16　印张：16¾　字数：405 千字
2012 年 12 月第一版　2012 年 12 月第一次印刷
定价：**40.00** 元
ISBN 978-7-112-14360-3
(23010)

编委会成员

序

为总结建筑施工技术和管理创新的成果，促进施工企业员工自主创新、促进施工企业科技与管理进步，推进建筑行业的持续发展，北京工程管理科学学会自2007年开始，每年编辑出版一本《重点建设工程施工技术与管理创新》论文集。

2012年，北京工程管理科学学会继续秉承学会“服务企业、服务会员、服务经济社会发展”的办会宗旨和对建筑施工技术与管理创新成果的推进，开展了青年优秀论文竞赛活动。各会员单位共上报学术论文42篇，经专家评选，今年评选出优秀创新论文36篇，编成《重点建设工程施工技术与管理创新6》。其中包括工程管理论文6篇、地基与基础工程技术论文5篇、混凝土结构工程技术论文8篇、钢结构工程技术论文4篇、装修工程3篇、专业工程技术论文6篇、加固、防水及其他工程技术论文4篇，共36篇论文。

本论文集展示了学会会员单位2012年度自主创新的成果，总结了当今建设工程施工技术与管理经验，现予以出版，奉献给大家。希望对加快建筑企业科技进步和管理创新，进一步推进新科研成果的传播，提高施工企业自主创新能力和核心竞争力有一定的促进作用。

北京工程管理科学学会

理事长：丁传波

2012年10月18日

目　录

工程管理

地基与基础工程

混凝土结构工程

钢结构工程

装修工程

专业工程

加固、防水及其他工程

工程管理

以提高项目生产力为核心，持续改进生产方式推动国有建筑施工企业发展方式转变

陈翌军

（北京建工集团总承包部）

【摘　要】“十二五”期间我国进入全面建设小康社会的关键时期，加快经济发展方式转变作为深入贯彻落实科学发展观的核心战略目标进入了攻坚阶段。建筑业是国民经济支柱产业，如何在“十二五”期间更好更快地加快发展方式的转变是全体建筑人的一项重大课题。本文分析企业面临的机遇和挑战，特别是市场环境、产业链条、人力资源和行业体制等内外部“瓶颈”，结合企业发展的实际，提出了以企业自我改进为出发点，不断提高项目生产力并持续改进项目生产方式，推动企业科学发展。

【关键词】 项目管理；国有建筑施工企业；发展方式

随着“十二五”的到来，我国进入全面建设小康社会的关键时期，加快经济发展方式的转变作为深入贯彻落实科学发展观的重要目标和战略举措进入攻坚时期。“加快经济发展方式的转变”在党的十七届四中、五中全会和胡锦涛总书记在2011年“七一”建党90周年庆祝大会的讲话中都得到强调，《国民经济和社会发展“十二五”规划纲要》更是将其列为我国各行各业面临的一项新的且艰巨的历史任务，成为国家战略。建筑业是国民经济支柱产业，虽然不是高新技术产业，但却是科技成果和节能减排技术转化为现实生产力的重要阵地。改革开放后，中国建筑业经过二十余年的发展，经历了两次重大变革，第一次是八十年代末开始的以学习消化“鲁布革经验”创立项目法施工为主题，以改变施工项目资源配置方式和组织管理模式为目标的系统改革；第二次就是目前正在进行的在科学发展观总体要求下的企业发展方式的根本转变，这一次变革由于正处于国际国内环境深刻变化的时期，其复杂程度和艰巨程度要远远高于第一次变革，但是时不待我，如何在“十二五”期间更好更快地实现发展方式转变，发挥国有施工企业的示范引领作用，这是我们建筑人需要认真探索的一项重大课题。

1　建筑业的“十二五”——机遇与挑战并存

《国民经济和社会发展“十二五”规划纲要》中提出构建“以陆桥通道、沿长江通道为两条横轴，以沿海、京哈京广、包昆通道为三条纵轴，以轴线上若干城市群为依托、其他城市化地区和城市为重要组成部分”的城市化战略格局，这意味着未来五年，我国将处

于城镇化加速发展阶段，大规模基本建设仍是国民经济发展的主要特征之一；“十二五”期间，也是北京全力建设世界城市，打造“绿色北京、人文北京、科技北京”的关键时期。北京市国资委在“十二五”规划中，明确支持发展大企业集团，鼓励建设千亿元产业集群，鼓励国有企业“走出去”参与国际市场竞争，这些都为首都建筑施工企业提供了良好的发展机遇。

本人所在的是一个老牌的大型国有建筑企业，拥有着辉煌的历史：成立 58 年来，共建设了 1 亿余平方米的各类建筑，获得过 53 项鲁班奖和 22 项詹天佑奖。改革开放后，集团公司解放思想转变观念，“十一五”期间以业务国际化、产权多元化、资本市场化、管理科学化以及加强党建和宣传思想工作的“四化一加强”为主线，积极推进建筑业变革，实现了市场规模、产业结构、产权结构、管理结构和核心技术等五个方面的跨越，在“十一五”期末形成了“双主业、多板块”的经营格局，为实施“十二五”规划奠定了坚实基础。

然而，作为一种劳动密集型、主要依靠投资驱动、市场竞争激烈、高风险低收益的传统产业，建筑业在新形势下的发展不可避免地受到资金、人才、信息化、市场等因素的制约，国有建筑施工企业也遇到了一系列发展中的“瓶颈”。在资金上，建筑业受投资大环境的影响呈同比波动，“十一五”期间施工企业不同程度地面临着贷款额度大、融资渠道相对单一、资本市场化进展缓慢、流动资金短缺的困难；在人才上，当前国有建筑施工企业普遍缺乏高素质复合型管理人才和一线技术人才；在企业信息化建设上，建筑企业水平普遍不高，虽然早在党的十六大报告中就提出要以信息化带动工业化，以工业化促进信息化，然而建筑业还更多地采用项目承包经营的模式，以信息化管理为特征的企业法人扁平化、集约化管理手段还相对落后。此外，市场不规范竞争也是制约建筑企业健康发展的重要外部因素，业主在招标、工期、定价等方面不合理要求以及垫资、压价、肢解行为；建筑施工企业出卖、出借资质搞挂靠，围标、串标、转包等违法行为；监理企业不认真履行法定职责等。政府主管部门也缺乏有效的市场和行业管理手段，基本还是依靠行政指令，在产业导向上还缺乏清晰的方向。这些都对建筑企业发展方式转型提出了严峻挑战，也都涉及了必须在生产力和生产关系等深层次上进行变革的问题。

2 加快生产方式的转变是国有施工企业转型必经之路

通过对建筑业面临的机遇和挑战的分析，我认为如果不考虑体制上的外部因素，单从自身来讲，制约国有建筑施工企业转型的关键依然是其比较落后的项目生产力和生产方式，必须以提高项目生产力为核心持续改进生产方式，才能从根本上突破建筑施工企业发展的瓶颈。

2.1 完善双层管理模式，提高项目生产力

马克思将生产方式视作生产力和生产关系在物质资料的生产过程中的统一，其物质内容是生产力，其社会形式是生产关系。生产力决定生产关系，而生产关系则是解放和发展生产力的内驱力，对生产力起能动作用。结合建筑施工企业特点，项目生产力的概念可表述为“项目生产力是项目经理部实现工程项目建设目标的能力”，具体体现在劳动者、生

产资料和劳动对象这三大要素在工程项目层面上的优化配置和动态组合。建筑业生产力和生产方式的集中体现在于生产方式，生产方式的核心在于组织方式、管理方式和经营方式。“项目法施工”从某种意义上体现了“微观”经济领域对“生产关系反作用于生产力”这一论断的有力证明。“项目法施工”是中国建筑企业全面学习鲁布革工程经验的理论升华，是中国建筑施工企业适应市场要求的管理实践，也是中国建筑业产业结构调整和生产方式转变的集中表达。

从政府完全掌控下的“行政管理”模式发展到“法人治理”和“项目管理”并举的双层管理模式，是建筑施工行业在生产关系层面的重大突破，向“项目管理”要效益成为我们探索建筑业生产力和生产关系重大变革的中心思想。中国建筑业二十多年的改革实践，在项目生产方式上形成了以“动态管理、优化配置、目标控制、节点考核”为显著特征；以“项目经理责任制”和“项目成本核算制”为基本制度；以“四控制（质量、安全、进度、成本）、三管理（施工现场、生产要素、环境保护）、一协调（组织协调）”为主要内容；以“两层建设（管理层与劳务层）、三个升级（全员智力结构、工程总承包、资本运营能力）”为管理主线；以“总部宏观控制、项目授权管理、专业施工保障、社会力量协调”为运行机制，从20世纪90年代初期的“三管两控一协调”到“十一五”末，中国建筑施工企业的生产方式实现了质的飞跃，生产力得到空前提高。这些理论成果，对指导我们进行产业第二次攻坚具有重要的指导意义。

2.2 走集约化发展道路，实现一体化生产

正如业界人士指出，推行项目法施工是建筑业第一次生产方式变革的关键，而推行工程总承包则是牵住了建筑行业实现生产方式第二次变革的“牛鼻子”。

以我在企业的经历来看，多数大型国有建筑企业几十年来仍以工程建设为第一主业，主要依靠竞标取得工程施工承包权，而且大多数仍以走外延式发展道路为主，即过多依赖新签合同额获得数量增长、企业规模扩大或地域空间拓展等粗放式发展模式。建筑产品由于投资大、技术复杂、建设周期长，出于对国民经济有效管理和风险控制的目的，政府将建设行业按照职能“分割”成几个阶段，一般分为“可行性研究阶段”、“勘察设计阶段”和“工程施工”三个阶段，这些阶段构成一个项目的生命周期，而建筑施工企业的主要任务就是施工承包，由于行业准入门槛低，市场竞争异常激烈，导致风险巨大且利润很低（行业平均产值利润率一直维持在2%左右）。因此，转变项目承包方式，实现一体化生产，加快培育具有“融资能力、设计能力、总承包能力”三种能力集一身的企业，使施工企业从一般施工总承包向EPC转变，向BT、BOT转变，这是传统建筑业生产方式升级的关键也是国有大型建筑施工企业发展的必然趋势。

图1是当前国内大多数建筑施工企业在大型工程施工总承包上的组织机构图，集中体现了项目责任承包这一基本内涵。

图2和图3是本人亲自参与策划的一个EPC工程总承包管理流程概念图和组织机构图。

从图形对比不难看出，我们以单一施工安装为主导的项目生产方式距离国际先进水平的巨大差距。因此，传统建筑业向上、下游全产业链发展，可以有效缩短项目建设周期，减少行业壁垒所造成的内耗，才能真正实现以知识经济为导向的产业转型升级，只有进行

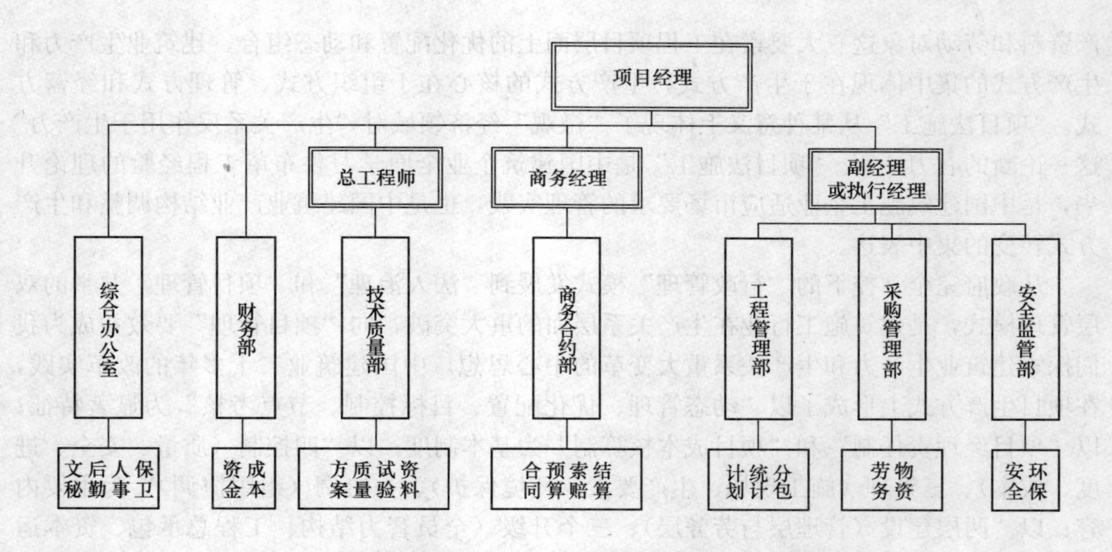

图 1 传统的施工总承包大型工程项目经理部组织机构图

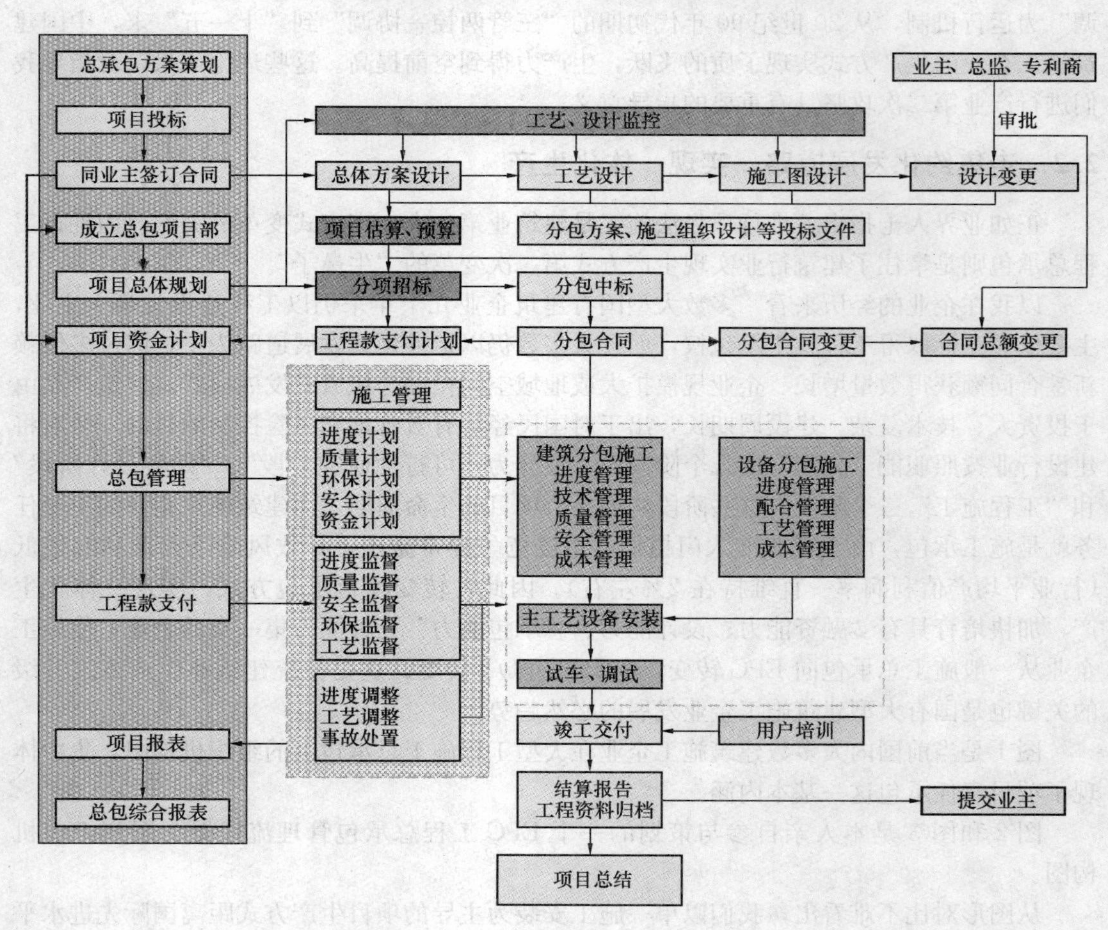

图 2 某 EPC 工程总承包总流程图

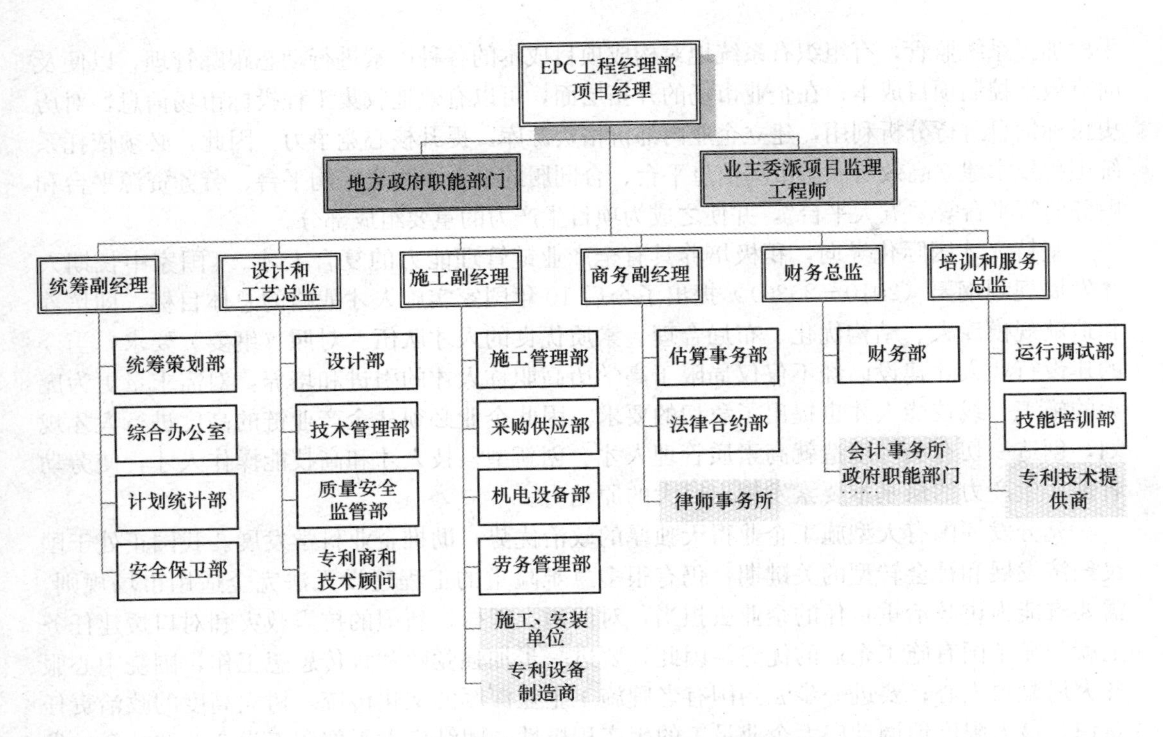

图 3　某 EPC 工程项目经理部组织结构图

这种深层次的变革，才能彻底改变建筑业附加值低、盈利水平低、市场地位低的“三低”状态，将生产方式提升到一个崭新的水平，才能真正有资格“走出国门”与发达国家建设企业一比高低。

3　加快项目生产方式转变的目标和措施

综上所述，建筑施工企业要提高项目生产力持续改进生产方式的主要目标和措施应该从以下五个方面着眼。

国有大型施工企业必须以实施工程总承包为着力点，提高全产业链项目组织管理能力。经过第一次变革，大型施工企业集团大多数都已经组建了覆盖全产业链职能的子企业，如投融资公司、设计院、物流公司、建安企业等，有能力实施多种形式的工程总承包，只是还缺乏市场环境和政策引导。因此，国有施工企业必须放弃“等、靠、要”思想，积极创新融资手段提升企业参与金融市场水平，利用自身传统优势，进一步整合优化中游和下游产业链，为整体战略转型创造条件。

坚持实施走出去战略，既开发市场又维护市场。从企业自身发展的角度，就必须摒弃简单地靠数量和规模增长的模式，坚持集约化管理模式，坚持向管理要效益的理念，以自身的自律和规范去影响和净化市场，创造良好的生存发展环境。

一定要把信息化管理作为企业发展的基础战略，狠抓落实。以信息化为基础的项目管理不但可以突破地域区隔，对同一时间分布在不同区域的众多项目进行有效的监控和协调，更可以有效地解决分散的项目作业状态与集中的控制管理要求之间的矛盾；此外，以信息化为手段加强系统监管，有组织有系统地对构成项目成本的各种因素进行动态跟踪管理，以便及时有效地控制项目成本；在企业市场的开拓层面，可以有效地收集工程投标市场信息，对历史投标信息进行分析利用，建立企业内部价格资源库，提升核心竞争力。因此，必须依托系统工程技术建立高效协同的市场信息平台、合同履约平台、物资采购平台、劳务资源平台和财务监管平台等“五大平台”，并使之成为项目生产力的重要组成部分。

坚持人才国际化导向，积极培养具有全产业链管理能力的复合人才。《国家中长期人才发展规划纲要（2010－2020）》提出了今后10年国家实施人才战略的总体目标，即培养和造就规模庞大、结构优化、布局合理、素质优良的人才队伍。对照《纲要》要求，当今的建设行业人才建设已经不仅仅局限于高学历高职称人才的引进和培养，对需求量更为庞大的施工一线技能人才也提出了急切的要求。因此企业必须从全产业链的高度进行人才规划，创造一切有利环境造就高素质管理人才、创新型科技人才和高技能操作人才，使劳动者这一生产力的最基本要素发挥出巨大的原动力。

充分发挥国有大型施工企业得天独厚的政治优势，助推企业科学发展。我国正处于国民经济发展和社会转型的关键期，仍有很多急难险重的工程建设无法完全适用市场规则，需要有能力讲政治重责任的企业去担当，对四川、玉树、新疆的抗震救灾和对口援建任务上就凸显了国有施工企业的优势。因此，要进一步加强党建和宣传思想工作，围绕中心服务大局凝聚人心；要进一步弘扬国有老牌施工企业深厚的文化传统，树立高度的政治责任意识，最大限度地调动广大企业员工的生产积极性，团结广大干部职工为企业和社会的发展兴旺而努力奋斗。

4 结论

总之，科学发展是时代主题，企业要以转变经济发展方式作为未来工作的主线。国有施工企业转型升级的落脚点还是在项目管理，项目管理的中心要求就是提升生产力并不断调整和优化生产方式，要实现从理念层面、产业层面、产品层面、资源层面和操作层面的多层次变革。即使外部环境和条件还有不成熟的地方，但作为全社会最具有能动作用的企业必须从自身做起，把推动建筑业生产方式第二次变革作为主线，以管理创新和技术进步为主要手段，以实施品牌战略为基本途径，以提升工程总承包管理能力为着力点，切实推动建筑企业在体制机制、主营业务、项目管理、核心技术、人才队伍等方面的战略转型和升级，进而促进全产业、全行业的可持续发展。

参考文献

[1] 中华人民共和国国民经济和社会发展第十二个五年规划纲要．北京：人民出版社，2011年3月．

[2] 中华人民共和国国家中长期人才发展规划纲要（2010—2020）．北京：人民出版社，2010年6月．

[3] 住房和城乡建设部．关于培育发展工程总承包和工程项目管理企业的指导意见．建市（2003）30号文件．

[4] 吴涛．第九届中国工程项目管理年会//提升和创新“项目生产力”理论，促进和加快建筑业发展方式转变与企业产业升级．2010年9月．

[5] GB/T 50358—2005 建设项目工程总承包管理规范．北京：中国建筑工业出版社，2005.

[6] GB/T 50326—2006 建设工程项目管理规范．北京：中国建筑工业出版社，2006.

综合项目管理信息系统在建筑施工中的应用

景长顺　余　桐　魏旌珍　付　征
（北京住总集团）

【摘　要】 综合项目管理信息系统（以下简称信息系统）利用计算机硬件、软件、网络通信设备以及其他办公设备，进行信息的收集、传输、加工、储存、更新和维护，是现代建筑施工项目管理的重要辅助工具。但它与传统建筑施工管理方式的结合，还存在诸多问题，本文初步探讨了二者融合中遇到的问题、解决办法和应用效果。希望能为建筑企业施工管理的信息化进程，提供一点参考。

【关键词】 建筑施工；管理信息系统；组织；权限；模块

众所周知，我们正生活在一个信息化年代，对工作流程的规范化、统一化；对获取信息的准确性、快捷性；对工作效率不断提升的诉求，有着前所未有的紧迫与必要。北京住总集团为了加强项目综合管控能力，与某软件公司合作，研发了综合项目管理信息系统软件（以下简称信息软件）。该软件自 2009 年开始进行研发、应用，在近三年的使用中，不断进行完善，到目前为止，已经基本满足了项目的工作需求，实现了多项工作的业务替代，取得了较好效果。以下内容即是此软件的应用总结。

1　组织准备

1.1　领导作用

项目部领导的重视和积极应用是信息系统应用的先决条件，各部门在录入初期，在还不能实现业务替代的情况下，要做双份的工作。项目部领导班子要率先支持信息化工作的推进，带头学习。发动骨干员工参与录入，对员工提出硬性要求，如此才能顺利推动初期的信息录入工作。

为保证录入质量，项目部建立了以项目经理为核心，经营经理为主要牵头人，各部门经理为各业务组负责人的管理体系。领导须先要熟悉信息化各业务的工作要求；降级学习录入与使用要求，了解各模块操作基本常识，以及各业务部门需要交叉使用的数据。达到对工作安排的及时到位，对相关模块出现的问题了解到位，指正到位。

1.2　组织体系图

见图 1。

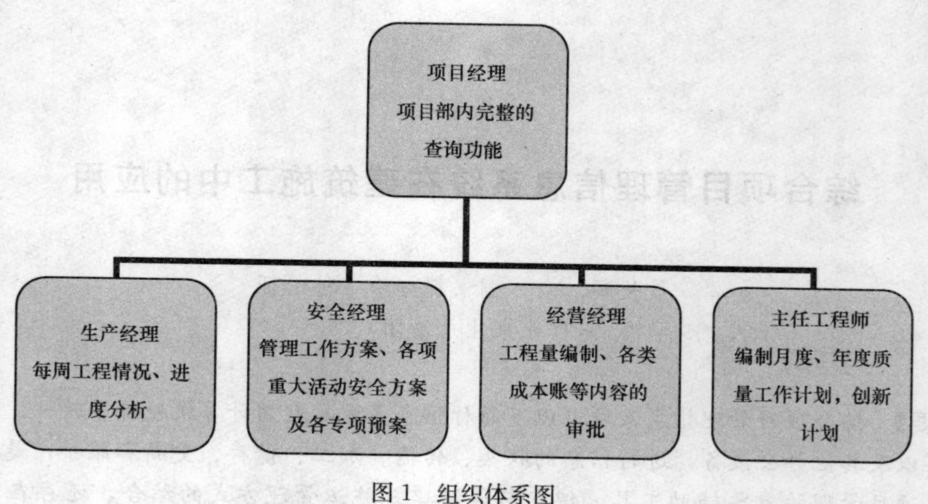

图1 组织体系图

1.3 全员参与

项目部将信息作为一个普通办公软件在使用，将其融入到各岗位的管理工作中。全员参与和专人负责相比，有如下优点：

- 信息系统是对项目部管理工作的一个促进和规范，只有和项目部现有管理体系充分融合才能发挥较大作用。
- 信息系统作为一个信息传递的平台，使用的人越多，信息越能更广泛的收集与传递。
- 信息系统录入参与人员多，分担了工作量，不需要增加额外的岗位，减少了用人成本。一旦个别使用人员离职，对整体应用影响较小。
- 如果信息设专人录入，不利于其个人发展，不适应项目部培养综合型人才的发展方向。

2 关于信息使用权限的设定

2.1 信息安全方面的考虑

信息系统是项目部信息的集成，必然涉及项目部的信息安全问题，要预防保密信息的外露。要预防员工离职后的不理智举动。其中一个重要的保证措施就是严格控制使用权限的设定。

公司在信息应用之初提供了一个统一的权限标准，项目部也在结合使用的需要进行修改。对于离职员工，项目部要求系统管理员及时取消其使用权限，以避免不必要的损失。

2.2 权限划分不断优化的考虑

随着信息系统使用的不断深入，使用权限在项目部是一个逐步放宽的过程。起初权限的设定是以谁录入，谁有修改和查看的权限设定的。例如在系统应用初期，技术管理部分只有技术组可以查看，但技术文件是项目部宣贯的主要内容，因此项目部将此部分权限放宽，为施工员、质量员添加了查看的权限。

3 综合管理模块介绍

3.1 项目基本信息

项目基本信息分为两部分，一是工程信息，介绍了项目的工程概况。二是人员信息，包含了项目部自开工以来的全部员工信息，登记了员工的基本情况、记录了人员流动的轨迹，录入内容包括学历、职称、持证情况等。

3.2 风险管理系统

风险管理系统是项目部风险管理的报警器。在工程总承包部，公司层面统一规定了预警项目，即确定了项目部的风险点。风险项一般有3个等级，一级红色灯显示，级别最高；二级黄色灯显示，级别次之；三级蓝色灯显示，级别最低；绿色灯表示风险处于受控状态。

3.3 生产管理系统

生产部门将信息系统与日常管理相融合，做到了使用者、编制者、录入者的统一。

以生产进度计划为例，生产经理根据网络计划要求，指导计划员编制季度、月度计划，各栋号工长根据月计划要求，结合本栋号实际情况编制、执行周计划，并录入信息系统。各栋号工长根据实际进度填写周计划的实际完成时间，并注明工期拖延的原因，计划员再根据工长的周计划实际完成时间填写网络计划的实际完成时间。

这种生产计划的工作方式，是在软件应用过程中，渐渐形成的。在软件应用初期的周计划，使用的是EXCEL的列表方式，而目前已全部按网络计划格式改为可对比实际工期与计划工期，并添加了前置任务，标明工期延误原因的PROJECT格式。计划的编制水平，工程进度的管理水平，明显得到提升。

项目经理及相关领导可随时查看进度计划的编制与实施情况，估算剩余工期。横向比较各栋号的进度计划与生产安排。工期拖延时，可查看进度分析。

与生产相关的会议记录经过生产经理审批后在信息上归档，使会上提出的问题及解决问题的方法留存下来，任何时间均可查阅，留下了管理痕迹。项目经理可结合目前施工进度，查看会议纪要，检查生产组织情况。

工程进度照片是对工程实体状态的影像记录，是对PROJECT进度计划及文字叙述的补充。特别是对新工艺的使用，应重点留存影像资料，是宝贵的经验积累。生产进度的控制，从计划、实施到管理措施均可在系统上体现出来。

3.4 物资管理系统

信息软件应用以来，项目部的材料计划、进场、耗料、退场、各项台账、与厂家对账等实现全过程标准化、规范化的管理，材料账务及时、清晰，克服了人为因素，为项目部的成本核算提供了准确的核算依据。克服了以往先进料后签订合同的弊端，避免了结算时与厂家出现价格方面的争议。原来出入库单据全部以手工填写，这样做随意性较大，而且容易出现差错。现在项目部所有材料入库、出库单据、厂家结算单全部使用规范的单据上机打印。

3.5 机械设备管理系统

此模块要求如实反映施工现场大、中、小型机械设备的管理和费用情况，机械模块中，费用部分与成本对接，已实现业务替代。

现场使用的大型机械均是在住建委备案过的机械。项目部每周进行联合检查，安全员进行日常检查、机管员每日对施工机械进行专项检查，检查结果均上传系统，并要求租赁企业完成整改。每月要求租赁企业 25 号上交大型机械设备维修保养记录。

3.6 技术质量管理系统

技术质量系统主要包括管理体系，工作策划，技术管理和质量管理等模块。

技术质量工作策划包括质量目标设定、新技术应用计划、技术与管理创效计划等内容，使项目部质量工作按部就班顺利开展。作为项目经理，可在此页面查看主任工程师，当月及全年工作计划，监督技术、质量工作的开展。

技术管理部分包含技术文件、施工组织设计、专项方案等内容，是项目部内部技术文件的查询平台。

施工组织设计、危险性较大的工程施工方案、专项方案，随审批随上传。图纸、变更、洽商随着下发，随着录入。信息上可显示文件的下发时间和接收人。特别是变更、洽商的下发时间，可能会涉及索赔的计算时间。

以往的变更、洽商发放后，常有工长、质量员将其丢失或未标注在图纸上的情况，信息系统提供了一个核对与下载变更、洽商的平台，是现场技术、图纸动态控制的有力支持。但变更、洽商正式会签下发一般要滞后于现场进度，这里常常有一个时间差，需要纸板进行补充。

质量管理部分多方位翔实记录了工程实施过程中发生的检查内容，包括：巡检、联检、预验、专项检查。质量组还定期召开质量周例会。各检查结果均上传至信息系统中。

3.7 安全管理系统

安全模块信息要求与工程同步，实时更新，全面体现日常安全工作的管理痕迹，信息录入的准确性和及时性对项目部总、分包安全管理责任的界定和自身利益的保护也起到了基础性作用。

项目部及时的编制了相应的各项方案、预案及演练管理方案，使日常工作的开展更加规范化。危险性较大作业或重大活动期间，均编制了相应的应急预案，并认真组织演练活动，同时反映到信息系统当中，方便各级领导的查阅。

安全各项日常检查主要按照市住建委标准检查表格内容检查，每月不少于两次，分部分项认真记录及时整改，每月所有检查记录按照时间、事项归类全部上传到信息系统，使繁杂的检查及整改信息变得清晰明了，更加方便信息的查询，时时提醒未完成整改项，使日常工作更加有的放矢。

特殊工种管理是项目部当前安全管理的重心，主要包括人员持证、教育、劳保用品配备及日常作业规范管理这几方面，在信息系统中均及时地进行了相关信息的录入，其中人员证件的有效期限信息管理，工作量大大减少，利用信息系统预警功能，能够及时地提供过期提示，较之前的纸质翻阅查询更加便捷。

各类交底及验收记录：技术方案交底、日常安全技术交底、安全旁站及架子防护、临时用电等验收情况，及时地进行了信息系统的录入，给上级领导提供了更加方便快捷的信息了解途径，同时促使此项工作流程更加规范化。

4 核心业务模块介绍

核心业务主要体现在两个方面，一方面是确定收入，另一方面是控制成本支出，最终数据均体现在“四算对比中”，以方便地进行经济分析。

4.1 收入预算数据的组织

收入预算是整个信息系统核心模块的“领头羊”，将中标预算进行导入、再进行成本科目的挂接。过程中，每月以25日为结算日，由统计员参照现场当月实际施工进度部位，对收入预算进行统计报量并进行上报工作，形成收入预算核算台账。

4.2 目标责任成本

项目部造价员根据中标预算，按照公司下达的“目标责任书”编制目标责任成本。项目部每月25日，统计员进行目标责任成本的统计报量工作，并最终形成目标责任成本核算台账。

4.3 计划成本的编制

计划成本在开工后60日编制完成。项目部应根据施工图纸核算工程量，根据市场材料采购价格、市场人工单价、市场机械租赁价格等方面进行编制，要及时、有效，能够指导施工，有效控制成本支出。项目部每月25日，统计员进行计划成本的统计报量工作，并最终形成计划成本核算台账。

4.4 实际成本

实际成本主要包括：

①物资成本账；②机械设备成本账；③劳务分包成本账；④专业分包成本账；⑤其他费用成本账等。

物资又包括四本账：消耗材料成本账、工程水电成本账、自有周转材料成本账和租赁周转材料成本账。

其他费用成本账包括：①临时设施成本账；②费用成本账；③安全文明成本账；④其他措施费成本账。

5 体会与成绩

5.1 项目经理作用

只有项目经理的持续应用，才有软件的持续使用。只有项目经理的实际应用，才能体现软件的真正价值。信息化管理软件本就是项目管理的辅助工具，既然是工具，其能否发挥作用主要还要看使用人的操作水平。作为项目部的核心领导，项目经理若不能确实应用起软件，软件的价值也就少了大半。

5.2 业务替代作用

目前，统计报量工作、计划编制工作、合同会签工作、材料成本账等都已经实现了由纸质向电子系统的业务替代。

这几项实现了业务替代的工作，也是我项目部使用得最好，录入最及时，应用最积极的工作。而还未实现业务替代的部分，仅仅作为资料留存的平台来使用，员工一般要做双份工作，应用的及时性和使用的频率都不够理想。从软件应用的长远考虑、业务替代势在必行。当然，业务替代也不仅仅是公司层面的业务替代，也可以是项目层面的业务替代。以往开会汇报的，可改为网上查阅；以往打印纸板发放的，可改为要求员工网上浏览或下载。软件要真正用起来，要当成工具使用，不能当成负担对付。

5.3 查询与录入的互动作用

信息化软件的应用是一个比较复杂的体系，项目部内不同职位，权限不同，应用的模块不同。但各模块间又环环相扣，互有数据引用和内容参考。

项目部班子成员，在信息化软件上的工作，更多的是审批和查看的操作。只有各部门领导更多地在系统中找问题，将这个管理工具用好，员工的录入工作才有意义。信息的及时上传，保证了管理的实时监控；管理的实时监控也督促了各部门信息的及时录入。

5.4 工作方式的改变

项目综合管理信息系统的引进过程，是项目部固有管理模式与软件管理体系相融合的过程。全员参与是两系统融合的组织保障；专业知识与软件应用一同培训是两系统融合的技术保障。融合的过程是项目部管理方式、管理流程的总结、讨论与反思的过程。软件的深入应用正在引发项目管理的变革。

5.5 项目经理对项目管理的全面掌控

信息化系统是项目经理对项目部工作进展情况的查询工具。劳务费的支付情况、生产计划的执行情况、各类会议的会议纪要、某一安全员、质量员的检查结果均可在平台上找到。以往需要查找的数据、参加的会议，均可在平台上浏览，提高了工作效率。信息系统左侧的模块列表，就是项目部管理动态的全过程监控体系，如同一颗生长的大树，不断的生根发芽。

5.6 员工工作习惯的养成

信息化规范的业务流程，促使员工养成了良好的工作习惯，规范了员工的工作流程，以往很随意的工作，变得更加及时、有序。在系统上，文件编制和上传的时间是要被记录下来的。项目领导很注重日常工作中上传的文件，对于总是不能及时上传文件的员工，会及时提醒或提出批评，减少了工作中的拖沓，提高了工作的效率。

5.7 发现风险的作用

不仅仅是风险预警模块在提供风险提示，那些在会议纪要、检查记录上反复提到，却不能解决的问题，往往也是项目管理的风险点，反复提出代表了管理措施的实效及问题的不受控。此类问题的积累很可能成为项目部的质量、安全、进度的隐患，当项目部各部门领导的管控失效时，就需要项目经理更多的关注和帮助了。

5.8 经验的积累，资源的平台，学习的平台

前面也已提到，信息化平台如仓库一般正不断地将项目部各部门的工作内容、工作轨迹记录下来。短期内只是方便查询，数个工程之后将是一笔可观的财富。其中所记录的材料价格波动情况；现场劳动力供应情况；进度控制情况；安全、技术、质量问题及处理方法都将成为今后工程施工中的参考案例。作为项目部的财富不断积累、传承下去。新入职的年轻员工，可以将平台作为学习资料的仓库，补充工程经验不足的缺陷。以往工程中好的做法要坚持，遇到的问题要找措施预防。

信息化管理工作是项目日常管理工作的需要。项目部通过信息化管理平台的使用，保证了项目部成本的真实性、各种资料采集的及时性，各部门数据录入的准确性。信息化工作系统，集项目施工现场管理与成本管理于一体，它以提高项目成本管理的整体水平为目标，不仅从业务上保证成本管理更趋于科学和规范，而且对项目整体管理也起到了推动的作用，信息化工作有力地促进了项目部管理水平的全面提升，为项目部“全员性、过程性、即时性”管理提供程序上的保障，全面推进了项目部的管理水平。

浅谈项目施工进度管理控制

郝东亚　姚付猛　张小俊
（中国建筑第五工程局有限公司）

【摘　要】 施工项目的进度管理处于受控状态，是施工单位对建设项目管理的根本要求。工程项目能否在预定的时间内交付使用，直接关系到项目施工管理的经济效益。只有项目的施工进度处于受控状态，才能合理安排各种人力、物力以及资金资源，避免资源的浪费以及项目施工的履约风险。

【关键词】 管理；施工管理；进度控制

1　前言

项目施工进度管理作为项目管理的重要部分，对整个项目起着纲领作用。项目做好了工期履约，既可以减少本身的固定成本开支，也能避免业主对项目的工期延误索赔损失，同时加大商务有利谈判的砝码，增强企业的市场竞争力。因此公司和项目必须强化工期管理意识，切实做好工期策划，及时有效解决好施工过程中影响进度的因素，对出现的问题应及时纠偏，采取强有力的补救措施，以达到工期要求。

本文从施工项目管理组成的“人、机、料、法、环”五大要素谈项目施工的进度管理。

2　加强新建项目管理团队的建设

进度管理中起关键作用的是项目管理人员的素质、意识和管理能力。

首先，项目管理班子组建的前期人员确定应根据“任人唯能”的原则，项目经理应具备专业技术扎实、管理水平高、资源组织能力强和现场施工经验丰富的能力。另外，人数充裕但不累赘的管理人员，是确保项目施工进度管理的顺利进行的根本基础。

其次，作为一个管理团队，项目领导班子要注重项目管理人员的学习和接受再教育的机会，确保项目管理人员始终保持与行业主要技术接轨。经常聘请一些行业内的相关专家对项目管理人员培训，加强项目管理人员的专业技术能力、进度控制意识和管理水平，打造一个管理到位、气氛活跃、有凝聚力的团队。

最后，规范团队管理最有效的措施就是制定一系列管理制度，规范项目日常管理行为，同时采取过程考核手段和奖罚激励措施，提高管理人员的工作的主动性和积极性。

3 加强项目施工前的前期策划

在施工进度管理中起主导作用的是确定项目的前期策划，包括施工现场的平面策划和关于工程进度的策划。施工现场的平面策划是项目实施进度管理的基础，工程进度策划是项目实施进度管理的控制基准。

首先，项目必须确定进度目标，根据施工组织设计编制包括总进度计划、阶段性进度计划、节点进度计划、月进度计划、旬及周进度计划的一系列进度计划和劳动力组织计划、物资设备进场等资源组织计划。

其次，立足施工技术方案进一步对各种计划进行科学分析和论证，确保计划的可行性。加强技术在施工过程中的主导作用，通过改善和完善施工技术来提高或加快施工进度，缓解施工进度压力。

在进度计划的实施过程中，还要加强对可能出现的各种影响进度的因素进行充分的预测，如雨季、冬季、大风以及雨雪等恶劣气候条件、项目资金不到位、农忙季节劳动力不足等其他社会条件，针对此类因素编制切实可行的处理措施和应急预案。

4 强化施工过程中的资源组织

进度管理中起决定性作用的是过程管理。过程管理包括组织、安排、协调、检查、纠偏。组织是施工生产的前提。作为组织者，必须有宏观把控能力和具体事情处理手段，必须要准确计划和预测生产过程中各项工作的发生时间、持续时间、完成时间，必须对施工工艺、工程量、施工速度有熟练的掌握，然后才能按照施工进度计划的控制目标组织各种人力、物力、财力进退场。

4.1 注重施工劳务分包的选择

选择一个合格的劳务分包商是确保项目施工进度能够处于受控状态的直接影响因素。

在选择劳务的时候，必须要进行充分的调查，掌握其诚信指数、施工管理水平和工人组织能力（有条件的情况下，最好选择长期合作劳务），同时要考察其在施工过程中有没有出现扯皮、打架、聚众闹事等不良行为，对于素质差的劳务实行一票否决制。

劳务进场后，首先必须进行入场安全文明施工教育，提高其进度、质量和安全意识，同时加强技术交底，避免作业工人在施工过程出现返工现象。其次，采取奖罚激励措施，以奖励为主，辅助处罚手段，提高劳务作业人员的积极性，消除一些负面情况的发生。

在劳务出现工人组织困难或管理水平下降等情况时，必须第一时间调查清楚，充分掌握其出现问题的根源，然后对症下药。首先是积极主动和劳务分包商沟通，首先给予其鼓励，对其以前出现的问题的处理给予肯定，帮助其出谋划策，联系可靠的作业班组或管理人员，充实其力量，保障项目实施过程中的进度控制。

4.2 加强进度管理中材料、物资及设备的管理

俗话说："兵马未动，粮草先行"，物资设备的合理组织对项目施工进度控制起着保障

作用。

首先，项目在施工前要根据技术方案的要求进行市场调研，对比分析各种材料的供给情况，然后反馈于项目技术管理部门，技术部根据材料的市场供给能力，进行方案的优化和资源的组织计划安排。确定施工方案中采用的原材料、物资及设备的种类和型号后，材料采购人员要对各供货厂家进行信誉度、供给能力以及产品的质量和价格进行对比，选择最优厂家签订协议，确保能给予施工生产保质保量的供给。

其次，要对各种材料、物资及设备的进场时间和存放进行合理的计划和安排，做到及时进场、质量合格、数量准确、合理存放。最后要根据实际情况，确定一定数量的厂家和一定数量的应急预备资源，确保施工进度不会受到市场的变化影响。

4.3 重视技术对施工进度的促进作用

项目要鼓励广大项目管理人员加强对施工方案的优化设计，通过技术的力量淡化人力对施工进度控制的影响力。

首先，项目要把好图纸会审和设计交底关，通过设计交底，了解设计院的设计意图，在施工工程中，可以通过对设计意图和图纸会审的内容及时发现工程实体中的不协调因素，避免因返工而导致的进度延误。

其次，要根据施工现场实际情况对施工组织设计和技术方案进行优化。对诸如施工现场平面布置、土方开挖调配平衡、基础处理施工顺序以及土建与安装之间的相互制约关系，要认真细化和优化，尽量减少重复无效施工和窝工现象。

第三，建筑施工作为一个劳动密集型的产业，对劳动力的需求量极大，要大力采用成熟、可行的新工艺和新技术，用先进装备取代落后的装备。通过对施工设备的更新和施工工序的优化，将施工现场由劳动力密集型逐步向技术型转变。

最后，保证进度控制又一个不可忽视的措施是施工技术方案的正确采用。在方案编制前应召开由项目管理人员、劳务分包管理人员参加的施工方案会审会议，通过头脑风暴的方式，收集各种有利于对现有施工设备、施工技术进行深化和优化的意见。

5 结束语

施工阶段是建设工程实体的形成阶段，对其进度实施控制是建设工程进度控制的重点。影响项目施工进度控制的因素千变万化，但归结起来不外乎“人、机、料、法、环”五个字，在施工过程中应经常对比进度计划与施工现场的实际进度，善于分析、及时总结影响进度控制的原因，制定纠偏措施，保证项目施工进度时刻处于受控状态。

参考文献

[1] 杨劲．工程建设进度控制．北京：中国建筑工业出版社，2002.

[2] 彭尚银．工程项目管理．北京：中国建筑工业出版社，2005.

[3] 朱保建，陈书利．施工项目进度控制 [J]．山西建筑，2007 (33)．

浅谈日本几种建筑施工技术及借鉴

王海江[1]　汪德兰[1]　张世利[2]　鲁少虎[2]
（1. 武汉中建工程管理有限公司；2. 中建三局第二建设工程有限责任公司）

【摘　要】 在参观日本东京两个高层建筑工程施工现场后，对日本现行普遍采用的高层建筑施工模式、施工技术进行介绍，并结合我国目前建筑工程施工、管理情况，阐述从哪些方面学习、借鉴日本建筑施工技术。

【关键词】 学习；日本；建筑技术

通过对大成建设株式会社、大林组株式会社两个在建高层建筑（40层以上）的参观学习，对日本高层建筑的建造模式、施工技术有了初步的了解。目前，我国高层建筑施工技术与日本有许多不同之处，对如何学习和借鉴日本高建筑施工优秀的管理方式和先进的技术有一定的体会。

1　日本高层建筑管理模式和施工技术

（1）日本高层建筑目前常用的建设模式是开发、设计、建造、交付一体化。建造以总承包模式为主，建造单位有较强的深化设计能力，有较强的构配件生产制造能力和较强的施工总承包管理能力。

（2）日本高层建筑施工目前普遍采用PC（LRV）工法施工技术。建筑构配件以工厂流水线集中生产制造、现场拼装为主。如钢筋混凝土主体结构中的柱、梁等承重构件均以工厂分段集中制造，现场吊装，接头处预留孔，钢筋插入后注浆；楼面板采用叠合板模式，工厂预制大跨度、预应力板，在柱、梁安装固定后安装预应力板，在预应力板上绑扎钢筋网，板筋与梁上部钢筋锚固成一体，再浇捣混凝土；外墙分单元在工厂加工，外墙装饰面一同加工完成，现场拼装，通过预留钢板焊接固定；接缝处用胶条或注胶进行封堵，外墙装修与结构施工基本同步完成。内墙普遍采用高强度石膏板轻质墙，石膏板隔墙固定在框架梁、柱及先安装的角钢骨架上；安装管线普遍采用在结构面明设，通过装饰层隐蔽的方式；精装修墙面、顶棚以墙纸为主，地面采用复合地板，厨卫间由成品厨卫工厂集中生产，现场安装方式，也有现场装修、安装方式。现场基本无湿作业，工厂化程度高。

（3）绿色施工是日本建筑施工的一个重要特点。3m高的围护钢板把施工现场完全封闭，场地地面全部硬化，对环境不造成损害；由于施工主要以工厂化集中生产、现场安装为主，同时工程采用的材料较先进，构配件的精度高，无返工浪费现象，现场基本无湿作业，建筑垃圾少，无灰尘、噪声；木模板现场基本不使用，节省大量的木材。

（4）科学的计划管理是日本高层建筑施工的关键技术。日本是个人多地少、人口密度大的国家，城区建筑密度大，现场施工场地非常狭小。同时，日本的建筑又以工厂化生产、现场吊装为主，每一个构件的生产、运输、吊装等都必须做到无缝对接。尤其是高层建筑基本是主体结构施工，设备安装施工，装饰装修施工按节奏同步流水作业。工序管理表、日计划书、网络管理图等计划管理手段和方法在施工管理中运用较广泛。

（5）先进的机械设备运用是日本高层建筑施工的重要保障。建筑施工现场普遍采用的是大吨位塔式起重机、大吨位高速施工电梯，先进的手动机械设备在现场运用也非常普遍。如LRV工法技术预制钢筋混凝土梁、柱单体重量在20～30t左右，没有大吨位塔式起重机吊装是无法实现的。同时要保证施工进度，没有足够数量的大型垂直运输设备也是不可能做到的。

（6）以人为本的理念在日本建筑中处处得到体现。如日本的高层建筑中专项的抗震设计及减震技术的运用，最大限度地保证了建筑安全；逃生通道的设计为紧急情况下人员撤离和疏散提供了生命通道；绿色环保材料的运用保障了建筑环境安全；层高大、墙板厚为人们提供了舒适安静的生活空间。

（7）高素质的管理及作业人员是日本高水平的建筑施工根本保证。日本人以严谨、谦逊闻名。严谨的品质在日本建筑工人中处处得到体现，如作业过程中产生的垃圾，工人会随时装入随身携带的垃圾袋中；现场混凝土板面收平，工人会一丝不苟，做到既光滑又平整，减少地面找平层施工；施工电梯操作工，会不断重复同一个工作流程，不管是否有必要，都必须在所有程序完成后才会开启按钮。高素质的工人队伍成就了日本高水平的建筑施工技术。

2 如何学习日本高层建筑施工技术

（1）日本高层建筑建造模式和施工技术是以日本高度发达的经济和高水平的技术装备水平为基础的。目前，我国的经济水平、装备水平、从业人员的素质与日本都还有一定差距，全盘借用日本的建造模式很不现实。但随着我国经济的发展，劳动力成本不断的提升，从业人员的技术素质不断提高，环境保护、资源节约的意识不断加强，建筑工厂化的要求会越来越迫切。几千年的秦砖汉瓦建造模式会逐步被高度工厂化、现代化的建造模式所取代。现阶段，应逐步减少粗放的现场湿作业，简化现场施工流程，逐步加大工厂化生产建筑构件的使用量。工厂化集中加工生产能较大限度的提高构配件的加工精度和加工质量，减少资源浪费，加快现场的施工进度和绿色施工水平。如现浇板可考虑采用叠合板的模式，减少模板使用量和支撑搭拆工程量；混凝土楼面应采用一次成活工艺，取消二次施工地面找平层；高层建筑的疏散楼梯平时利用少，采用钢楼梯更加经济，施工更便捷；柱、墙模板推广使用定型金属模板，提高平整度和垂直度，取消二次抹灰；内隔墙可逐步改用轻质隔墙，取消墙体抹灰；精装修住宅墙面、顶棚可以借鉴日本的作法，多用墙纸，少用腻子、涂料；地面以复合木地板为主；厨房、卫生间瓷砖墙面应尽可能采用大尺寸工厂加工，现场铺装可采用专用胶粘剂。

（2）绿色施工的评价标准在我国已经发布，绿色施工的规范和规程也正在编制。但绿色施工的宣传和推广还应加强。绿色施工在不久的将来将会成为考核建筑施工企业施工管理水平的一项重要指标。绿色施工的评价标准是节能、节地、节水、节材和环保。因此，现阶段，降低能耗、节约资源、减少建筑垃圾的产生应该是我国建筑业学习借鉴日本的重要内容，也是易于学习到的内容。如节能设施设备的使用减少用电量；循环用水、雨水的收集利用减少用水量；使用轻质材料墙体减少砌体材料的使用，节约土地；减少返工浪费，减少建筑垃圾的产生，节约资源；做好封闭施工、防尘防噪工作，杜绝施工扰民，保护好环境。

（3）提高从业人员的技术素质是学习日本建筑技术的关键。只有从业人员的技术素质达到要求，我国建筑技术水平才能真正得到提升。提高素质的方式除全民素质的提升外，加强对从业人员的教育培训、建筑队伍的相对稳定是较为有效的办法。如武汉万科公司瓷砖粘贴工，长期选用经筛选合格的固定工人，瓷砖粘贴合格率就一直保持较高的水平。其他工种也可以采用同样的模式。如果再加以培训，建立相对稳定的合作关系，辅以必要的技术装备，在一定范围内就可以建设出一支高水平的施工队伍。

（4）提高建筑物的抗震防灾能力，设置人员逃生通道在我国高层建筑中还没有得到足够的重视，这也是值得我们认真学习和反思的地方。

随着我国经济的快速发展，技术、装备水平的不断提升，通过学习、借鉴发达国家先进的建筑施工技术、优秀的建筑施工管理方法，与我国建筑工程施工实际进行有效的结合，形成有我国特色的建筑工程建造模式，推动我国建筑工程施工技术不断向前发展。

俄罗斯 EPC 承包工程风险分析与研究

张　强[1]　韩宇峰[2]　郭保立[2]
（1. 中国建筑一局（集团）有限公司；2. 北京矿建建筑安装有限责任公司）

【摘　要】本文通过风险的识别、分析及应对较好地对俄罗斯 EPC 承包工程的风险进行了梳理，对以后在俄罗斯市场承接工程有一定的借鉴意义。通过此次风险的分析结果，初步建设俄罗斯建设工程风险库，为企业在投标及施工过程中提供依据。

【关键词】EPC 承包；风险；风险评价指标矩阵

1　综述

中国建筑股份有限公司“十二五”发展规划中对国际业务工程中的要求为“到 2015 年，完成主营业务收入 800 亿元（占集团收入 10%），净利润 20 亿元，净资产收益率达 14.3%，成为中国最大的国际承包商，并进入 ENR 国际承包商前 15 名”。表 1 为 2011 年国际承包商 225 强中的中国内地企业排名及海外市场收入。

2011 年国际承包商 225 强中的中国内地企业排名及海外市场收入前十名　　**表 1**

（此表引自《解读 2011 年度 ENR 国际承包商 225 强》）

序号	公司名称	年度排名		海外市场收入（万美元）
		2011	2010	
1	中国交通建设股份有限公司	11	13	713420
2	中国建筑工程总公司	20	22	487170
3	中国水利水电建设集团公司	24	41	401000
4	中国机械工业集团公司	26	26	352950
5	中国石油工程建设（集团）公司	27	46	347620
6	中国铁建股份有限公司	29	25	342400
7	中信建设有限责任公司	32	32	325290
8	中国中铁股份有限公司	33	53	315860
9	上海建工（集团）总公司	54	89	165410
10	山东电力建设第三工程公司	58	79	157990

2011年国际承包商225强榜单中的中国企业数量为51家，4家企业首次入榜，7家企业跌出225名之外。近5年的变化情况如表2所示。

近5年进入国际承包商225强的中国企业情况 **表2**

（此表引自《解读2011年度ENR国际承包商225强》）

年 份	企业数量	前100强企业数量	国际营业额（亿美元）	比重（%）
2010	51	20	570.62	14.90
2009	54	17	505.91	13.18
2008	50	17	356.30	9.14
2007	51	13	226.78	7.30
2006	49	14	162.90	7.30

注：2008年数据来源：中国对外承包工程商会《行业咨询参考》。

通过以上数据及中国建筑股份有限公司“十二五”发展规划不难看出，国内企业的国际承包市场份额不断扩大，但中国建筑股份有限公司要完成既定的发展规划还需要付出极大的努力。只有把拓展国际承包业务当做未来几年发展的主要方向，才能实现战略目标。机会与风险总是同时存在的，可以预见，随着国际市场份额的扩大，企业所面临的国际工程风险也越来越突出。

以中建一局集团为例，中建一局集团先后承接了俄罗斯联邦大厦、彼得堡STOCKMANN项目、莫斯科中国文化中心项目，随着项目履约地推进以及市场份额的加大，正被动地接受越来越多的风险，积累着各种各样的经验与教训，而一局集团所积累的经验与教训都是其他的国内承包商所不具备的财富，如何利用手中的财富，以达到盈利、增效、扩大俄罗斯市场份额的目标，是中建一局集团需要思考的问题。这个问题的答案之一就是中建一局集团可以依赖在俄罗斯积累的经验与教训对俄罗斯市场风险进行识别、分析，以达到规避风险的目的，使俄罗斯市场的工程项目处于受控的状态；反之如不对当地市场进行风险分析及研究，就容易造成不必要的损失，丢失不必要的市场份额，影响战略目标的实现。只有加强海外工程风险管理，才能提高海外工程项目管理水平，也才能更好地实现企业走出去的宏伟的战略目标。

那么项目风险管理是什么，PMI的PMBOK中对项目风险管理作出了定义：对风险进行识别、评价，并根据具体情况采取相应的措施进行处置，以减小对目标的负面影响的过程。通俗些说风险管理就是要如何规避致命的“错误的人、错误的地方、错误的业主”（《承包商的三个致命错误》国际著名的承包商SKANSKA公司）错误，以实现项目PCTS（成果、成本、时间、范围）目标。风险管理的流程包括风险管理目标确定、风险识别、风险评价、风险应对等内容。图1为风险管理基本流程图。

项目风险管理

11.1 规划风险管理

1.输入
- 项目范围说明书
- 成本管理计划
- 进度管理计划
- 沟通管理计划
- 事业环境因素
- 组织过程资产

2.工具与技术
- 规划会议和分析

3.输出
- 风险管理计划

11.2 识别风险

1.输入
- 风险管理计划
- 活动成本估算
- 活动持续时间估算
- 范围基准
- 干系人登记册
- 成本管理计划
- 进度管理计划
- 质量管理计划
- 项目文件
- 事业环境因素
- 组织过程资产

2.工具与技术
- 文档审查
- 信息收集技术
- 核对表分析
- 假设分析
- 图解技术
- SWOT分析
- 专家判断

3.输出
- 风险登记册

11.3 实施定性风险分析

1.输入
- 风险登记册
- 风险管理计划
- 项目范围说明书
- 组织过程资产

2.工具与技术
- 风险概率和影响评估
- 概率影响矩阵
- 风险数据质量评估
- 风险分类
- 风险紧迫性评估
- 专家判断

3.输出
- 风险登记册（更新）

11.4 实施定量风险分析

1.输入
- 风险登记册
- 风险管理计划
- 成本管理计划
- 进度管理计划
- 组织过程资产

2.工具与技术
- 数据收集和表现技术
- 定量风险分析和建模技术
- 专家判断

3.输出
- 风险登记册（更新）

11.5 规划风险应对

1.输入
- 风险登记册
- 风险管理计划

2.工具与技术
- 消极风险或威胁的应对策略
- 积极风险或机会的应对策略
- 应急应对策略
- 专家判断

3.输出
- 风险登记册（更新）
- 与风险相关的合同决策
- 项目管理计划（更新）

4.项目文件（更新）

11.6 监控风险

1.输入
- 风险登记册
- 项目管理计划
- 工作绩效信息
- 绩效报告

2.工具与技术
- 风险再评估
- 风险审计
- 偏差和趋势分析
- 技术绩效测量
- 储备分析
- 状态审查会

3.输出
- 风险登记册（更新）
- 组织过程资产（更新）
- 变更请求
- 项目管理计划（更新）
- 项目文件（更新）

图 1　风险管理流程

（注：图 1 引自《PMBOK2008》第 11 章）

2 俄罗斯EPC承包工程风险分析及研究

2.1 俄罗斯市场EPC承包工程风险管理目标

针对俄罗斯市场项目特点：海外工程，多语言，文化背景差异大，施工难度大等特点，定义风险管理目标。俄罗斯市场EPC工程风险管理目标：预算内，保质，按时完工，减轻、转移、规避重大风险要素对工期、成本、质量的影响。

2.2 俄罗斯市场EPC承包工程风险识别

风险识别的方法有很多种，有头脑风暴法、专家判断法、因果分析法、核对表分析表、SWOT分析法等方法。因为一局集团在俄罗斯市场已经积累了丰富的经验及教训，所以风险识别方法选用头脑风暴法。头脑风暴小组共6人组成，小组人员均有海外工程业务经验，且为本行业专家，小组人员从业单位分别为造价咨询企业、大型采购企业、设计企业、建筑承包商、IT业等，小组成员各有所长，IT业小组成员项目管理成熟度高，理论与实际结合紧密；建筑承包单位小组成员最大的特点，就是经验多，教训多，理论与实际结合不够；设计企业小组成员相对技术水平高、对设计流程熟悉，也对施工有一定的认识；造价咨询企业小组成员特点是从业范围广、见识多、反应敏捷；大型采购企业小组成员国际采购经验丰富，对国际工程了解深刻。

PMBOK中国际工程风险的类别是按照风险的性质做出的，如果不加分类直接运用在实际案例中，效果不好，识别的结果是条理性差，重复的东西过多，无法开展下一阶段风险分析工作。小组决定采用按常规也是较有逻辑性的分类方法，按项目的发展阶段进行分类，将项目分解成投标及合同谈判阶段，设计阶段及施工阶段。按工程进度分类后，最初的设想还是想将施工阶段再细化分类，如地下结构阶段、地上结构阶段、装修及安装施工阶段、竣工收尾阶段，但这样以后，又面临风险重复的过多，工作量很大，但效果却不理想，最终对风险的分类，还是依据EPC工程的特点按照项目的投标及合同谈判、设计、施工这三个阶段进行。在投标阶段的分析上，重点还是以时间的顺序进行识别如投标策略的制定、工程特点的识别等展开。在设计阶段风险识别的重点是设计工期能否满足要求，设计能不能通过审批，以及审批的时间长短等进行识别。施工阶段的风险的识别，主要是针对工程的特点以及国外工程特有的项目管理的一些要素展开，如深基坑、国外的人、材、机的配置等问题识别。表3、表4、表5分别为投标及合同谈判阶段风险识别表、设计阶段风险识别表、施工阶段风险识别表。

投标及合同谈判阶段风险识别表 表3

项目阶段	里程碑	风险类别	风险因素
投标及合同谈判阶段	依工程实际情况确定	政治风险	政府腐败，腐败程度高，不可见成本比例高
			中俄双边关系波动大，外国人财产不受保护
			存在恐怖活动

续表

项目阶段	里程碑	风险类别	风 险 因 素
投标及合同谈判阶段	依工程实际情况确定	政治风险	国际形势变动
			对当地法律法规不熟悉
			宗教信仰不同，生活习俗不同
			政府更迭，与政府合同项目将受影响
			当地民意，对本建筑的态度、对中国人在当地工作的态度
		环境及自然风险	深基坑、地质条件不熟悉
			天气极寒，暴雪天气多
			环境法规、惯例
			地震
			火灾
			爆炸
			考古发现
			洪水
		市场与经济风险	投标策略失误
			竞争估计准确度不足
			当地人、材、机价格波动
			对“返回物资”规定不熟悉
			汇率波动大
			物价上涨
			财政政策
			对当地税制不了解
			对国际运输价格不了解
		技术风险	合同漏项
			在投标文件中许诺做不到的事情
			争议处理方式选择被动
			业主合同规范差异
			合同文件上的语言差异
			合同中合同要求的特殊规定和相应的项目资料信息理解不充分
			不熟悉不同法律制度对合同的影响
			可能产生的诉讼费用估计不足
			只注重主合同条款，对合同附件未完全理解
			合同要求质量标准不了解，默认为国内质量标准报价
			投标阶段进度计划不合理

续表

项目阶段	里程碑	风险类别	风 险 因 素
投标及合同谈判阶段	依工程实际情况确定	技术风险	投标阶段主要施工方案选择不合理
			管理成本估计不足
			交通成本估计不足
			人员流动过大造成成本提高估计不足
			医疗成本估计不足
			当地劳务的保险，医疗保险，人身意外保险不熟悉
			当地工程保险不熟悉
			设计及施工技术标准存在明显差异
			精装修过程中的火灾
			新材料、工艺、技术使用
		人力风险	用人决策错误
			能力不足
			语言沟通存在障碍
		犯罪风险	腐败

设计阶段风险识别表 表 4

项目阶段	里程碑	风险类别	风 险 因 素
设计阶段	依工程实际情况确定	政治风险	政府审批流程长
			政府腐败，腐败程度高，不可见成本比例高
			对当地法律法规不熟悉
			宗教信仰不同，生活习俗不同
			政府更迭，与政府合同项目将受影响
		环境及自然风险	深基坑、地质条件不熟悉
			天气极寒，暴雪天气多
			冻土期长
			环境法规、惯例
		技术风险	设计标准差异大，对当地设计标准不了解
			设计与投标阶段偏离过大
			设计的技术与经济专业协调不好
			交付图纸不及时
			精装修过程中的火灾
			设计概算不准确
			新材料、工艺、技术使用
		人力风险	设计团队不能胜任工作
			设计人员能力不足
			语言沟通存在障碍

施工阶段风险识别表

表 5

项目阶段	里程碑	风险类别	风险因素
项目施工阶段	依工程实际情况确定	政治风险	政府腐败，腐败程度高
			中俄双边关系波动大，外国人财产不受保护
			存在恐怖活动
			国际形势变动
			对当地法律法规不熟悉
			宗教信仰不同，生活习俗不同
			政府更迭，与政府合同项目将受影响
			当地民意，对本建筑的态度、对中国人在当地工作的态度
		环境及自然风险	深基坑、对当地地质条件不熟悉
			天气极寒，暴雪天气多
			环境法规、惯例
			地震
			火灾
			爆炸
			考古发现
			洪水
		市场与经济风险	人、材、机价格波动
			汇率波动大
			物价上涨
			当地税收、签证费用政策性变化造成项目费用增加
			国际运输价格变动
		技术风险	对深基坑工程困难认识不足
			与周边建筑距离近，保护难度大
			逆做法施工，工艺烦琐复杂，工程进度难以保证
			土方施工方案选择不合理
			施工质量不达标
			地下水位较高，不能采用井点降水的办法
			施工场地狭窄，工人生活区、钢筋和木工加工场地需要外租场地
			巴洛克风格建筑外立面装修要求高
			调试工作要求高
			施工标准差异
			俄罗斯是卖方市场，物资采购资金压力大，周期长
			提交的承包商文件未能与付款申请同步
			项目部管理水平、技术水平、组织协调能力不足
			安全管理不当，造成安全事故
		业主方及项目管理公司风险	不能按时移交场地
			业主支付能力不足
			业主方无力履行合同
			项目管理公司技术水平、施工经验欠缺
			项目管理公司职业道德欠佳

续表

项目阶段	里程碑	风险类别	风险因素
项目施工阶段	依工程实际情况确定	人力风险	用人决策错误
			能力不足
			语言沟通存在障碍
			外来劳务人员准入规定所带来的风险
			签证和延期签证的风险
			劳务人员怠工、罢工
		犯罪风险	针对中国人的有组织的犯罪活动
			极端民族主义分子的排外行动
			故意破坏
			盗窃
			欺诈
			腐败

2.3 俄罗斯EPC承包工程风险分析

风险分析常用方法有风险评价指标矩阵、敏感性分析、AHP（层次分析法）、决策树法、蒙特卡洛模拟、网络图形技术、Bayes风险决策法等方法。在对俄罗斯EPC承包工程进行风险分析时，针对大量的风险因素很难量化的特点，选用风险评价指标矩阵对俄罗斯市场EPC工程风险分析，具体方法是首先建立“主观概率量表”和“影响结果量表”，其次让有关专家和拥有丰富经验的项目参与人员对已识别出的风险事件在量表范围内做出选择，最后进行统计计算以评价风险的大小。评价风险等级（R）通常使用主观概率值（P）和影响大小（I）的乘积：$R=P\cdot I$。本方法的优点是简便易用、某些很难量化的风险能够进行一定的重要性评判，本方法的缺点在于主观性过强、对于可以获得的与项目有关的大量客观信息，诸如项目所在地区的天气状况、企业以往从事类似项目的工期延误状况等并不能加以充分利用。风险分析选取专家延用风险识别时选取的专家。

2.3.1 风险等级及概率分布定义

在进行风险等级定义时，小组专家经过讨论，作出了风险等级的定义、概率分布的定义，见表6。

风险等级及概率分布的定义 表6

严重程度	不重大1	次重大2	中等重大3	重大4	极其重大5
定义	项目成果、里程碑目前不处于风险之中，但是应给予关注	项目成果、里程碑目前不处于风险之中，但是值得注意并要注意缓解	如没有缓解策略，项目成果、里程碑处于风险之中	如没有缓解策略，项目部分目标无法实现	如没有缓解策略，项目目标无法实现
概率	0～0.2	0.2～0.45	0.45～0.55	0.55～0.7	0.7～1
风险	低	偏低	中间值	偏高	高

2.3.2 风险分析专家打分情况（表7～表9）

投标阶段专家打分情况 表 7

风险因素	专家1			专家2			专家3			专家4			专家5			专家6			汇总平均
	概率	严重性	风险等级	概率	严重性	风险等级	概率	严重性	风险等级	概率	严重性	风险等级	概率	严重性	风险等级	概率	严重性	风险等级	风险等级
深基坑、对当地地质条件不熟悉	0.9	4.0	3.6	1.00	3.0	3.00	1.0	4.0	4.0	0.9	4.0	3.6	0.5	4.0	2	1.00	3.0	3.00	3.20
对当地法律法规不熟悉	0.7	4.0	2.8	1.00	3.0	3.00	0.5	4.0	2.0	0.8	4.0	3.2	0.2	5.0	1	0.80	5.0	4.00	2.67
天气极寒，暴雪天气多	1.0	4.0	4.0	0.10	4.0	0.40	0.8	4.0	3.2	1	4.0	4	0.3	3.0	0.9	0.80	3.0	2.40	2.48
政府腐败，腐败程度高，不可见成本比例高	0.4	3.0	1.2	0.80	3.0	2.40	0.5	3.0	1.5	0.8	3.0	2.4	1	4.0	4	0.40	3.0	1.20	2.12
汇率波动大	0.5	3.0	1.5	0.80	3.0	2.40	0.8	3.0	2.4	0.8	3.0	2.4	0.2	1.0	0.2	0.50	3.0	1.50	1.73
合同漏项	0.7	4.0	2.8	0.10	4.0	0.40	0.5	4.0	2.0	0.8	4.0	3.2	0.3	1.0	0.3	0.50	3.0	1.50	1.70
投标策略失误	0.5	3.0	1.5	0.80	3.0	2.40	0.8	3.0	2.4	0.3	3.0	0.9	0.5	5.0	2.5	0.02	3.0	0.06	1.63
当地人、材、机价格波动	0.7	3.0	2.1	0.50	3.0	1.50	0.6	3.0	1.8	0.5	3.0	1.5	0.3	3.0	0.9	0.60	3.0	1.80	1.60
合同文件上的语言差异	0.3	4.0	1.2	1.00	3.0	3.00	0.5	4.0	2.0	0.1	4.0	0.4	0.2	3.0	0.6	0.50	4.0	2.00	1.53
物价上涨	0.5	3.0	1.5	0.60	3.0	1.80	0.6	3.0	1.8	0.4	3.0	1.2	0.3	3.0	0.6	0.50	3.0	1.50	1.40
设计及施工技术标准存在明显差异	0.3	4.0	1.2	0.10	4.0	0.40	0.5	4.0	2.0	0.5	4.0	2	0.2	4.0	0.4	0.50	4.0	2.00	1.33
在投标文件中许诺做不到的事情	0.5	4.0	2.0	0.05	4.0	0.20	0.5	4.0	2.0	0.3	4.0	1.2	0.5	2.0	1	0.50	3.0	1.50	1.32
宗教信仰不同，生活习俗不同	0.6	5.0	3.0	0.05	5.0	0.25	0.1	5.0	0.5	0.6	5.0	3	0.3	2.0	0.6	0.10	4.0	0.40	1.29
对当地税制不了解	0.5	3.0	1.5	0.40	3.0	1.20	0.4	3.0	1.2	0.5	3.0	1.5	0.3	1.0	0.3	0.70	2.0	1.40	1.18
争议处理方式选择被动	0.3	4.0	1.2	0.20	3.0	0.60	0.2	4.0	2.0	0.2	4.0	0.8	0.5	3.0	1.5	0.20	3.0	0.60	1.12
合同要求的特殊规定和相应的项目资料信息理解不充分	0.3	4.0	1.2	0.10	4.0	0.40	0.5	4.0	2.0	0.1	4.0	0.4	0.2	3.0	0.6	0.50	4.0	2.00	1.10
对“返回物资”规定不熟悉	0.5	3.0	1.5	0.50	3.0	1.50	0.4	3.0	1.2	0.5	3.0	1.5	0.2	2.0	0.4	0.20	2.0	0.40	1.08

续表

风险因素	专家1			专家2			专家3			专家4			专家5			专家6			汇总平均
	概率	严重性	风险等级	概率	严重性	风险等级	概率	严重性	风险等级	概率	严重性	风险等级	概率	严重性	风险等级	概率	严重性	风险等级	风险等级
合同要求质量标准不了解，默认为国内质量标准报价	0.5	3.0	1.5	0.10	3.0	0.30	0.8	3.0	2.4	0.2	3.0	0.6	0.3	3.0	0.9	0.20	3.0	0.60	1.05
竞争估计准确度不足	0.5	3.0	1.5	0.50	3.0	1.50	0.5	3.0	1.5	0.3	3.0	0.9	0.1	4.0	0.4	0.10	3.0	0.30	1.02
投标阶段进度计划不合理	0.4	3.0	1.2	0.10	4.0	0.40	0.9	3.0	2.7	0.2	3.0	0.6	0.2	2.0	0.4	0.20	3.0	0.60	0.98
腐败	0.1	2.0	0.2	0.80	3.0	2.40	0.2	2.0	0.4	0.2	2.0	0.4	1	2.0	2	0.20	2.0	0.40	0.97
对国际运输价格不了解	0.5	3.0	1.5	0.10	3.0	0.30	0.4	3.0	1.2	0.6	3.0	1.8	0.2	1.0	0.2	0.30	2.0	0.60	0.93
中俄双边关系波动大，外国人财产不受保护	0.3	5.0	1.5	0.01	5.0	0.05	0.1	5.0	0.5	0.2	5.0	1	0.6	3.0	1.8	0.20	3.0	0.60	0.91
人员流动过大造成成本提高估计不足	0.3	3.0	0.9	0.50	2.0	1.00	0.8	3.0	2.4	0.1	3.0	0.3	0.1	2.0	0.2	0.20	3.0	0.60	0.90
国际形势变动	0.5	4.0	2.0	0.10	4.0	0.40	0.2	4.0	0.8	0.2	4.0	0.8	0.5	2.0	1	0.10	2.0	0.20	0.87
财政政策	0.4	3.0	1.2	0.40	3.0	1.20	0.4	3.0	1.2	0.2	3.0	0.6	0.3	1.0	0.3	0.20	2.0	0.40	0.82
环境法规、惯例	0.8	2.0	1.6	0.20	2.0	0.40	0.2	2.0	0.4	0.8	2.0	1.6	0.3	2.0	0.6	0.10	1.0	0.10	0.78
业主合同规范差异	0.3	4.0	1.2	0.05	4.0	0.20	0.2	4.0	0.8	0.3	4.0	1.2	0.2	2.0	0.4	0.20	3.0	0.60	0.73
当地民意，对本建筑的态度、对中国人在当地工作的态度	0.3	4.0	1.2	0.05	5.0	0.25	0.2	4.0	0.8	0.1	4.0	0.4	0.3	3.0	0.9	0.20	4.0	0.80	0.73
不熟悉不同法律制度对合同的影响	0.3	2.0	0.6	0.50	2.0	1.00	0.4	2.0	0.8	0.2	2.0	0.4	0.2	3.0	0.6	0.40	2.0	0.80	0.70
只注重主合同条款，对合同附件未完全理解	0.5	3.0	1.5	0.20	3.0	0.60	0.2	3.0	0.6	0.2	3.0	0.6	0.3	2.0	0.6	0.10	3.0	0.30	0.70
语言沟通存在障碍	0.5	2.0	1.0	0.50	3.0	1.50	0.2	2.0	0.4	0.2	2.0	0.4	0.2	2.0	0.4	0.20	2.0	0.40	0.68

续表

风险因素	专家1			专家2			专家3			专家4			专家5			专家6			汇总平均
	概率	严重性	风险等级	概率	严重性	风险等级	概率	严重性	风险等级	概率	严重性	风险等级	概率	严重性	风险等级	概率	严重性	风险等级	风险等级
交通成本估计不足	0.5	2.0	1.0	0.50	2.0	1.00	0.3	2.0	0.6	0.2	2.0	0.4	0.2	1.0	0.2	0.30	2.0	0.60	0.63
政府更迭，与政府合同项目将受影响	0.3	5.0	1.5	0.10	5.0	0.50	0.1	5.0	0.5	0.1	5.0	0.5	0.1	3.0	0.3	0.10	5.0	0.50	0.63
用人决策错误	0.2	2.0	0.4	0.10	4.0	0.40	0.2	2.0	0.4	0.1	2.0	0.2	0.5	4.0	2	0.20	2.0	0.40	0.63
存在恐怖活动	0.2	4.0	0.8	0.02	5.0	0.10	0.1	4.0	0.4	0.4	4.0	1.6	0.3	2.0	0.6	0.10	2.0	0.20	0.62
当地劳务的保险，医疗保险，人身意外保险不熟悉	0.5	3.0	1.5	0.20	2.0	0.40	0.2	3.0	0.6	0.1	3.0	0.3	0.3	1.0	0.3	0.20	3.0	0.60	0.62
管理成本估计不足	0.5	2.0	1.0	0.50	2.0	1.00	0.2	2.0	0.4	0.2	2.0	0.4	0.2	2.0	0.4	0.20	2.0	0.40	0.60
能力不足	0.2	2.0	0.4	0.20	3.0	0.60	0.2	2.0	0.4	0.1	2.0	0.2	0.5	3.0	1.5	0.20	2.0	0.40	0.58
当地工程保险不熟悉	0.5	2.0	1.0	0.20	2.0	0.40	0.2	2.0	0.4	0.1	2.0	0.2	0.3	2.0	0.6	0.20	2.0	0.40	0.50
可能产生的诉讼费用估计不足	0.2	2.0	0.4	0.50	2.0	1.00	0.2	2.0	0.4	0.1	2.0	0.2	0.3	2.0	0.6	0.20	2.0	0.40	0.50
新材料、工艺、技术使用	0.1	3.0	0.3	0.10	4.0	0.40	0.2	3.0	0.6	0.1	3.0	0.3	0.2	1.0	0.2	0.20	3.0	0.60	0.40
投标阶段主要施工方案选择不合理	0.2	2.0	0.4	0.10	3.0	0.30	0.2	2.0	0.4	0.2	2.0	0.4	0.2	2.0	0.4	0.20	2.0	0.40	0.38
火灾	0.1	4.0	0.4	0.001	4.0	0.004	0.2	4.0	0.8	0.1	4.0	0.4	0	4.0	0	0.20	3.0	0.60	0.37
医疗成本估计不足	0.3	2.0	0.6	0.10	2.0	0.20	0.2	2.0	0.4	0.1	2.0	0.2	0.1	1.0	0.1	0.20	2.0	0.40	0.32
地震	0.2	4.0	0.8	0.00006	5.0	0.0003	0.1	4.0	0.4	0.1	4.0	0.4	0	4.0	0	0.01	4.0	0.04	0.27
精装修过程中的火灾	0.1	4.0	0.4	0.0005	4.0	0.002	0.1	4.0	0.4	0.1	4.0	0.4	0	4.0	0	0.10	4.0	0.40	0.27
考古发现	0.1	4.0	0.4	0.002	4.0	0.008	0.1	4.0	0.4	0.1	4.0	0.4	0	4.0	0	0.01	4.0	0.04	0.21
洪水	0.1	4.0	0.4	0.005	4.0	0.02	0.1	4.0	0.4	0.1	4.0	0.4	0	4.0	0	0.01	2.0	0.02	0.21
爆炸	0.1	2.0	0.2	0.001	4.0	0.004	0.1	4.0	0.4	0.1	4.0	0.4	0	2.0	0	0.02	3.0	0.06	0.18

表 8

设计阶段专家打分情况

风险因素	专家1			专家2			专家3			专家4			专家5			专家6			汇总平均
	概率	严重性	风险等级	概率	严重性	风险等级	概率	严重性	风险等级	概率	严重性	风险等级	概率	严重性	风险等级	概率	严重性	风险等级	风险等级
深基坑、对当地地质条件不熟悉	0.9	5	4.5	1.00	5	5.00	0.9	5	4.5	0.9	5	4.5	0.3	2	0.6	0.8	5	4	3.85
政府腐败，腐败程度高，不可见成本比例高	0.3	3	0.9	0.80	3	2.40	0.5	3	1.5	0.6	3	1.8	1	3	3	0.2	3	0.6	1.70
交付图纸不及时	0.3	5	1.5	0.50	3	1.50	0.5	5	2.5	0.2	5	1	0.4	1	0.4	0.5	5	2.5	1.57
政府审批流程长	0.6	3	1.8	0.20	3	0.60	0.6	3	1.8	0.5	3	1.5	0.8	3	1.6	0.3	3	0.9	1.37
冻土期长	1	2	2.0	1.00	1	1.00	0.4	2	0.8	1	2	2	0.3	2	0.6	0.4	2	0.8	1.20
语言沟通存在障碍	0.5	2	1.0	0.50	3	1.50	0.7	2	1.4	0.1	2	0.2	0.5	2	1	0.7	2	1.4	1.08
天气极寒，暴雪天气多	1	2	2.0	0.10	4	0.40	0.4	2	0.8	1	2	2	0.2	2	0.4	0.4	2	0.8	1.07
对当地法律法规不熟悉	0.5	2	1.0	0.40	3	1.20	0.5	2	1	0.3	2	0.6	0.5	3	1.5	0.4	2	0.8	1.02
设计标准差异大，对当地设计标准不了解	0.5	2	1.0	0.05	4	0.20	0.6	2	1.2	0.6	2	1.2	0.2	2	0.4	0.6	2	1.2	0.87
设计概算不准确	0.3	4	1.2	0.50	4	2.00	0.1	4	0.4	0.1	4	0.4	0.3	2	0.6	0.1	4	0.4	0.83
设计与投标阶段偏离过大	0.5	2	1.0	0.70	3	2.10	0.1	2	0.2	0.2	2	0.4	0.5	2	1	0.1	2	0.2	0.82
新材料、工艺、技术使用	0.2	4	0.8	0.10	4	0.40	0.3	4	1.2	0.1	4	0.4	0.3	2	0.6	0.3	4	1.2	0.77
宗教信仰不同，生活习俗不同	0.5	2	1.0	0.02	2	0.04	0.5	2	1	0.1	2	0.2	0.5	2	1	0.5	2	1	0.71
政府更迭，与政府合同项目将受影响	0.3	5	1.5	0.10	5	0.50	0.1	5	0.5	0.1	5	0.5	0.1	2	0.2	0.1	5	0.5	0.62
设计人员能力不足	0.1	2	0.2	0.20	3	0.60	0.1	2	0.2	0.2	2	0.4	0.5	2	1	0.1	2	0.2	0.43
环境法规、惯例	0.5	2	1.0	0.10	2	0.20	0.1	2	0.2	0.2	2	0.4	0.5	1	0.5	0.1	2	0.2	0.42
设计的技术与经济专业协调不好	0.3	2	0.6	0.05	2	0.10	0.1	2	0.2	0.2	2	0.4	0.5	2	1	0.1	2	0.2	0.42
设计团队不能胜任工作	0.1	2	0.2	0.10	4	0.40	0.1	2	0.2	0.2	2	0.4	0.3	3	0.9	0.1	2	0.2	0.38
精装修过程中的火灾	0.1	4	0.4	0.0005	4	0.002	0.1	4	0.4	0.1	4	0.4	0	4	0	0.1	4	0.4	0.27

施工阶段专家打分情况 表9

风险因素	专家1			专家2			专家3			专家4			专家5			专家6			汇总平均
	概率	严重性	风险等级	概率	严重性	风险等级	概率	严重性	风险等级	概率	严重性	风险等级	概率	严重性	风险等级	概率	严重性	风险等级	风险等级
深基坑、对当地地质条件不熟悉	0.9	4.0	3.6	1.00	3.0	3.00	1.0	4.0	4.0	1.00	4.0	4.00	0.5	3.0	1.5	0.90	3.0	2.70	3.13
天气极寒，暴雪天气多	1.0	4.0	4.0	0.10	4.0	0.40	0.8	4.0	3.2	1.00	4.0	4.00	0.3	2.0	0.6	0.80	4.0	2.40	2.43
对深基坑工程困难认识不足	0.4	4.0	2.0	0.30	5.0	1.50	0.5	5.0	2.5	0.40	5.0	2.00	0.2	3.0	0.6	0.50	5.0	2.50	1.85
俄罗斯是卖方市场，物资采购资金压力大，周期长	0.4	3.0	1.2	0.80	4.0	2.40	0.5	3.0	1.5	0.40	4.0	1.20	0.7	2.0	1.4	0.50	3.0	1.50	1.53
物价上涨	0.5	3.0	1.5	0.60	3.0	1.80	0.5	3.0	1.5	0.40	3.0	1.20	0.7	2.0	1.4	0.60	2.5	1.50	1.48
人、材、机价格波动	0.7	3.0	2.1	0.50	3.0	1.50	0.8	3.0	2.4	0.50	3.0	1.50	0.5	2.0	1	0.80	3.0	2.40	1.82
汇率波动大	0.5	3.0	1.5	0.80	3.0	2.40	0.5	2.0	1.0	0.40	3.0	1.20	0.7	2.0	1.4	0.50	2.0	1.00	1.42
巴洛克风格建筑外立面装修要求高	0.2	3.0	0.6	1.00	3.0	3.00	0.5	3.0	1.5	0.30	3.0	0.90	0.5	2.0	1	0.50	3.0	1.50	1.42
提交的承包商文件未能与付款申请同步	0.3	4.0	1.2	0.10	3.0	0.30	0.5	4.0	2.0	0.50	4.0	2.00	0.5	2.0	1	0.50	4.0	2.00	1.42
地下水位较高，不能采用井点降水的办法	0.2	5.0	1.0	0.80	4.0	3.20	0.1	5.0	0.5	0.30	5.0	1.50	0.8	2.0	1.6	0.10	5.0	0.50	1.38
国际运输价格变动	0.5	3.0	1.5	0.10	3.0	0.30	0.8	3.0	2.4	0.10	3.0	0.30	0.5	2.0	1	0.80	3.0	2.40	1.32
政府腐败，腐败程度高	0.4	3.0	1.2	0.20	3.0	0.60	0.1	3.0	0.3	0.80	3.0	2.40	1	5.0	2	0.10	3.0	0.30	1.13
逆做法施工，工艺烦琐复杂，工程进度难以保证	0.1	4.0	0.4	0.05	4.0	0.20	0.5	4.0	2.0	0.10	4.0	0.40	0.5	3.0	1.5	0.50	4.0	2.00	1.08
对当地法律法规不熟悉	0.7	4.0	2.8	0.10	3.0	0.30	0.5	4.0	2.0	0.10	4.0	0.40	0.3	2.0	0.6	0.10	3.0	0.30	1.07
土方施工方案选择不合理	0.2	2.0	0.4	1.00	2.0	2.00	0.5	2.0	1.0	0.30	2.0	0.60	0.7	2.0	1.4	0.50	2.0	1.00	1.07
当地税收、签证费用政策性变化造成项目费用增加	0.5	3.0	1.5	0.20	3.0	0.60	0.4	3.0	1.2	0.50	3.0	1.50	0.1	2.0	0.2	0.40	3.0	1.20	1.03

续表

风险因素	专家1			专家2			专家3			专家4			专家5			专家6			汇总平均
	概率	严重性	风险等级	概率	严重性	风险等级	概率	严重性	风险等级	概率	严重性	风险等级	概率	严重性	风险等级	概率	严重性	风险等级	风险等级
外来劳务人员准入规定所带来的风险	0.4	2.0	0.8	0.50	4.0	2.00	0.5	2.0	1.0	0.50	2.0	1.00	0.2	2.0	0.4	0.50	2.0	1.00	1.03
语言沟通存在障碍	0.5	3.0	1.5	0.50	3.0	1.50	0.2	3.0	0.6	0.30	3.0	0.90	0.3	2.0	0.6	0.10	5.0	0.50	0.93
项目部管理水平、技术水平、组织协调能力不足	0.2	3.0	0.6	0.10	4.0	0.40	0.1	3.0	0.3	0.60	3.0	1.80	0.5	4.0	2	0.10	3.0	0.30	0.90
施工质量不达标	0.1	5.0	0.5	0.10	5.0	0.50	0.2	5.0	1.0	0.20	5.0	1.00	0.3	3.0	0.9	0.20	5.0	1.00	0.82
宗教信仰不同，生活习俗不同	0.6	5.0	3.0	0.05	5.0	0.25	0.1	5.0	0.5	0.10	5.0	0.50	0.3	1.0	0.3	0.10	3.0	0.30	0.81
安全管理不当，造成安全事故	0.1	4.0	0.4	0.05	4.0	0.20	0.1	4.0	0.4	0.60	4.0	2.40	0.3	3.0	0.9	0.10	4.0	0.40	0.78
腐败	0.1	4.0	0.4	0.20	4.0	0.80	0.1	4.0	0.4	0.10	4.0	0.40	1	2.0	2	0.10	4.0	0.40	0.73
国际形势变动	0.5	4.0	2.0	0.10	4.0	0.40	0.2	4.0	0.8	0.10	4.0	0.40	0.2	1.0	0.2	0.10	3.0	0.30	0.68
不能按时移交场地	0.1	5.0	0.5	0.20	3.0	0.60	0.1	5.0	0.5	0.10	5.0	0.50	0.7	2.0	1.4	0.10	5.0	0.50	0.67
施工场地狭窄，工人生活区、钢筋和木工加工场地需要外租场地	0.2	1.0	0.2	0.80	1.0	0.80	0.6	1.0	0.6	0.30	1.0	0.30	0.7	2.0	1.4	0.60	1.0	0.60	0.65
当地民意，对本建筑的态度、对中国人在当地工作的态度	0.3	4.0	1.2	0.10	5.0	0.50	0.2	4.0	0.8	0.10	4.0	0.40	0.3	1.0	0.3	0.20	3.0	0.60	0.63
劳务人员怠工、罢工	0.2	2.0	0.4	0.30	3.0	0.90	0.5	2.0	1.0	0.10	2.0	0.20	0.1	3.0	0.3	0.50	2.0	1.00	0.63
业主方无力履行合同	0.1	5.0	0.5	0.05	5.0	0.25	0.1	5.0	0.5	0.10	5.0	0.50	0.3	5.0	1.5	0.10	5.0	0.50	0.63
洪水	0.1	4.0	0.4	0.005	4.0	0.02	0.1	4.0	0.4	0.60	4.0	2.40	0.1	2.0	0.2	0.10	3.0	0.30	0.62
用人决策错误	0.1	4.0	0.4	0.10	4.0	0.40	0.1	4.0	0.4	0.20	4.0	0.80	0.3	4.0	1.2	0.10	4.0	0.40	0.60
中俄双边关系波动大，外国人财产不受保护	0.3	5.0	1.5	0.01	5.0	0.05	0.1	5.0	0.5	0.20	5.0	1.00	0.2	1.0	0.2	0.05	5.0	0.25	0.58

续表

风险因素	专家1			专家2			专家3			专家4			专家5			专家6			汇总平均
	概率	严重性	风险等级	概率	严重性	风险等级	概率	严重性	风险等级	概率	严重性	风险等级	概率	严重性	风险等级	概率	严重性	风险等级	风险等级
环境法规、惯例	0.8	2.0	1.6	0.20	2.0	0.40	0.2	2.0	0.4	0.20	2.0	0.40	0.3	1.0	0.3	0.20	2.0	0.40	0.58
政府更迭，与政府合同项目将受影响	0.3	5.0	1.5	0.10	5.0	0.50	0.1	5.0	0.5	0.10	5.0	0.50	0.2	5.0	0.4	0.01	3.0	0.03	0.57
项目管理公司技术水平、施工经验欠缺	0.2	4.0	0.8	0.05	4.0	0.20	0.1	4.0	0.4	0.10	4.0	0.40	0.3	4.0	1.2	0.10	4.0	0.40	0.57
签证和延期签证的风险	0.2	1.0	0.4	0.10	2.0	0.20	0.5	2.0	1.0	0.10	2.0	0.20	0.2	2.0	0.4	0.50	2.0	1.00	0.53
施工标准差异	0.5	1.0	0.5	0.10	3.0	0.30	0.2	1.0	0.2	0.60	1.0	0.60	0.5	2.0	1	0.20	1.0	0.20	0.47
业主支付能力不足	0.1	5.0	0.5	0.05	3.0	0.15	0.1	5.0	0.5	0.10	5.0	0.50	0.3	2.0	0.6	0.10	5.0	0.50	0.46
项目管理公司职业道德欠佳	0.1	4.0	0.4	0.10	3.0	0.30	0.1	4.0	0.4	0.20	4.0	0.80	0.1	3.0	0.3	0.10	4.0	0.40	0.43
火灾	0.1	4.0	0.4	0.001	4.0	0.004	0.2	4.0	0.8	0.10	4.0	0.40	0.1	3.0	0.3	0.20	3.0	0.60	0.42
能力不足	0.1	2.0	0.2	0.20	3.0	0.60	0.1	2.0	0.2	0.20	2.0	0.40	0.3	3.0	0.9	0.10	2.0	0.20	0.42
存在恐怖活动	0.2	4.0	0.8	0.02	5.0	0.10	0.1	4.0	0.4	0.10	4.0	0.40	0.2	2.0	0.4	0.10	3.0	0.30	0.40
调试工作要求高	0.4	1.0	0.4	0.50	1.0	0.50	0.2	1.0	0.2	0.50	1.0	0.50	0.3	2.0	0.6	0.20	1.0	0.20	0.40
地震	0.2	4.0	0.8	0.00006	5.0	0.0003	0.1	4.0	0.4	0.10	4.0	0.40	0.1	4.0	0.4	0.10	3.0	0.30	0.38
与周边建筑距离近，保护难度大	0.1	2.0	0.2	0.20	2.0	0.60	0.2	2.0	0.4	0.20	2.0	0.40	0.1	2.0	0.2	0.20	2.0	0.40	0.37
针对中国人的有组织的犯罪活动	0.1	4.0	0.4	0.10	4.0	0.40	0.1	4.0	0.4	0.10	4.0	0.40	0.1	2.0	0.2	0.10	4.0	0.40	0.37
极端民族主义分子的排外行动	0.1	4.0	0.4	0.10	4.0	0.40	0.1	4.0	0.4	0.10	4.0	0.40	0.1	2.0	0.2	0.10	4.0	0.40	0.37
故意破坏	0.1	4.0	0.4	0.10	4.0	0.40	0.1	4.0	0.4	0.10	4.0	0.40	0.1	2.0	0.2	0.10	4.0	0.40	0.37
盗窃	0.1	3.0	0.3	0.10	2.0	0.20	0.2	3.0	0.6	0.10	3.0	0.30	0.1	1.0	0.1	0.10	5.0	0.50	0.33
欺诈	0.1	4.0	0.4	0.10	3.0	0.30	0.1	4.0	0.4	0.10	4.0	0.40	0.1	2.0	0.2	0.10	4.0	0.40	0.35
考古发现	0.1	4.0	0.4	0.002	4.0	0.008	0.1	4.0	0.4	0.10	4.0	0.40	0.1	2.0	0.2	0.10	3.0	0.30	0.28
爆炸	0.1	2.0	0.2	0.001	4.0	0.004	0.1	4.0	0.4	0.05	4.0	0.20	0.1	3.0	0.3	0.10	3.0	0.30	0.23

2.4 风险优先级与应对

2.4.1 风险优先级定义

（1）按风险等级排序

将各阶段按风险等级从大到小进行排序，以设计阶段风险等级为例排序见表10，为设计阶段风险等级从最高至最低排序。

设计阶段风险等级从最高至最低排序 **表10**

风险因素	风险等级	风险因素	风险等级
深基坑、对当地地质条件不熟悉	3.85	设计与投标阶段偏离过大	0.82
政府腐败，腐败程度高，不可见成本比例高	1.70	新材料、工艺、技术使用	0.77
交付图纸不及时	1.57	宗教信仰不同，生活习俗不同	0.71
政府审批流程长	1.37	政府更迭，与政府合同项目将受影响	0.62
冻土期长	1.20	设计人员能力不足	0.43
语言沟通存在障碍	1.08	环境法规、惯例	0.42
天气极寒，暴雪天气多	1.07	设计的技术与经济专业协调不好	0.42
对当地法律法规不熟悉	1.02	设计团队不能胜任工作	0.38
设计标准差异大，对当地设计标准不了解	0.87	精装修过程中的火灾	0.27
设计概算不准确	0.83		

（2）风险优先级定义

通过专家讨论确定风险优先级选取原则，见表11。

风险优先级选取原则 **表11**

1级风险	分派风险责任人，制定应对措施	风险等级＞1.5 1.5＞风险等级＞0.7，敏感性高
2级风险	分派风险责任人，制定应对措施	1.5＞风险等级＞0.6
3级风险	分派风险责任人，监控风险	风险等级＜0.6

2.4.2 风险应对措施——1级风险

确定了风险优先级的选取原则后，按风险管理的流程进行风险应对，鉴于风险过多，选取相对重要的1级风险制定相应的措施，风险的应对措施的一般原则有拒绝承担风险、风险转移、风险自留等，根据以上原则确定风险的应对措施见表12。

风险应对措施——1级风险 **表12**

风险因素		风险的后果	风险应对措施
投标及合同谈判阶段	深基坑、对当地地质条件不熟悉	1. 工期估算不准确，造成工期延误； 2. 费用估计不足，成本超支； 3. 安全分析不到位，出现安全事故	1. 及时掌握当地土质状况及项目地质勘探报告； 2. 合同中明确约定如业主提供的勘探报告有误，则由错误勘探报告引起的全部费用由业主承担； 3. 总包可采用基础工程分包，分包商选用当地分包商，以便风险转移

续表

风险因素		风险的后果	风险应对措施
投标及合同谈判阶段	对当地法律法规不熟悉	成本超支；进度落后	1. 聘请当地专业律师作为项目法律顾问，参与投标及合同谈判阶段； 2. 聘请当地咨询公司，参与投标及合同谈判阶段； 3. 聘请国内有同地区工程经验的专家作为咨询顾问
	天气极寒，暴雪天气多	成本超支；进度落后，质量不合格	1. 在排布工程进度计划时要尽量避开冬季极寒天气施工，如果不能避免冬季施工，就一定要做好恶劣天气安全防范工作，采取得力措施，积极关注天气变化，合理编制恶劣天气下的施工计划和施工方案，及时启动应急预案，扎实做好冬季恶劣天气下的安全生产防范工作； 2. 在合同中明确约定，如果应业主要求需要冬季施工，则业主应对冬季施工产生的相关费用进行补偿
	政府腐败，腐败程度高，不可见成本比例高	成本超支；进度落后	1. 聘请当地顾问公司，此顾问公司需有能证实其无政府背景的文件； 2. 与顾问公司的协议中必须包含顾问公司不得违反当地法律、不得幕后交易的条款； 3. 为了防止顾问公司的欺瞒诈骗，应寻求国内业内有类似工程或历史工程的公司给予指导帮助，防止二重贿赂； 4. 将此部分费用尽量综合在投标报价中； 5. 对极度腐败地区，建议对贿赂零容忍
	汇率波动大	费用估计不足，成本超支	1. 实行海外工程特有的大项目制，制定外汇在项目间的调配管理办法，依据具体情况选择结汇时间点； 2. 在签订合同时订立货币保值条款； 3. 针对不同国家及地区的分包及分供商，应灵活采用计价货币，以转移风险； 4. 委托国内专业机构利用金融工具避险
	合同漏项	成本超支；进度落后	1. 投标之前充分了解当地相关单位类似工程的投标文件，对该投标文件进行分析参考，跟踪了解该投标文件在项目的实施全过程中有无合同漏项的事实，如没有，可把该投标文件作为范本； 2. 请当地相关咨询公司进行投标报价，或直接邀请主要的分包、分供商联合报价，各自承担各自承包范围内的风险，避免不必要的利润损失； 3. 建议在合同谈判阶段，聘请第三方律师主持谈判工作； 4. 学习国外公司通常做法，收购有一定影响力与实力的当地承包商，即能够得到市场份额，又能够提升项目管理能力； 5. 投标报价的思路应摒弃国内组价的思路，应以 WBS 为基础进行组价，应将 WBS 分解到工作包（最小的可交付成果），WBS 的分解模式采用自上而下的方式，然后利用有经验的管理人员从下至上进行检查核对，以免漏项。通过不同的工程的不断积累，形成越来越完整的数据支持库； 6. 组价应有技术人员参与，尽量少套用国内的定额组价，应不断整理收集总结当地的造价指标信息，形成支持数据库； 7. 建立国外工程合同管理体系，严格审查制度，审查制度引入风险评分，如定义达到某一分值为红线，某一分值为黄线，不同级别不同的策略； 8. 发展伙伴关系，合同形式尽量选用成本加酬金的方式，避免合同漏项； 9. 合同界面应清晰明确，避免想当然的答案，项目范围应定义准确

续表

风险因素		风险的后果	风险应对措施
投标及合同谈判阶段	投标策略失误	1. 工期估算不准确，造成工期延误； 2. 费用估计不足，成本超支； 3. 安全分析不到位，出现安全事故； 4. 导致项目失败	1. 投标之前明确项目目标； 2. 投标之前明确我公司可以承担的最不利的后果； 3. 调研当地类似工程的造价指标； 4. 投标人依据项目范围和现场施工环境，企业自身实力，确定单价和合价； 5. 收购当地有实力承包商； 6. 坚持盈利文化； 7. 建立海外工程投标管理体系，严格评审制度，评审引入风险评分，如定义达到某一分值为红线，某一分值为黄线，不同级别不同的策略； 8. 决定投标前，对业主、地点要充分的调研识别，避免“错误的地点、错误的业主”
	当地人、材、机价格波动	费用估计不足，成本超支	1. 合同中明确约定，签订建设工程施工合同时，明确约定风险范围、风险费用的计算方式。如人、材、机波动超过一定范围时（如6%），可在进度款和结算时，对原投标报价进行调整； 2. 在投标报价时，考虑该部分涨价预备费； 3. 运用情势变更原则应对建材价格涨跌（在一定条件下，建筑企业可以通过诉讼途径，以情势变更为由要求发包方弥补其为建材价格上涨付出的代价。然而，开启民事诉讼犹如打开一把生锈的锁，通过诉讼途径变更或者终止合同，需要支付一定的经济成本和时间成本。建筑企业提高法律意识，签订比较全面的建设施工合同和公平合理的购销合同、租赁合同，重视合同管理工作，是防范建材价格波动风险的根本工作）
	合同文件上的语言差异	成本超支；进度落后	1. 聘请当地业内翻译人员参与合同谈判； 2. 与业主签订双语合同（当地语言版及英文版）
项目设计阶段	深基坑、对当地地质条件不熟悉	1. 工期延误； 2. 成本超预算	1. 根据业主提供的地质勘探报告优选该工程基础方案； 2. 充分调研当地深基坑做法； 3. 收购当地设计院或由当地设计院进行分包
	政府腐败，腐败程度高，不可见成本比例高	1. 工期延误； 2. 成本超预算	1. 与当地设计公司合作，由当地设计公司承担部分设计工作及与政府的协调； 2. 可采用设计分包（选用当地设计公司）
	交付图纸不及时	1. 工期延误； 2. 成本超预算	1. 在设计合同中明确约定设计交付图纸的时间节点； 2. 在设计过程中，按阶段按节点提交设计成果文件； 3. 聘请设计监理
	设计标准差异大，对当地设计标准不了解	1. 工期延误； 2. 成本超预算	1. 翻译项目所在地相关设计规范，并请熟悉两国规范的专家对本国设计人员进行培训； 2. 可采用设计分包（选用当地设计公司）
项目施工阶段	深基坑，对当地的深基坑做法不熟悉	1. 工期延误； 2. 出现重大安全事故； 3. 成本超预算	1. 以集团公司技术专家与项目技术骨干组成技术攻关小组； 2. 施工前全面调研当地类似深基坑做法，形成调研报告； 3. 初步确定三到四种施工方案，进行方案技术经济比选，初步编制深基坑方案； 4. 组织内部专家论证，对方案进行论证修改； 5. 组织国内外专家论证会，对方案进行论证修改； 6. 严格按方案施工，在施工中加强监测

续表

<table>
<tr><th colspan="2">风险因素</th><th>风险的后果</th><th>风险应对措施</th></tr>
<tr><td rowspan="6">项目施工阶段</td><td>天气极寒，暴雪天气多</td><td>1. 工期延误；
2. 成本超预算</td><td>1. 排布进度计划时，进行优化，避免关键线路中的湿作业在冬季施工；
2. 编制冬季施工方案，对冬季施工时的极寒和大雪天气时的应对措施要详尽具体，并进行方案优化比选；
3. 加强分包及分供的管理，尤其是工期管理，要注意收集分包分供工期原因造成我方本不应冬季施工而延至冬季施工的索赔资料，并及时进行索赔；
4. 加强与业主方的工期索赔，应注意收集业主或咨询方造成工期延误，而至我方需冬季施工的索赔资料；
5. 选择分包分供时，要进行风险转移</td></tr>
<tr><td>对深基坑工程困难认识不足</td><td>1. 出现重大安全事故；
2. 工期延误</td><td>1. 成立专家组在施工中常驻现场，及时掌握第一手现场情况；
2. 对深基坑风险进行重点识别，如支撑失稳、基坑坍塌、基底扰动、管线破坏、塌孔、承载力不足、大面积塌方、位移、过大渗水、地面沉降过大、基坑突涌等风险；
3. 对风险进行分析及提出应对措施，针对分析出的重点风险除初步应对措施外，还应编制专项施工方案；
4. 基坑施工中加强进度管理，及时进行跟踪及分析、不断调整及优化资源配置</td></tr>
<tr><td>俄罗斯是卖方市场，物资采购资金压力大，周期长</td><td>1. 采购周期没有保证，导致工期延误；
2. 费用估计不足，导致成本超支</td><td>1. 提高采购集中度，减少发包数量，发挥规模优势，借以提升买方交易地位；
2. 遴选信誉好、能力强的供应商，建立战略伙伴关系，互惠互利，形成稳定合作，争取优惠价格；
3. 在做干系人管理和项目宣传的过程中，注意对业界突出重要供应商的项目贡献宣传，提高供应商信誉压力</td></tr>
<tr><td>逆做法施工，工艺烦琐复杂，工程进度难以保证</td><td>1. 工期延误；
2. 出现重大安全事故</td><td>1. 成立专家小组；
2. 对逆做法施工进行 WBS 分解，识别重点，如基坑坑底带状加固施工、全长钢护筒钻孔灌注桩施工、重型复合钢板桩施工、土方开挖、桩墙合一地下室外墙施工、永久性格构柱施工、地下楼板模板施工、临时支撑切割拆除、地下室施工阶段临时通风照明工程施工；
3. 组织专家进行相关重点施工方案的编制及论证；
4. 合理编制工期进度计划、借助计算机辅助技术优化配置资源；
5. 对进度计划进行跟踪分析，及时调整</td></tr>
<tr><td>语言沟通存在障碍</td><td>1. 沟通障碍耽误时间，造成工期延误；
2. 工期延误，导致成本超支</td><td>1. 对项目施工人员定期进行语言培训，半年进行一次考核，考核与绩效挂钩；
2. 翻译人员比例不应过低；
3. 雇佣的翻译人员应以有相关工程背景为主；
4. 多与当地进行联谊活动，促进国外文化了解；
5. 保持一定比例的当地用工，促进语言沟通进步</td></tr>
<tr><td>项目部管理水平、技术水平、组织协调能力不足</td><td>1. 工期估算不准确，造成工期延误；
2. 费用估计不足，导致成本超支；
3. 安全管理不到位，出现安全事故；
4. 导致项目失败</td><td>项目部能力不足是重大风险，需尽最大努力应对：
1. 尽量选用有本地区施工经验的团队，可考虑收购当地公司并派本企业骨干融入管理团队；如无法实现则需选用有海外施工经验的团队；
2. 对选定的项目团队进行相关培训；
3. 在选用项目团队人员时，采用筛选策略，择优录用；
4. 争取国内集团的支持与支援；
5. 形成国际工作流程规范；
6. 采用大项目部制，成熟一个，发展一个，充分发挥大项目部核心层的作用，起到传、帮、带的作用</td></tr>
</table>

3 结论

在风险管理中采用头脑风暴法和风险评价指标矩阵按项目发展阶段的顺序对俄罗斯EPC承包工程的风险进行识别、分析及应对，既利用了一局集团特有的经验财富的优势，又细致的对俄罗斯EPC承包工程的风险进行了梳理。通过总结及梳理使企业管理层和项目执行层能够充分认识到海外工程的风险存在于项目的各个阶段，从投标及合同谈判阶段直到项目保修的完成，并认识到风险管理的重要性，即每一阶段的风险后果都有可能导致项目目标的不能实现，如投标及合同谈判阶段的投标策略失误风险和合同漏项风险后果有可能是致命的和无法挽回的。借助本次对俄罗斯EPC工程风险的分析与应对的研究工作，可以初步建设俄罗斯建设工程风险库，然后通过风险库的不断积累与完善，可以为企业在投标及施工过程中提供依据。

对俄罗斯EPC承包工程进行风险管理的目的并不是要去追求“过分的安全”和“对抗风险”的状态，因为这样做的结果必然会导致过高的投标报价，从而导致竞标过程的失败，进而导致海外工程市场份额的缩小，而这与中国建筑股份公司的战略目标是背道而驰的；也不是为了盲目地扩大海外市场份额，而忽视或轻视可能发生的风险及其后果，因为忽视或轻视海外工程风险所造成的苦果对国内的承包商来说数不胜数，并且教训往往是异常苦涩的，如中国铁建承包的沙特麦加轻轨项目可能亏损42亿元，中国海外工程有限责任公司的波兰高速公路项目面临巨额索赔。那么俄罗斯EPC承包工程进行风险管理的目的是什么呢，最终的目的在于建立一个规范完整的体系，用以在项目全过程中能够主动地管理与监控风险，找到两种极端状态中的平衡，实现中国建筑股份公司的海外工程份额不断扩大，利润不断提高的战略目标。

参考文献

[1] 张宇，孙开锋. 解读2011年度ENR国际承包商225强[J]. 工程管理学报，2011，25(5)：584-589.

[2] 王卓甫. 工程项目风险管理理论、方法与应用. 北京：中国水利水电出版社，2003：247.

[3] (英)克里斯·查普曼. 项目风险管理过程、技术和洞察力. 北京：电子工业出版社，2003：326.

[4] 王勇，张斌译. (美)项目管理协会PMI. 项目管理知识体系指南(第四版). 北京：电子工业出版社，2009：382.

[5] 兰守奇，张庆贺. 基于模糊理论的深基坑施工期风险评估[J]. 岩土工程学报. 2009-04，31(4)：648.

[6] 徐峰. 中建总公司海外工程项目风险管理研究[D]. 济南：山东大学，2009：34.

[7] 周勇，何军. 建筑企业国际承包风险识别与防范[J]. 施工技术. 2006(5)：35.

[8] 刘洪萍，聂胜录. 国际承包工程外汇风险及对策[J]. 中国有色金属. 2009(01)：62.

[9] 杨文海. 化工建设项目合同风险管理研究[D]. 上海：上海交通大学，2010：45.

精心组织 精细管理 创建首都轨道交通精品工程

刘明华 岳仁峰 仇立发 孟庆龙
（北京市政建设集团有限责任公司）

【摘 要】本工程项目结合轨道交通工程特点，通过精心组织和精细管理，顺利实现各项管理目标，获得多个奖项。

【关键词】工程精品；标管理；风险控制；技术先行

1 成果背景及工程概况

1.1 成果背景

城市轨道交通是城市基础设施中公共交通系统的重要组成部分。从各国城市化进程的实践来看，轨道交通凭借运量大、速度快、安全可靠、准点舒适的技术优势在发达国家和地区成为主要的城市交通工具，备受市民欢迎。我国北京、上海、广州、香港等城市也拥有相当规模的轨道交通线路，现已逐步成为居民出行的首选交通工具，也成为政府推行“公交优先”政策的主要手段。城市轨道交通自身所具备的社会属性和经济属性，使之成为城市交通运输发展战略的重点，同时也被视为城市交通体系的骨干力量。

近几年，随着社会经济发展，国内各大城市相继拉开地下轨道交通建设的序幕，首都轨道交通工程也迎来了新的建设高峰。作为一家生于首都、伴随中华人民共和国共同成长的施工企业，如何在复杂的社会环境和工程环境下实现项目的各个管理目标，如何加强施工项目过程管理以打造精品工程，如何满足顾客需求并创造良好社会经济效益，如何在日趋激烈的轨道交通工程建设市场上更好的生存和发展，是我们一直为之思索和探寻的重要课题。

1.2 工程概况

轨道交通大兴线工程全长约 21.8 公里，起点在 4 号线公益西桥站，终点站为南端天宫院站，全线共 11 站 11 区间，见图 1。其中 04 标段由两座地下车站、三个地下区间组成。由北向南依次为高米店北站—高米店南站矿山法区间、高米店南车站、高米店南站—枣园站盾构区间、枣园车站、枣园站—清源路站盾构区间。合同造价 46868 万元。

高米店南站位于兴华大街与金星西路十字路口，车站沿兴华大街跨金星西路路口南北向布置。总建筑面积 16194 平方米。该车站为地下双层岛式车站，车站主体结构采用三跨双层箱形框架结构，车站主体采用明挖法施工，围护结构采用钻孔灌注桩与钢管内支撑体

图 1　轨道交通大兴线工程线路图

系。岛式站台宽度为 12m，车站总长为 184.8m，车站标准段宽为 20.90m，基坑深度 16.53m。车站附属结构包括：东侧明挖扩大商业方厅及 1 号、2 号、3 号出入口 3 个明挖出入口、3 号、4 号明挖风道、西侧 4 号、5 号 2 个暗挖出入口及 1 号、2 号暗挖风道、一座半地下冷却塔。其中 3 号明挖出入口，在车站东北象限与商业开发建筑一体化设计，西侧附属结构 4 号出入口和 1 号风道、5 号出入口和 2 号风道采用平顶直墙结构形式暗挖下穿现况兴华大街，分别与车站西北、西南象限商业开发建筑一体化设计。

枣园站位于兴华大街与枣园路十字路口，车站沿兴华大街跨枣园路口南北向布置。总建筑面积14666平方米，枣园站为地下双层岛式车站，车站主体结构采用三跨双层闭合框架钢筋混凝土结构。车站主体采用明挖法施工，围护结构采用钻孔灌注桩与钢管内支撑体系。车站总长为275.55m，车站标准段宽为20.90m，站台宽度为12m。车站附属结构包括：东侧1号、2号暗挖出入口（平顶直墙暗挖下穿兴华大街），西侧3号、4号明挖出入口、1号、2号明挖风道、一座一体化商业开发半圆厅，一座冷却塔。

高米店北站—高米店南站矿山法区间，位于兴华大街下方。左右线长度均为940.75m。区间设置2座联络通道、一座风井、一座废水泵房。高米店南站至枣园站盾构区间，左右线长度均为964.5m。枣园站至清源路区间，左线长度985.825m，右线长度921.475m。盾构区间为单洞单线圆形断面，两盾构区间均设联络通道兼泵房一座，采用矿山法施工。

2 选题理由

（1）轨道交通大兴线工程全长约21.8千米，与地铁4号线实现贯通运营后，运营总里程达50千米，35个车站，成为目前国内地下里程最长和车站最多的轨道交通线路。作为贯穿北京城区的一条南北向交通客运走廊，将迅速推动区域经济增长。作为北京市重点工程，与城市的建筑、周边环境及设施、周边居民生活息息相关，本工程的建成具有重大的社会影响。

（2）轨道交通大兴线04标紧邻主干路和居民区，且周边环境复杂、风险源数量多、工期紧张、多专业交叉、协调工作量大、技术和质量要求高。公司从站稳市场的大局出发，也肩负着国企的社会责任，在开工伊始即将“精心组织、精细管理，争创首都轨道交通工程精品”作为该项目管理的总体战略目标。其实质包含两个层面的意义，一是加强过程控制，打造过程精品，探寻并总结和提高在当前形势下城市轨道交通工程的项目管理经验；二是树立创优目标，打造精致建筑产品，为顾客（业主）提供满意服务。

3 实施时间

见表1。

项目实施时间表 **表1**

实施时间	2008年6月～2010年12月	
分阶段实施时间表		
管理策划	2008年6月～2008年10月	奥运停工，10月正式开工
管理措施实施	2008年10月～2010年10月	
过程检查	2008年10月～2010年10月	
取得成效	2010年10月～2010年12月	

4 管理重点及难点

（1）两座车站均处在交叉路口的下方，基坑周边建（构）筑物较多、基坑外两侧均有大型带水管线、基坑内有现况热力管线等市政管线需进行悬吊保护，且施工期间紧邻围挡外的导行路上有车辆通行，施工环境较为复杂。车站主体基坑安全等级均为一级，如基坑失稳会造成恶劣的社会影响和极大的经济损失。

暗挖区间下穿（或侧穿）兴华大街及密布的市政管线、青岛嘉园住宅小区（与隧道结构最小距离 7.3m）、新凤河兴华桥及河道等建（构）筑物。盾构区间下穿（或侧穿）兴华大街及密布的市政管线、瑞洲工贸五层楼（最小水平距离 3.75m）、超市、建材城等建（构）筑物，且盾构区间、暗挖区间隧道所处地层主要为粉细砂层、中砂层，围岩分级为Ⅵ级，开挖土体自稳性差，隧道施工容易引起较大的地层变形。

两车站下穿道路的暗挖附属结构采用平顶直墙断面形式。结构覆土较强，且上方带水管线距离较近。其中高米店南站附属结构 1 号风道最大开挖宽度 21.32m，最小覆土 3.22m，距最近 Φ600 污水管线仅 39.8cm。沉降控制难度较大。

因此，确保基坑稳定、控制暗挖区间及盾构区间、附属结构暗挖隧道的路面沉降和隆起，控制施工安全技术风险，是本工程管理重点之一。

（2）本标段土建施工包括三区间和两个车站，施工工序多，施工作业面多，并且还包括装修工程、安装工程、专项工作总负责及协调配合、与商业建筑一体化施工相关方协调配合等。施工组织协调工作量大，如何统筹安排，精心组织，优化配置，减少矛盾，使得每个工作面协调推进，每道工序衔接紧凑，安全、保质、按期完成施工任务，是本工程的又一项重点。

（3）为保证本工程项目管理战略目标的实现，项目部加大创优工作的管理力度。把加强工程实体的质量控制，尤其是加强地下工程结构防水等重要分部分项工程的质量控制作为本工程管理的重点。

5 管理策划与创新特点

5.1 明确工程目标管理

项目部根据公司的整体战略目标，在考虑充分满足业主合同要求的情况下，结合工程特点，确立如下管理目标，见表 2。

项目管理目标 表 2

目标项目	目标值
工期	满足合同工期及业主要求的节点工期
成本	控制成本在节约政府投资前提下企业盈利
安全	严格按照国家安全制度和规定，达到“三无一杜绝”、“一创建”的目标，即无基坑坍塌、洞内塌方冒顶的责任事故；无重大机械设备事故、重大交通和火灾事故；无一次性直接经济损失在五万元以上的其他工程事故；杜绝因公死亡；创建北京市安全文明工地
质量	确保结构“长城杯”，争创国家级优质奖项
文明施工	树样板工程，建标准化现场，做文明职工，达到北京市市级文明工地标准
环保	达标排放，节能降耗，杜绝恶性环境事件。综合环保目标达到国家及北京市施工的环保要求。争创绿色环保工程

5.2 创新特点

轨道交通大兴线工程04标贯彻目标管理，以技术为先导，秉承“全员、全过程、全方位”技术质量管理理念，加强系统组织管理，精心组织施工，全面实现项目管理目标。在工程中应用住建部推广应用新技术10大项中的23个子项，见表3。

本工程应用的十项新技术列表

表3

序号	推广应用十项新技术名称	应用项目名称
1	地基基础和地下空间工程技术	组合内支撑技术
		暗挖法施工技术
		暗挖隧道弧面侧向开洞及暗竖井技术
		砂卵石地层暗挖技术
		双层小导管注浆技术
		盾构施工技术
2	高性能混凝土工程应用技术	混凝土裂缝防治技术
		抗渗混凝土
3	高效钢筋与预应力技术	粗直径钢筋直螺纹机械连接技术
4	新型模板及脚手架应用技术	单侧墙体模板技术
		碗扣式脚手架应用技术
		整体模板台车衬砌施工技术
5	钢结构技术	钢结构施工安装技术
6	安装工程应用技术	电源防雷与接地系统
7	建筑节能和环保应用技术	旋喷桩技术
8	建筑防水新技术	聚氨酯防水涂料应用技术
		ECB防水板应用技术
		EVA防水应用技术
9	施工过程监测与控制技术	施工控制网建立技术
		施工放样技术
		深基坑工程监测和控制
		大体积混凝土温度监测和控制
10	信息化管理技术	管理信息化技术

6 管理措施和风险控制

项目部采取如下措施，针对安全、质量、成本、工期风险进行了有效控制。

6.1 加强项目部组织管理，精心打造过程精品

项目部根据《建设工程项目管理规范》，落实项目经理负责制。组建高效精干项目部，建立并完善项目管理的各项规章制度，明确岗位责任制，规范项目管理行为。建立并完善

项目质量管理体系、职业健康安全管理体系、环境保护体系。

根据本工程工作面多的特点，项目经理部下设三个工区，分别是：一工区为高米店南站车站及高米店北站—高米店南站矿山法区间工区，二工区为枣园车站工区，三工区为高米店南站—枣园站盾构法区间隧道及枣园站—清源路站盾构法区间隧道工区。每个工区为一个相对独立的施工单元，同时又归属项目经理部统一调度，统一协调。

为加强对项目具体工作的领导，项目建立以项目经理为负责人的多个专项工作领导小组：包括创优工作领导小组、进度控制领导小组、风险源管控领导小组、成品保护领导小组、防汛工作领导小组、冬施工作领导小组等，实现各项工作有组织有龙头，有力推动了项目整体运行效率。

项目部建立由项目经理领导、由项目部书记主要负责的群众来访接待办公室，建立起和谐施工、防止民扰的统一协调机制，工程实现无一例民扰，无一例扰民投诉。为保证工程如期完工奠定了良好的社会基础。

施工中开展“百日安全无事故竞赛活动”、“文明施工标准化评比”等多项丰富多彩的活动，积极推动项目各项工作。

6.2 建立并完善统一协调机制，确立总包为核心的管理模式

与建设单位以补充协议的方式，明确所有参施单位均在土建总承包单位的统一协调范围内，总包单位对各单位的安全、进度、文明施工、接口施工质量等具备管理权力。

（1）重点协调、管理各专业之间的配合与衔接。在结构施工阶段，重点协调土建与设备安装专业预留预埋的关系；在设备安装阶段，召开专业协调会，确定专业交叉部位的安装方法，通盘考虑各设备安装专业支、吊架做法；在装修阶段，设备安装专业要和装修专业紧密结合，精装修图纸要求并结合各专业具体要求，确定各末端设备安装位置，做好装修细部优化。

（2）协调与各专业承包商的需求和矛盾。根据施工合同，协调各专业分包商提供场地、临时道路、脚手架及垂直运输、施工测量控制点、临时用电、用水、施工照明、保安、垃圾清运等方面的管理和服务。

（3）签订安全、消防、文明施工、环保、成品保护协议，纳入一体化安全、质量、环保管理机制。与土建施工单位之外的各专业施工单位事前签订相关协议，确定协调、服务、管理的流程和处理条款，厘清相关各方责任和义务。施工中加强督促和沟通，以实现所有接口与交叉施工部位的各项控制目标。

结合高米店南站、枣园站两车站多处附属结构与周边商业开发一体化设计施工的特点，提前与各相关方接洽协商，建立广泛而切实的沟通机制。避免因接口施工质量、工期及工序衔接矛盾、设计图纸冲突等原因造成的经济损失、工期损失或质量缺陷，取得良好的管理效果。

6.3 发挥集团公司技术优势，专家学者先期介入并实施全程指导

项目部依托集团公司轨道交通工程指挥部在资源整合方面的优势，积极引入优质资源。项目部邀请集团公司内部的孔恒、关龙等一批在业界具有广泛影响力的知名专家学者，提前介入工程策划和方案探讨，并实施全程指导，提高对工程的预控力度。同时抓住

集团公司“轨道交通工程技术质量控制模块化”建设的契机，广泛参与公司内部人员技术交流，促进工程项目技术质量进步。

6.4 落实项目部全员、全过程、全方位技术质量管理

深入了解建设方需求，以设计图纸及相关规范为基础，以强化对分包方管理为依托，做好技术创新和技术质量管理。同时严格执行“两制”，即“三检制”、“样板制”，严把“六关”，即图纸会审关、技术交底关、严格按图纸和标准施工操作关、材料检验关、按验评标准验收关和施工管理人员素质关。项目管理人员各司其职又能相互配合，避免管理死角的出现。将目标管理与岗位责任制集合起来，将目标达成度纳入整体奖惩机制，可以极大地调动个人的主观能动性。从而提高项目管理效率和效力。

在自防水混凝土及防水层施工中采取了如下措施：

(1) 严格按照设计要求施工，认真把住“三关”，即结构自防水质量关、全包柔性防水质量关；特殊部位防水质量关（特殊部位指施工缝、变形缝和接口部位）。

(2) 严把原材料质量关，严格考察、选定供应商，对进场的防水卷材按设计及规范要求完成各种材料复试，确保防水材料的质量。

(3) 优选由高水平、有信誉的专业防水施工队进行防水工程施工。

(4) 加强对防水层施工的过程质量控制。对于围护结构钢支撑下方、暗挖结构临时支撑下方的结构防水特别加强现场质量控制。做好防水成品保护，对于暗挖结构，钢筋焊接时采用隔热板遮挡保护防水板；对于破损的防水材料必须重新修补并复检合格。

(5) 强化初期支护喷射混凝土施工质量，重视初支背后注浆、二衬背后注浆控制。

6.5 践行“技术先行”原则，完善二次设计深化机制

在工程实践中，作为总包方，项目部主导构建二次设计深化技术小组，力争吃透设计意图，不断完善二次设计深化，对高米店北站—高米店南站暗挖区间2号风道导洞开挖步序、区间隧道正线开洞门处理、两车站预留孔洞位置调整、两车站精装修吊顶及地面砖排版、两车站出入口玻璃幕墙施工等设计优化或设计深化工作，进行统一策划管理，践行“技术先行”原则，取得良好社会经济效益。

6.6 全面识别安全风险源并采取针对性措施，强化安全风险控制

风险源评价和方案细化是风险控制的前提。风险源可分为环境风险源和施工自身风险源。首先应对风险源进行调查评估，确定风险源级别，并制定相应的应对风险机制程序。同时落实专项专家论证及审批制度，细化完善施工方案，增强措施针对性。方案优化的方向应倾向言之有物，力图提供安全、经济、可行的科学施工方法。例如：对于基坑和隧道施工而言，专项方案的优化与选择必须基于变位分配与控制原理。即首先应借助数值分析和工程经验类比，进行不同工况下的沉降分析和预测，确定最优的施工工艺和施工顺序；其次进行容许总沉降在各分部及各工序作业的分解，施工时应严格实施；最后在施工过程中，通过监控量测手段，及时反馈，采取技术经济合理的有效控制措施，确保各施工环节的沉降都得到最优控制，从而达到安全施工的目的。本工程通过采取上述措施，顺利实现隧道暗挖下穿新凤河道、兴华桥、侧穿青岛家园居民楼，盾构隧道近距离侧穿瑞洲工贸五

层楼、高米店南站超浅埋大跨度平顶直墙隧道下穿兴华大街及多种市政管线，取得良好效果。

7 过程检查和监督

施工中，项目部除对安全、质量、文明施工及环保等工作履行正常的检查验收程序外，还通过巡检、专项检查、全面检查的方式，对现场进行定期和不定期过程检查。采取信息化进度目标控制，编制切实可行的网络计划。以总进度计划为依据并将之分解为“年、月、周”施工进度计划组织施工。专人进行每日进度检查和统计，同时根据施工完成情况，及时对网络计划进行修正，采取有效措施调整工序，做到“以日保周，以周保月”，动态管理各项工程，确保网络计划的实现。每月进行项目成本分析会和每季度进行成本核实，提高了成本管理效率，保证了成本目标的实现。

8 管理效果评价

工程于2010年12月23日提前完成竣工验收，满足合同要求。在成本控制方面达到成本降低1%。轨道交通大兴线自2010年12月30日投入运营以来，本标段工程实体质量得到运营单位高度评价。本工程获得奖项：

（1）本标段获评北京市绿色施工样板工地。

（2）本标段获评全国建筑施工安全质量标准化示范工地称号。

（3）本标段高米店南车站、枣园车站分别获评北京市市政基础设施结构长城杯银质奖、金质奖。

（4）本标段两站三区间获评北京市市政基础设施竣工长城杯。

（5）轨道交通大兴线工程获评全国市政金杯示范工程（2012年4月颁奖）。

（6）在建设单位主导下，轨道交通大兴线工程已参评鲁班奖。

ZYG 早强灌浆材料在基坑支护中的应用

李　峰
（北京城乡建设集团有限责任公司）

【摘　要】本文通过工程实例对 ZYG 早强灌浆料的应用及其取得的成功，说明了该种材料是能够满足锚索施工要求的，锚索早强灌浆料的应用成果对其他类似工程的设计和施工具有一定的指导和借鉴作用。

【关键词】ZYG 早强灌浆料；缩短工期

1　概述

随着城市建设的发展，锚索已经广泛应用于基坑支护结构中，其注浆材料主要使用普通水泥浆液或水泥砂浆，在正常施工条件下，锚索浆体强度达到张拉的要求一般需要 7～10d，由于受周边环境条件的限制，一些基坑的施工要求尽快完成，以便及早恢复基坑周边环境的安全稳定，但是受到锚固体强度增长的影响，基坑土方开挖施工工期与此要求相矛盾。在施工时若采用 ZYG 早强灌浆料作为锚索注浆浆体材料，可以使锚索施工工期由 7～10d 缩短至 1～2d，能够满足某些基坑对工期及周边环境的要求。

2　ZYG 早强灌浆材料的工艺原理和性能

2.1　工艺原理

ZYG 灌浆料以水泥为基本材料，适量加入天然高强度骨料、多种混凝土外加剂等组分，加水拌合后具有流动性高、早强、高强无收缩等特性；其施工简便，加水拌合后即可对锚索孔进行注浆。根据基坑土方开挖施工需要，用早强灌浆料代替传统的水泥砂浆，不同外加剂掺量的灌浆料强度达到 20MPa 的时间可在 12～72h 之间调整，28d 强度可以达到 80%以上，能很好地适应基坑对不同工期的要求。

注浆材料强度和时间对比曲线见图 1。

2.2　性能

该灌浆料的主要特性：流动性好，不泌水；具有早强和高强性能，同时粘结强度高，无收缩，具有微膨胀性能，抗裂和抗震性能显著；耐久性好，对钢筋没有锈蚀作用。

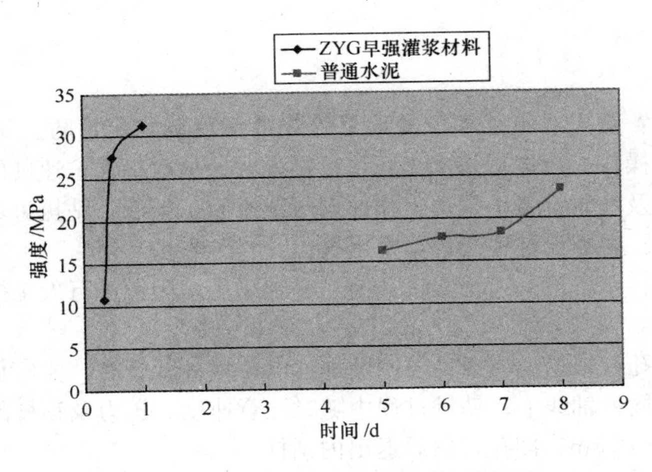

图 1　锚索注浆材料强度与时间关系图

3　ZYG 早强灌浆材料的适用范围

(1) 广泛应用于设备基础、结构基础等的二次灌浆及螺栓锚固工程；

(2) 混凝土梁、柱、板、墙的加固及混凝土空洞的补灌、修复；

(3) 锚索注浆材料为早强型水泥基灌浆材料的锚索施工；

(4) 普通锚索注浆材料施工时间与基坑施工工期严重不协调、各种基坑锚索支护结构早强灌浆料施工。

4　施工工艺及流程

4.1　施工工艺流程图

见图 2。

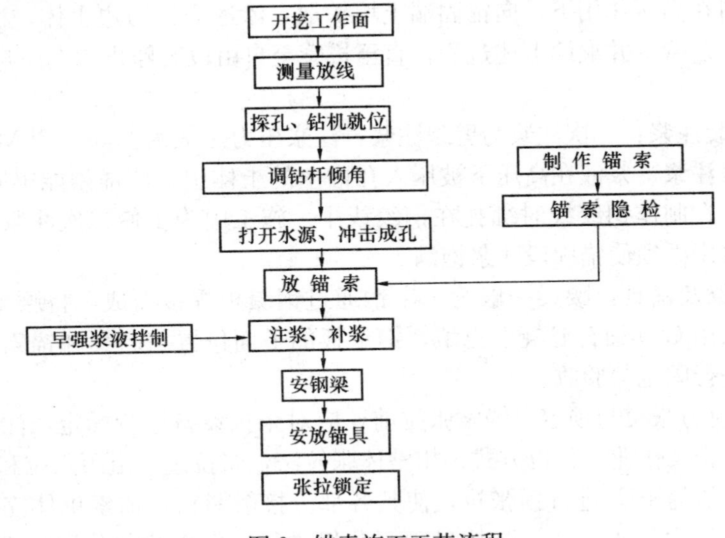

图 2　锚索施工工艺流程

4.2 施工流程

（1）施工准备：首先对施工部位的地下管线进行准确定位，防止钻孔过程中破坏管线；同时组织现场操作人员进行技术交底，特别说明该材料早强、速硬的特性对施工的影响；确认浆液搅拌及注浆设备正常，工作面满足锚索施工条件，钻机进场。

（2）测量放线：根据设计锚位位置定出孔位。

（3）钻机就位：基坑第一道锚索钻孔前，必须采用洛阳铲进行人工探孔；探孔后钻机就位。

（4）钻孔及成孔：根据地质条件控制钻进速度，接外套管时，要停止供水，保证接的套管与原有套管在同一轴线上；钻进过程中随时注意速度、压力及钻杆的平直，直到孔深比设计要求深0.3～0.5m；冲孔，然后退出内钻杆。

（5）锚索准备及放置：锚杆体锚固段的钢绞线通过夹紧环和隔离架的交替设置而呈波浪形，自由段套塑料管，套管端用胶布封闭；对中支架既能使钢绞线分离，对中支架拟采用工厂预制构件，间距为1.5～2m；将注浆管与锚索一起放入钻孔，端头注浆管内端距孔底100～200mm，保证孔底顺利返浆。

（6）锚索早强灌浆料注浆、补浆：

1）ZYG灌浆料准备在每个批次的ZYG灌浆料进场后，首先取出少量灌浆料，直接加水拌合，加水量为灌浆料的13%～16%。用砂浆搅拌机搅拌3～4min，用水泥砂浆CA漏斗仪测试初始流动度达到300mm、30min流动度保留值不小于230mm后入进行灌注使用。

每次注浆前，按照锚索工程量计算理论灌浆料使用量，放进搅拌机后添加水，用砂浆搅拌将浆液均匀，随拌随用。为防止锚索孔壁坍塌，应在制备灌浆材料的同时完成锚索的放置。

2）一次注浆：由孔底开始注浆，当孔口冒出的水泥浆与新浆相同时，再继续注浆2min即可；拔出1～2节套管，在管内注满灌浆料，并在管口加盖高压注浆帽，继续注浆，管内灌浆料在高压作用下，向锚固端土壤扩散，渗透压缩周边土体，稳定2min后卸管，再拔出一节套管，并继续上述过程，直至拔管至自由段时停止二次注浆，继续拔管至完成。

3）二次劈裂注浆：二次注浆为劈裂注浆，注浆压力一般为2.5～4.0MPa，其目的是再次向锚固区段注浆，浆液在高压下被压入孔内壁的土体中，使锚索能牢固地锚入岩层。压浆管为胶管，在制作钢绞线时绑扎在钢绞线中。施工中为了使二次注浆达到设计的效果，在一次注浆中必须使锚固段注浆饱满。

4）安装腰梁及锚具：腰梁一般为工字钢通过钢缀板焊接而成，将腰梁与桩身贴紧，无法密贴处，采用C20细石混凝土充填，钢垫板的平面位置与高程和锚索的布设走向相一致，张拉前进行固定与验收。

5）锚杆预应力张拉与锁定：锚索张拉前，应对张拉设备进行标定，注浆体强度达到要求后方能组织张拉作业。张拉方式采用整体张拉法，张拉过程由预张拉和正式张拉两部分组成。取设计值的10%进行预张拉，使其各部分接触紧密，锚索束体完全伸直，使预应力钢绞线初始受力趋于一致。张拉过程要分级进行，每级荷载分别为设计值的25%、

50%、75%、100%、110%，前四级每级张拉稳定持荷不小于6min，后一级为30min，然后进行锁定，锁定轴力为锚索轴力设计值的0.8倍，并记录钢绞线的伸长量，检测指标合格后及时进行锁定。

张拉顺序采用“跳张法”，以减少相邻锚索之间的相互影响。

第一次张拉后6～10d根据监测信息，如预应力明显损失时，应再进行一次补偿张拉，以便补偿锚索的松弛和地层的蠕变等因素造成的预应力损失。

5　质量及安全控制

5.1　质量控制

(1) 早强灌浆料灌注前，要把锚索孔清理干净，锚索倾角和孔深符合设计要求；

(2) 使用无收缩高强灌浆料现场加水拌成灌浆材料，加水量（重量比）为：13%～16%。

(3) 灌浆料用机械搅拌，搅拌时间为3～4min，达到所需流动度。

(4) 锚索早强灌浆料灌注采用排气注浆法施工，用钢管注浆管插至孔底，浆液由孔底注入，空气由锚索孔排出，注浆位置采用指示器控制，锚索孔注浆采用注浆机，注浆压力保持在0.3～0.6MPa，注浆至浆液溢出孔口。

(5) 锚索工程所用的原材料的品种、规格、质量、组装安放、注浆量、注浆压力和浆体强度必须符合设计要求。锚索的锚固段浆液达到设计要求后，方可进行张拉并锁定，其张拉值及锁定值应符合设计要求。

(6) 钻机就位前应先检查锚位高程，就位后必须调正钻杆，用角度尺或罗盘测量钻杆的倾角使之符合设计，经检查无误后方可钻进。

(7) 下锚索前应检查锚索并做隐蔽工程检查记录，下完锚索时应注意锚索的外露部分是否满足张拉要求的长度。

(8) 注浆由孔底开始，边注边外拉浆管，并缓缓拔管，直至浆液溢出孔口后停止注浆。注浆后过再补浆一次，若渗浆严重，可补浆2～3次。

(9) 锚索的张拉要有固定的操作人员和记录人员，严格按操作规程张拉。出现异常情况时，应及时向现场技术负责人报告。

5.2　安全控制

(1) 基坑开挖和盾构接收过程中，根据周围环境条件，应做好监控量测工作，及时分析，采取措施，以控制地面变形、基坑隆起，并确保邻近建（构）筑物和地下管线的安全。

(2) 基坑必须自上而下分层、分段依次开挖，随基坑开挖及时支撑与网喷混凝土；桩（墙）围护的基坑应在土方开挖至设计位置后严格按设计要求及时施作锚索（横撑）。

(3) 张拉设备应经检验可靠，并有防范措施，防止夹具飞出伤人。

(4) 锚杆外端部的连接应牢靠，以防在张拉时发生脱扣现象。

(5) 锚杆钻机应安设安全可靠的反力装置，在有地下承压水地层中钻进时，孔口应安设可靠的防喷装置，以便突然发生漏水涌砂时能及时封住孔口。

（6）浆管路应畅通，防止塞管、堵泵，造成爆管。

（7）锚索张拉时，操作人员身体不准正对张拉端头进行操作，只准站在张拉头侧后方操作。

6 施工应用情况

6.1 工程实例一

北京地铁某车站盾构接收井，该盾构井为地下三层结构。基坑围护结构采用“围护桩+4道锚索（局部钢支撑）支撑”形式。

由于车站北侧区间盾构机提前到达该车站，基坑土方开挖及支护工程工期紧，锚索施工工期无法适应土方开挖的施工工期，使用早强灌浆料代替水泥砂浆进行锚索施工，在未进行结构施工的情况下将盾构机及时吊出。期间基坑稳定，监测数据无异常。结构全部施工完成后，质量验收合格。

该站采用地铁超深基坑锚索早强灌浆料的应用施工，有效减少了基坑土方开挖及支护的施工时间，顺利实现盾构接收节点工期，确保了施工安全和质量，受到建设单位和区间施工单位的好评。

6.2 工程实例二

北京亦庄某地铁车站，该站为标准明挖车站，由于征地拆迁的原因，车站开工时间较晚，为了满足整体工期要求，需要加快车站施工。于是将原设计基坑支护结构由桩撑形式改为桩锚形式，采用早强灌浆料进行基坑锚索施工；基坑开挖及支护施工时间由原来的两个月缩短为一个月，提前一个月为结构施工提供了条件，使主体结构刚好在黄金季节里施工，为节约施工工期和保证工程质量及安全提供了基础，也为施工单位按照整体工期要求及时完成施工任务提供了保证。基坑施工期间，周边监测数据变化稳定，各项监测数据累计值在安全许可范围之内，基坑周边无异常变化，基坑稳定。

6.3 社会效益和经济效益

（1）通过锚索早强灌浆料施工技术的应用，缩短围护结构及土方开挖工程的时间，为主体结构施工提供条件，提前具备下一步工作条件，为相关单位合理安排下一步工作奠定基础。

（2）应用此施工技术可以保证主体结构的工期，特别是在道路主干道及城市繁华区域施工，为及早封顶和恢复交通提供条件。

（3）采用该技术为企业树立了良好的形象，产生了良好的社会效益，对企业在今后同类工程的施工中积累了经验，对未来产生的经济效益将会很大。

（4）采用地铁基坑锚索早强灌浆料施工技术有效缩短盾构井土方施工工期约 24d，节省施工管理费和人工费，同时保证了盾构机及时调出，为整个施工创造了很好的经济效益。

（5）灌浆料在锚索施工中的应用，因其施工方便、强度高的特点，有效地节约了施工工期，提高工程进度，大大缩短了基坑开挖的时间，达到既经济又安全的施工技术要求。

7 结语

通过工程实例对 ZYG 早强灌浆料的应用及其取得的成功，说明了该种材料是能够满足锚索施工要求的，锚索早强灌浆料的应用成果对其他类似工程的设计和施工具有一定的指导和借鉴作用。基坑锚索 ZYG 早强灌浆料的应用解决了现有深基坑桩锚结构施工绝对工期长的问题，实现了深基坑施工时各工序的有效衔接，它的应用和推广对锚索施工技术的发展具有重要意义。目前 ZYG 早强灌浆料正在申请中华人民共和国国家知识产权局实用新型专利，不过该种材料相对于普通水泥灌浆料成本较高，这也是需要继续改进的方面。

深基坑支护技术在复杂基坑中的应用

李海明

（北京住总集团工程总承包部）

【摘　要】 某地下车库位于已建和在建高层住宅楼之间，场地狭小，受周边环境的制约因素较多，且既要保证施工安全，还要保证周围建筑物的使用安全。施工时采用了土钉墙、挂网锚喷、预应力锚杆、护坡桩等多种技术工艺方法的联合支护方案，通过方案的比较选择，综合运用计算理论研究各种客观条件，并通过精心设计，及时采取有力措施，确保了工程质量和施工安全。

【关键词】 深基坑支护；土钉墙；护坡桩；预应力

1　工程概况

某地下车库，地下三层，基坑埋深为：15.13m，属深基坑；基坑支护平均周长345m，基础面积约为5800m²；车库所处地形较平坦，自然地坪高程：33.87～34.51m，平均高程：34.19m；基坑净支护深度为14.00m。根据设计图纸和岩土勘察报告，该车库基坑垂直开挖尺寸约为：长×宽×高＝109m×55.9m×14.0m。

2　工程地质条件及场地环境

2.1　场地工程地质条件概述

根据岩土工程勘察报告，该场地内土层从上至下分别描述如下：

（1）①层人工堆积层：褐黄色，稍湿，稍密，含砖块、植物根、灰渣等。本层夹$①_1$层杂填土；本层及夹层层厚0.4～6.8m，层底高程介于33.19～31.08m之间。

（2）②层：黏质粉土/砂质粉土，褐黄～黄褐色，稍湿，稍密，可塑，含云母、氧化铁等。本层夹$②_1$层黏土、重粉质黏土、$②_2$层粉砂；本层及夹层层厚1.50～10.10m，层底高程介于29.37～23.49m之间。

（3）③层：粉质黏土，褐黄色，稍湿，可塑，含云母、氧化铁、姜石等。本层夹$③_1$层重粉质黏土/粉质黏土、$③_2$层粉细砂层透镜体；本层及夹层层厚1.40～5.70m，层底高程介于25.24～21.31m之间。

（4）④层：粉细砂，褐黄色，稍湿，中密，含石英、长石，云母并混有少量圆砾。本层层厚5.00～12.40m，层底高程介于17.82～30.55m之间。

2.2 地下水情况

第一层地下水类型为滞孔隙潜水，实测地下静止水位埋深在：15.50～20.30m。

2.3 工程现场条件和周边现状

见图 1。

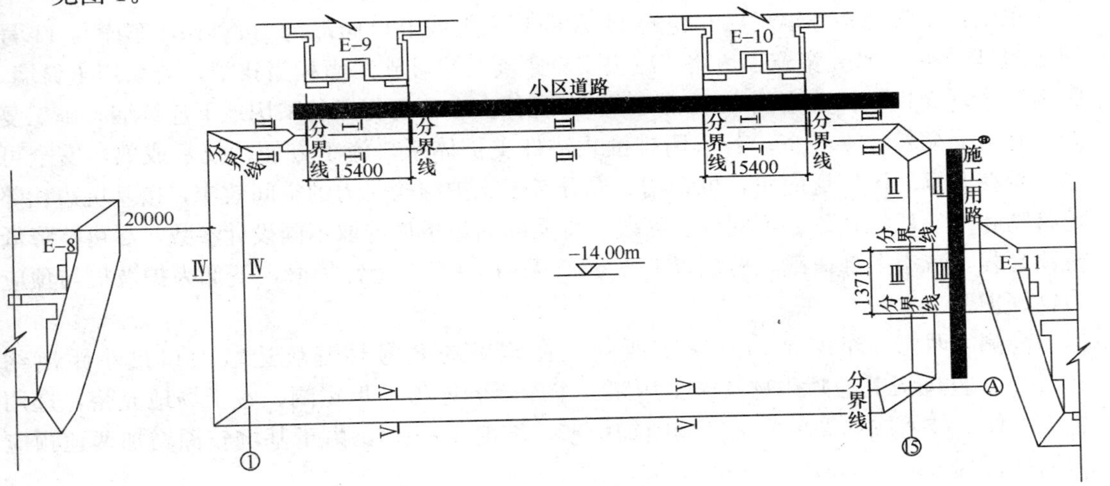

图 1 工程现场平面图

经现场查勘，基坑北侧距已建 9 号、10 号楼距离约 12.50m。砖砌围墙距离结构外墙 3.80m，围墙外侧是已施工完成的小区道路，路面内有 1 条东西走向的雨水管道，埋深约 2.00m，距离结构外墙约 9.00m；其他管井埋深较浅，对本基坑支护工程没有冲突。西侧围墙距离结构外墙约 10.00m，距离结构外墙约 8.00m 有一根临时水管。东侧是已开挖完的 11 号楼基坑，基坑边坡上口局部距车库结构外墙约 10.00m。南侧地形平坦。距离车库较近的 9 号、10 号、11 号楼均为地上 28 层，地下 2 层，基础埋深 8.00m，CFG 桩复合地基，桩长 16.00m。

3 基坑支护方案

3.1 设计原则

(1) 符合现场施工现状和环境条件，设计方案先进、合理、安全、可行；

(2) 符合水文地质条件及相关要求；

(3) 保证基坑绝对安全可靠；

(4) 施工工期合理；

(5) 充分考虑后续结构施工的合理衔接；

(6) 保证邻近建筑物和市政管网的安全与稳定；

(7) 在保证安全、可行的基础上尽量降低工程造价。

3.2 基坑支护方案选择

本工程边坡高度为 14.00 且边坡周围紧邻已建高层和场地道路，破坏后果很严重，所以此边坡安全等级应为一级。对于这类土方边坡，可采用地下连续墙支护体系、排桩式锚杆支护体系、土钉墙锚杆支护体系及其组合形式等支护结构形式。现根据地质条件、水位情况、周边环境分别对基坑东、南、西、北四面进行分析选择。

东侧：车库结构外墙距已开挖的 11 号楼基坑边坡上口局部约 10.00m，车库与 11 号楼之间是一条 3.00m 宽施工道路，减去安全距离，边坡施工面相当狭窄，若采用土钉墙，距离太小，而且锚杆要穿到 11 号楼下 CFG 桩体上，不可行；若采用地下连续墙，施工复杂，并且周期长，不经济；若采用排桩式锚杆支护体系，施工方便，技术成熟，安全可靠，且在北京地区广泛应用，可选用。充分考虑支护结构受力的空间效应，按基坑边相邻建筑物和不邻建筑物划分不同设计区段，按实际周边条件选取不同设计参数，尽可能降低桩顶高程，减小上部荷载，桩顶以上 4.50m 采用 1∶0.2 土钉护壁，下部为护坡桩与预应力锚杆护壁。

南侧、西侧：车库结构外墙距西侧正在施工的 8 号楼基坑边坡上口最小距离约 28.20m，此间无其他障碍物及施工用路，车库南侧地形平坦宽阔。鉴于场地充裕，选用施工方便、技术成熟简单的土钉墙喷锚护壁，坡度 1∶0.3，由于基坑较深增加两道预应力锚杆。

北侧：车库结构外墙距已建 9 号、10 号楼外墙皮距离约 13.80m，砖砌围墙距离结构外墙 3.80m，围墙外侧是已施工完成的小区道路。车库施工时围墙可拆除，但要保留小区道路，边坡施工面相当狭窄，并且还要保证已建 9 号、10 号楼的使用安全。同样采取与东侧相同的支护体系，将基坑边相邻建筑物和无建筑物划分不同设计区段，选取不同设计参数，避开已建工程的 CFG 桩，将桩顶以上 4.50m 土方按 1∶0.2 土钉护壁，下部为护坡桩与预应力锚杆护壁。

3.3 基坑支护设计

根据周围环境条件及现场施工平面布置，分 5 种支护结构类型。

(1) Ⅰ-Ⅰ剖：采用土钉墙与桩锚联合支护结构。上部 4.50m 采用土钉墙支护结构，4.50m 以下采用桩锚支护结构；基坑深度按 14.00m 考虑。

1) 护坡桩参数见表 1　(9 号楼相邻位置布置 10 根，10 号楼相邻位置布置 10 根)。

护 坡 桩 参 数 表　**表 1**

桩径/mm	桩顶埋深/m	嵌固深度/m	笼长/m	桩间距/m	笼径/mm	主筋	架立筋	箍筋	混凝土强度等级
800	4.50	5.50	14.80	1.60	700	12Φ22	Φ14@1500	Φ6@200	C25

2) 桩顶连梁参数：截面尺寸 900mm×700mm，梁顶相对高程为－4.50m，梁配筋采用“6Φ22＋4Φ18”，箍筋 ϕ6@200mm，浇筑 C25 混凝土。

3) 预应力锚杆参数见表 2。

预应力锚杆参数表　　表 2

位置/m	孔径/mm	自由段长度/m	锚固段长度/m	倾角/°	间距/m	拉杆配筋	反力梁	设计荷载/kN	锁定荷载/kN
−4.85	150	5.00	8.00	15	1.60	3-7ϕ5	混凝土冠梁	242	170
−8.00	180	4.00	9.00	15	1.60	3-7ϕ5	2 根Ⅰ22a 工字钢	307	215
−11.00	180	4.00	9.00	15	1.60	3-7ϕ5	2 根Ⅰ22a 工字钢	273	190

4）土钉墙参数（见图 2）。

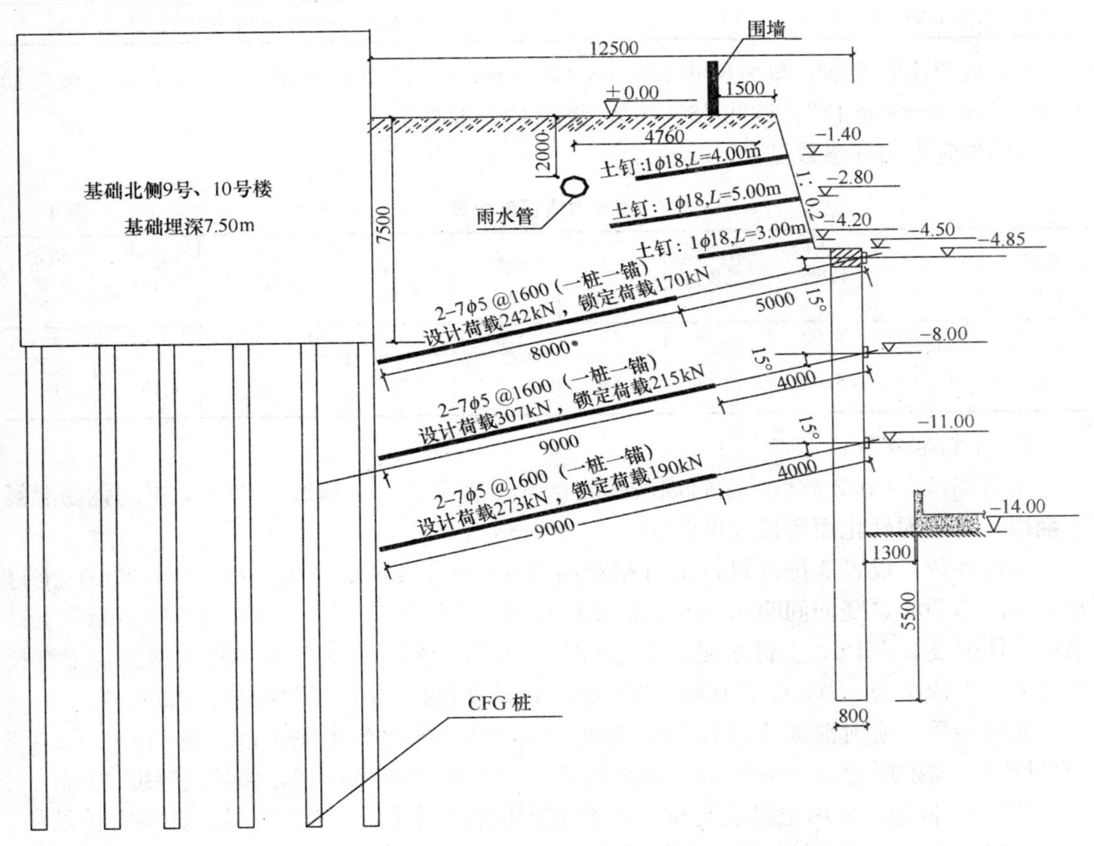

图 2　支护体系Ⅰ-Ⅰ剖构造详图

土钉墙按 1∶0.2 放坡，土钉墙坡脚放 0.40m 宽平台，坡顶做 0.80m 宽度的钢筋混凝土翻边，与地面硬化面衔接。

土钉参数：设置 3 排土钉，土钉相对高程：−1.40m、−2.80m、−4.20m，土钉水平间距 1.50m，竖向间距 1.50m，梅花形布置，土钉倾角 10°，土钉直径 100mm，土钉水泥浆体强度 20MPa，土钉水泥浆配比（W/C）0.5，土钉主筋采用ϕ18螺纹钢，土钉长度由上往下依次为 4.00m、5.00m、3.00m（该长度包括土钉尾部弯钩长度 20cm）。

面层参数：喷射混凝土设计强度等级 C20，设计配比为水泥：砂：碎石 = 1：2：2（重量比），喷射厚度 80～100mm；钢筋网 ϕ6.5@250mm，拉结筋 ϕ16，保护层厚度 30mm。

（2）Ⅱ-Ⅱ剖：采用土钉墙与桩锚联合支护结构。上部 4.50m 采用土钉墙支护结构，4.50m 以下采用桩锚支护结构；基坑深度按 14.00m 考虑。

1）护坡桩参数见表 3（共布置 78 根）。

护坡桩参数表

表 3

桩径/mm	桩顶埋深/m	嵌固深度/m	笼长/m	桩间距/mm	笼径/mm	主筋	架立筋	箍筋	混凝土强度等级
800	4.50	5.50	14.80	1.60	700	12ϕ22	ϕ14@1500	ϕ6@200	C25

2）桩顶连梁参数：截面尺寸 900mm×700mm，梁顶相对高程为：−4.50m，梁配筋采用“6 Φ 22+4 Φ 18”，箍筋 ϕ6@200，浇筑 C25 混凝土。

3）预应力锚杆参数见表 4。

预应力锚杆参数表

表 4

位置/m	孔径/mm	自由段长度/m	锚固段长度/m	倾角/°	间距/m	拉杆配筋	反力梁	设计荷载/kN	锁定荷载/kN
−4.85	150	6.00	12.00	15	1.60	3-7ϕ5	混凝土冠梁	367	260
−9.00	180	5.00	13.00	15	1.60	3-7ϕ5	2 根Ⅰ22a 工字钢	479	335

4）土钉墙参数：

土钉墙按 1：0.2 放坡，土钉墙坡脚放 0.40m 宽平台，坡顶做 0.80m 宽度的钢筋混凝土翻边，与地面硬化面衔接（见图 3）。

土钉参数：设置 3 排土钉，土钉相对高程为：−1.40m、−2.80m、−4.20m，土钉水平间距 1.50m，竖向间距 1.50m，梅花形布置，土钉倾角 10°，土钉直径 100mm，土钉水泥浆体强度 20MPa，土钉水泥浆配比（W/C）0.5，土钉主筋采用 Φ 18螺纹钢筋，土钉长度由上往下依次为 4.00m、5.00m、3.00m（该长度包括土钉尾部弯钩长度 20cm）。

面层参数：喷射混凝土设计强度等级 C20，设计配比为水泥：砂：碎石＝1：2：2（质量比），喷射厚度 80～100mm；钢筋网 ϕ6.5@250，拉结筋 ϕ16，保护层厚度 30mm。

（3）Ⅲ-Ⅲ剖：采用土钉墙与桩锚联合支护结构。上部 4.50m 采用土钉墙支护结构，4.50m 以下采用桩锚支护结构。基坑深度按 14.00m 考虑。

1）护坡桩参数见表 5（共布置 10 根）。

护坡桩参数表

表 5

桩径/m	桩顶埋深/m	嵌固深度/m	笼长/m	桩间距/m	笼径/mm	主筋	架立筋	箍筋	混凝土强度等级
800	4.50	5.50	14.80	1.60	700	12 Φ 22	Φ 14 @1500	ϕ6@200	C25

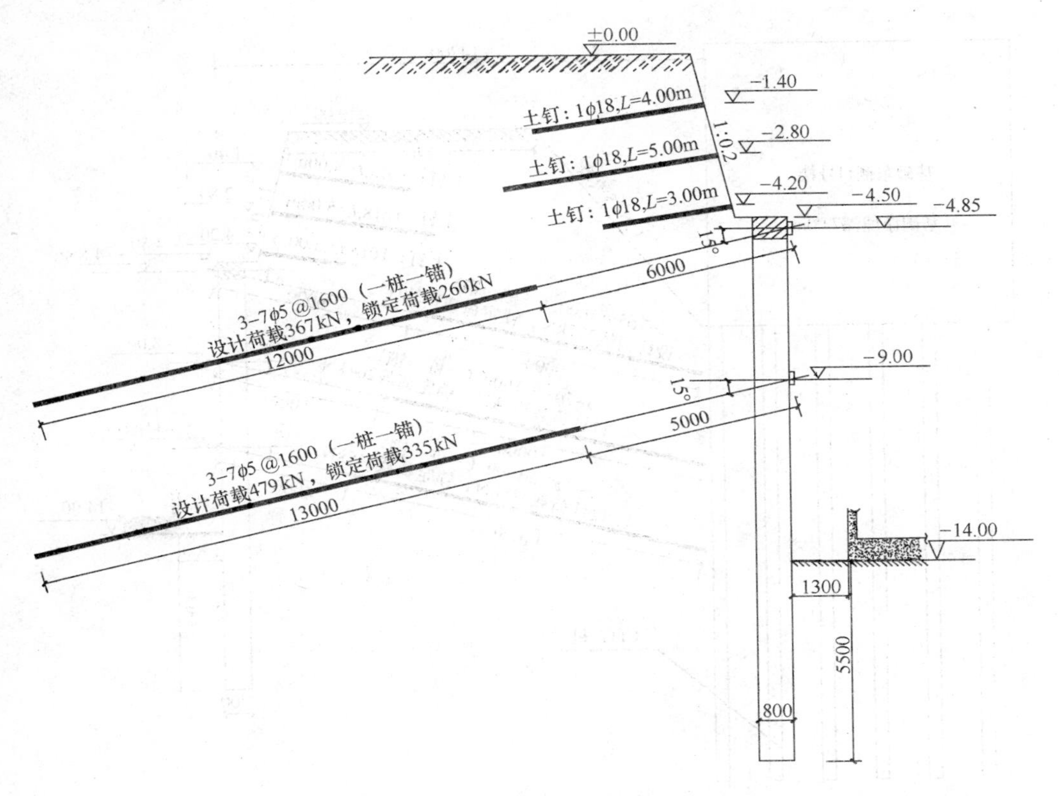

图 3　支护体系Ⅱ-Ⅱ剖构造详图

2）桩顶连梁参数：截面尺寸 900mm×700mm，梁顶相对高程为：－4.50m，梁配筋采用“6 Φ 22＋4 Φ 18”箍筋 ϕ6@200mm，浇筑 C25 混凝土。

3）预应力锚杆参数见表 6。

预应力锚杆参数表　　**表 6**

位置/m	孔径/mm	自由段长度/m	锚固段长度/m	倾角/°	间距/m	拉杆配筋	反力梁	设计荷载/kN	锁定荷载/kN
−4.85	150	6.00	9.00	15	1.60	3-7ϕ5	混凝土冠梁	277	195
−8.00	180	5.00	10.00	15	1.60	3-7ϕ5	2 根Ⅰ22a 工字钢	377	264
−11.00	180	4.00	11.00	15	1.60	3-7ϕ5	2 根Ⅰ22a 工字钢	348	245

4）土钉墙参数：

土钉墙按 1：0.2 放坡，土钉墙坡脚放 0.40m 宽平台，坡顶做 0.80m 宽度的钢筋混凝土翻边，与地面硬化面衔接（图 4）。

土钉参数：设置 3 排土钉，土钉相对高程为：－1.40m、－2.80m、－4.20m，土钉水平间距 1.50m，竖向间距 1.50m，梅花形布置，土钉倾角 10°，土钉直径 100mm，土钉水泥浆体强度 20MPa，土钉水泥浆配比（W/C）0.5，土钉主筋采用Φ18螺纹钢筋，土钉

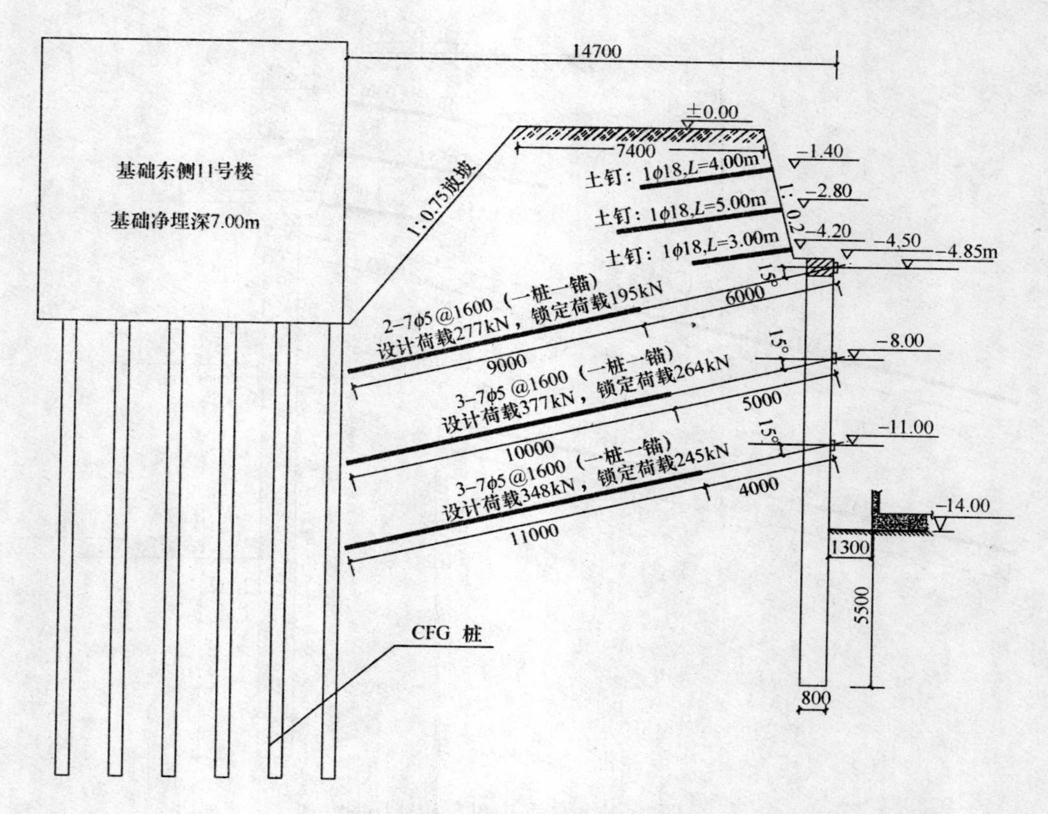

图4　支护体系Ⅲ-Ⅲ剖构造详图

长度由上往下依次为：4.00m、5.00m、3.00m（该长度包括土钉尾部弯钩长度20cm）。

面层参数：喷射混凝土设计强度等级C20，设计配比为水泥：砂：碎石＝1：2：2（质量比），喷射厚度80～100mm；钢筋网ϕ6.5@250，拉结筋ϕ16，保护层厚度30mm。

（4）Ⅳ-Ⅳ、Ⅴ-Ⅴ剖面：采用复合土钉墙支护结构。

1）土钉墙设计：

基坑深度按14.00m考虑，土钉墙按1：0.3放坡，坡顶做800mm的钢筋混凝土翻边，与地面硬化面衔接（见图5）。

2）土钉参数：设置7排土钉，土钉相对高程为：－1.50m、－3.00m、－6.00m、－7.50m、－10.50m、－12.00m、－13.500m，土钉水平间距1.50m，竖向间距1.50m，梅花形布置，土钉倾角10°，土钉直径100mm，土钉水泥浆体强度20MPa，土钉水泥浆配比（W/C）0.6，土钉主筋采用Φ22螺纹钢筋，土钉长度由上往下依次为9.00m、12.00m、12.00m、12.00m、9.00m、7.00m、5.00m（该长度包括土钉尾部弯钩长度20cm）。为了控制边坡的变形量，在相对高程为：－4.50m、－9.00m处设两排预应力锚杆，水平间距1.50m，自由段长度为5.00m，锚固段长度为10.00m，配1-7ϕ5强度为1860MPa的钢绞线，腰梁采用单根[18槽钢，施加预应力100kN。

3）面层参数：喷射混凝土设计强度C20，设计配比为水泥：砂：碎石＝1：2：2（质量比），喷射厚度80～100mm；钢筋网ϕ6@250，每排土钉横向设置一根Φ18通筋，通筋卡在土钉主筋端部焊接好“H”卡槽内，面层保护层厚度不小于30mm。

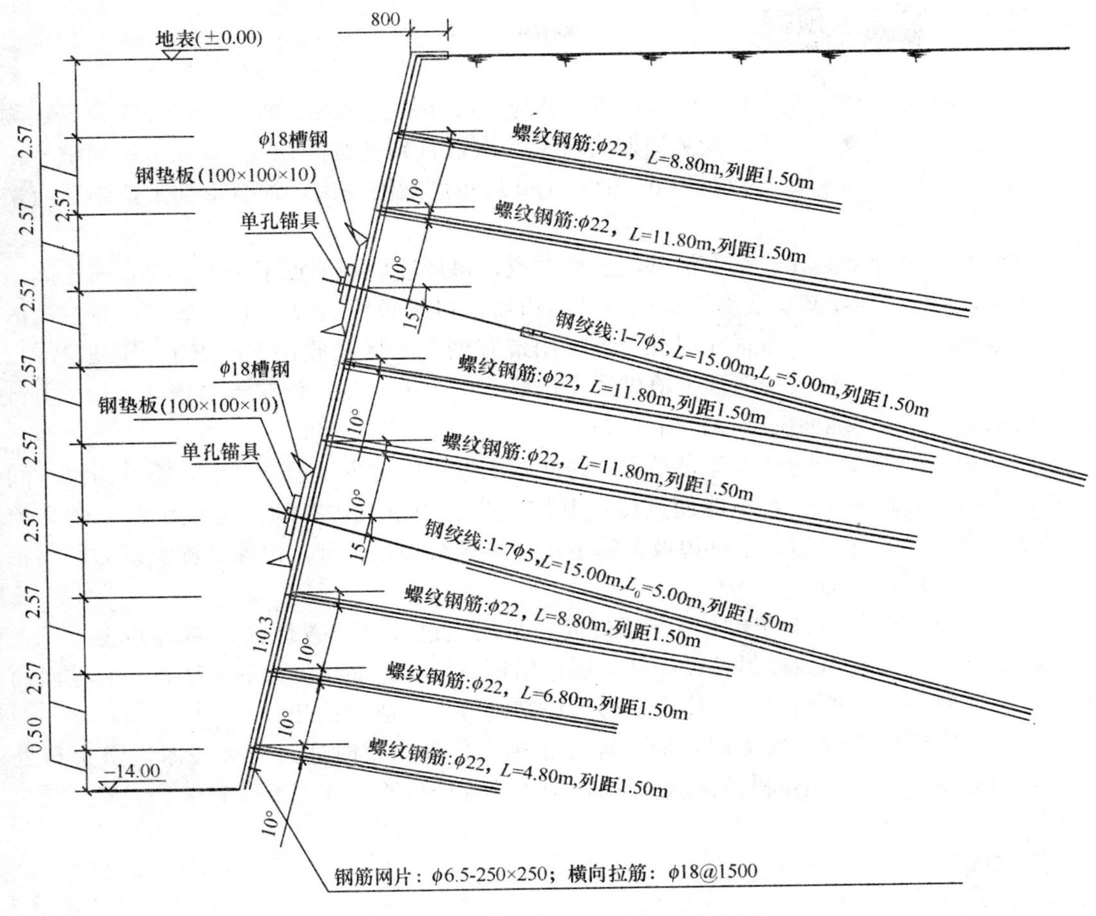

图 5　支护体系Ⅳ-Ⅳ、Ⅴ-Ⅴ剖构造详图

（5）桩间土处理方法

桩间土采用桩上插筋做骨架挂钢板网喷混凝土处理。修平桩间土，在护坡桩体内侧相对称位置分别钻孔，钻孔竖向间距 1.00m。在孔内分别插入 14mm 螺纹钢筋，并用点焊的形式将相对应的钢筋连接起来做成骨架，再将钢板网固定在骨架上。钢板网规格为 50mm×100mm；钢板网宽度 800mm。面层喷射混凝土设计强度等级 C20，设计配比为水泥：砂：碎石＝1：2：2（质量比），喷射厚度 30～50mm，喷射宽度 1000mm。

（6）排水措施

本工程地下静止水位在（－15.5～－20.3m）。基础埋深 14m，施工不考虑地下水影响。但坡壁中存在滞孔隙潜水，对于土层含水量较大的边坡，采取基坑内排水措施。基坑边坡设置泄水孔，纵向孔距 3.00m，横向孔距 3.00m，用长度不小于 500mm 的 ϕ50PVC 管做排水管，基坑底修筑排水沟，尺寸 300mm×300mm，按 3％坡度流向集水井，集水井靠转角处共设置 4 个，尺寸 1500mm×1500mm×1500mm，排水沟及集水井用 1：2 水泥砂浆抹面，厚度不小于 10mm。

4 基坑边坡应急预案

(1) 当基坑开挖深度超过5m后，即在坡顶上口外翻的混凝土面上用经纬仪设置观测点，对坡面的位移进行观测。观测周期为每天一次，直到基坑开挖完毕7d后；基坑开挖完7d后，可由每天一次改为到每3d一次，15d后每周观测一次，遇变形加大或雨后应增加观测频率。

(2) 采用视准线法在连梁上沿基坑边坡布点，每侧边坡观测点不少于2个，布设间距不大于30.00m。即在基坑变形影响范围外的边坡上口延长线上设置工作基点，并在槽边设置一条视准线，观测点布置在视准线上。用带有刻度的标只放在观测点上，读取数值。本工程为一级基坑，边坡变形预警值桩锚支护取0.15%H，地面沉降预警值25mm；土钉墙支护取0.2%H，地面沉降预警值30mm。

(3) 喷锚护坡安全的最大隐患是水，为此施工过程中对少量地下滞水，将其引出。同时对地表水做好排水工作，不能使其渗入基坑。若发现基坑边有地下管线跑漏水的现象时，一定要将其处理妥当。基坑边坡顶施工场地应进行硬化处理，以保证施工机械以均布荷载的形式作用于坡面。

(4) 当坡顶部分地段的土质情况不好时，采用通过锚杆设置地面拉筋的办法进行固定；在坡面变形较大的地段另补设锚杆，通过槽钢对坡面施加预应力的方法来控制坡面的变形，必要时可将该坡面回填，待变形得到控制时再将该坡面挖开。

(5) 当发现坡面位移较大时，应立即停止施工作业，及时通过有关技术人员进行处理，现场应设专人24h不间断的注意观测，隐患或险情排除后才可继续施工。

5 结束语

本工程场地狭小，又毗邻已建成和在建的高层建筑物，基底高差较大。单纯采用土钉墙，场地有限，不能够保证车库施工安全，及周围建筑的使用安全。所以，结合场地情况，综合运用了土钉锚杆、预应力锚杆、挂网锚喷、护坡桩等多种技术工艺方法联合支护，取得了良好效果，既满足了施工安全又达到了施工质量要求，为今后类似工程积累了成功经验。

参考文献

[1] 中国土木工程学会等. DB11/489—2007建筑基坑支护技术规程[S]. 北京，2007.
[2] 中国建筑科学研究院. JGJ 94—2008建筑桩基技术规范[S]. 北京：中国建筑工业出版社，2008.
[3] 冶金部建筑研究总院. GB 50086—2001锚杆喷射混凝土支护技术规范[S]. 北京：中国计划出版社，2001.
[4] 重庆市设计院. GB 50330—2002建筑边坡工程技术规范[S]. 北京：中国建筑工业出版社，2002.

长螺旋搅拌旋喷桩在深基坑止水帷幕中的应用

刘文希[1]　李文乾[1]　吴俊华[2]
（1. 中建一局集团第二建筑有限公司；2. 中天建设集团有限公司）

【摘　要】 协和医院门急诊楼及手术科室楼改扩建二期工程采用护坡桩间设置长螺旋搅拌旋喷止水帷幕桩的支护工艺，充分利用了护坡桩与止水帷幕桩的特点，克服了砂卵石硬质地层施工难题，对基坑止水控制起到了良好的效果，降低了工程成本，加快了工程进度，取得了十分显著的成效。

【关键词】 长螺旋搅拌旋喷桩；止水帷幕；搅拌桩；深基坑

1　前言

随着地下水资源越发匮乏，资源保护已引起社会各界的高度关注，城市建设中抽降地下水的做法开始受到限制。但为了保证城市地下结构施工的顺利进行，必须采取措施局部封堵地下水，一般采用混凝土连续防渗墙，单、双、三管法高压喷射注浆旋喷桩帷幕，水泥土搅拌桩咬合搭接帷幕，护坡桩结合桩间旋喷桩等方法隔断地下水进入施工区域。对于北京的较硬地层，旋喷桩成桩效果好，但该工艺半径小、水泥用量大、成本较高；而水泥土搅拌桩在砂卵石等颗粒较粗的地层中难以实施；混凝土连续防渗墙成本较高，难以大面应用。

根据北京地区相关工程的施工经验，长螺旋搅拌旋喷桩充分利用长螺旋钻机，将深层搅拌和高压喷射注浆施工技术溶为一体，在砂卵石等颗粒较粗的地层中钻进成孔，能够形成大直径的水泥搅拌桩，与护坡桩咬合搭接，共同组成深基坑止水帷幕。下面介绍该技术在协和医院门急诊楼及手术科室楼二期工程深基坑止水帷幕中的应用效果。

2　工程概况

工程位于北京市东城区王府井，占地面积15000m²，工程±0.00高程为46.60m，自然地坪高程约为47.14m（按勘察报告孔口高程取平均值），基础埋深19.15m、19.35m，实际开挖深度约20m。基础为平板筏基，上部结构为钢筋混凝土框架剪力墙。工程四周有原协和医院建筑群、上世纪90年代教学楼及市政道路，其中市政道路、教学楼距离基础外墙边为8～10m；场地四周布置场内施工办公用房、临时道路、钢筋加工场地、材料堆场、混凝土地泵、塔吊等施工机具（基坑平面位置见图1）。

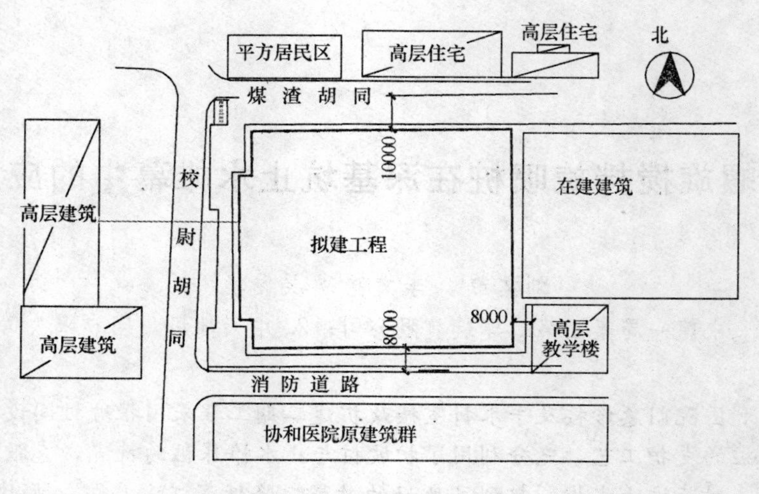

图 1　工程现场位置图

3　工程地质及水文条件

根据地勘报告，地面下 50m 深度范围内的地层划分为人工堆积层及一般第四纪冲洪积层，并按照地层岩性及物理力学性质指标进一步划分为 8 个大层，现从上至下分别描述如下：

（1）人工堆积层：主要为杂填土层，人工填土厚度一般为 5.0～8.7m。人工填土结构松散，均匀较差。以粉质黏土、淤泥质粉质黏土为主，含碎砖屑、碎石、灰渣等。

（2）粉质黏土层：褐黄色，可塑，含氧化铁、氧化锰、钙质结核。夹黏质粉土②$_1$、重粉质黏土②$_2$、黏土②$_3$、细砂②$_4$ 透镜体，夹砂质粉土薄层。该层厚度为 5.3～9.7m。

（3）细中砂层：褐黄色，湿～饱和，中密～密实，主要矿物成分为石英、长石、云母，含圆砾、卵石，夹粉砂③1、粉质黏土③2 透镜体。该层厚度为 1.4～3.8m。

（4）圆砾层：圆砾含量约为 55%，中粗砂充填，该层厚度为 2.8～5.8m。

（5）黏土层：褐黄色，可塑—硬塑，该层厚度为 4.1～6.4m。

（6）细中砂层：褐黄色，湿—饱和，密实，该层厚度为 0.9～3.1m。

（7）圆砾层：一般粒径 2～20mm，含卵石，圆砾含量约为 60%～70%，中粗砂充填，该层揭露最大厚度为 8.8m。

（8）粉质黏土层：褐黄色，可塑—硬塑，该层最大揭露厚度为 15.0m。

根据地勘报告，场地内共分布有三层地下水，第一层上层滞水，埋深 2～6.4m，主要含含水土层为杂填土①层及夹层；第二层层间潜水，埋深 11.2～18.5m，主要含水土层为细中砂③层、及圆砾④层，圆砾④层下为黏质粉土⑤层及⑤$_1$、⑤$_2$ 亚黏土不透水隔水层，该层厚 4～5m，该层顶标高 26m 左右（埋深 21m 左右）。第三层层间水，埋深 23.5～25.5m，主要含水土层为细中砂⑥层、圆砾⑦层及夹层。

拟建场区历年最高地下水位曾接近自然地表，绝对高程为 47.00m 左右，近 3～5 年最高水位高程为 36.50m 左右（不包括上层滞水）。

基坑深度（开挖深度 20m）范围内有两层地下水需要封堵，即第一层上层滞水和第二层层间潜水。

4 止水帷幕方案设计

工程位于王府井地区，四周均为现有多层及高层建筑和市政道路、地下管线，地下结构施工时间长，采用抽取地下水工艺难以控制地面沉降，容易对四周建筑造成伤害，造成重大社会影响。根据《北京市建设工程施工降水管理办法》（京建科教［2007］1158号）的规定，本市所有新开工的工程限制施工降水，应当采用连续墙、护坡桩结合桩间旋喷桩、水泥土桩结合型钢等帷幕隔水的方法隔断地下水进入施工区域。

综上考虑，根据工程现场地上环境及地层条件，本着高效性兼顾经济性的原则，我们决定采用“护坡桩间帷幕止水桩”的止水帷幕形式。

本工程帷幕桩共计242根，直径ϕ1000，帷幕桩长需穿过细中砂③层及圆砾④层（总厚度6～7m）。因长螺旋转机ϕ600引孔钻具有刚度大，成桩垂直度误差相对较小，在钻头叶片上安装喷嘴旋喷切削200mm厚度土体直径即达1000mm的特点，使成桩直径有保障，所以决定采用“ϕ600引孔＋旋喷＋定喷”工艺。为保证帷幕桩与护坡桩的紧密结合并保证帷幕桩与护坡桩咬合宽度大于150mm，在旋喷工序后增加对相邻护坡桩的定喷工序。帷幕桩设计参数如下（见图2）。

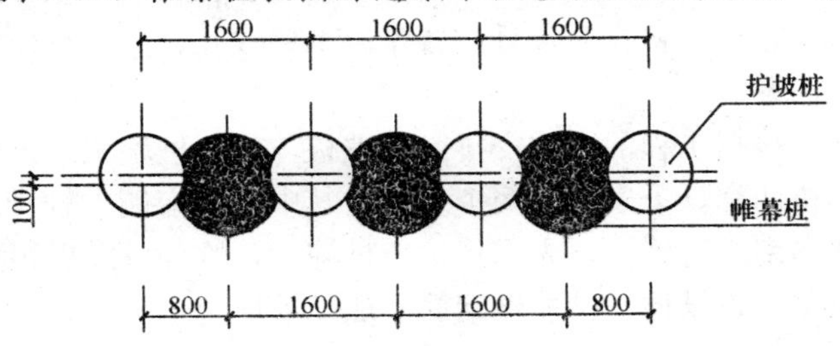

图2 护坡桩与帷幕桩相互位置

（1）帷幕桩径ϕ1000。

（2）帷幕桩长：帷幕桩顶相对高程为－3.3m，桩底入黏质粉土⑤层2～3m，桩长20m。

（3）帷幕桩中心在相邻两护坡桩对中位置，向坑外侧移100mm。

5 帷幕桩施工

5.1 施工机具

施工机具见表1。

主要施工机具配备表 表1

名 称	型 号	数 量
长螺旋帷幕钻机	ZKL600	2台
空压机	VFY-6/7	1台
高压注浆泵	2KH-64/30	2台
搅拌机	WJQ80-1	1台
高压管		若干

5.2 水泥浆制备

固化材料采用素水泥浆，水泥浆选用 P. S. A32.5 普通硅酸盐水泥，水灰比为 W/C=1.0～1.5，水泥浆随拌随用，且经过 14～18 目筛网过滤，避免喷嘴堵塞。

选用 2KH－64/30 型高压注浆泵压浆，喷嘴直 $\phi4$。注浆压力 20±2MPa。

5.3 止水帷幕施工组织

根据工程工期要求，护坡桩和帷幕桩相互配合施工。帷幕桩在相邻护坡桩施工完毕后 3～5d，桩身混凝土强度达到设计强度的 50%（即护坡桩混凝土强度达到 10MPa）后开始施工，以防止在护坡桩强度较低时，因帷幕桩施工而造成断桩等缺陷。如果帷幕桩与护坡桩施工时间间隔过长，会导致护坡桩混凝土强度增长过高，造成护坡桩混凝土在施工时对软弱地层产生挤压作用，使护坡桩直径在软弱地层中大大超过 800mm 的设计直径，并导致帷幕桩钻机在原设计位置难以下钻成孔，造成移位或帷幕桩与护坡桩咬合不严，引发帷幕渗漏。

根据工程的总体安排，护坡桩与帷幕桩施工总计 25d，配置护坡桩钻机两套，帷幕桩钻机两套，分别组成两个班组。其中基坑南侧Ⓐ轴和北侧 Ⓠ 轴处各一组，由东向西，自北向南进行施工，先进行护坡桩施工，帷幕桩随后跟进；基坑场地中央设封闭水泥库，水泥浆制备场地，护坡桩钢筋笼加工场地。

5.4 止水帷幕桩施工工艺

5.4.1 工艺流程

根据－11.00m 以下地质水文条件，－11.00m 以上采用“一定两旋”，－11.00m 以下采用“两定三旋”，以确保搅拌旋喷帷幕桩成桩直径和质量。成桩工艺如下：

场地平整测量放线→钻机定位→钻进至设计高程→旋喷、提钻→旋喷、下钻→定喷、提钻（至－11.00m）→旋喷、下钻→定喷、提钻成桩

在钻机钻进的同时，应同时进行水泥浆的制备，数量应保证一根桩的注浆量，钻机钻至设计深度后，将转速调至低挡，开启高压泵开始喷浆。水泥浆制备工艺如下：

水泥进场复试→复试合格→搅拌水泥浆→振动筛过滤→水泥浆泵送

5.4.2 工艺要求

（1）引孔：用螺旋钻引孔至设计深度（20m）后空钻 5min 排土。

（2）旋喷：成孔后，开启高压注浆泵喷浆（用二档），旋喷提钻至孔口下 1m。钻进速度不大于 2m/min，喷浆压力 20±2MPa。

（3）旋喷：旋喷提钻至孔口下 1m 后，开始旋喷（第二次）下钻至孔底。钻进速度不大于 2m/min，喷浆压力 20±2MPa。

（4）定喷：旋喷至孔底后，调整钻杆位置，使两喷嘴对准护坡桩，开始提钻定喷至－11.00m 位置。喷浆压力 20±2MPa，提钻速度不大于 1m/min。

（5）旋喷：定喷至－11.00m 后开始钻进旋喷（第三次）至孔底，钻进速度、喷浆压力同第一次旋喷。

（6）定喷：第三次旋喷至孔底后，调整钻杆位置，使两喷嘴对准护坡桩，开始提钻定

喷（第二次）至孔口。定喷提钻速度、喷浆压力不变。

（7）帷幕成桩喷浆量不小于 9m^3（300kg/m）。定喷成桩后人工填入适量钻取土并从孔口灌浆使浆面至孔口，用盖板覆盖。

（8）关键区段施工：与东侧在建一期工程相邻部位的第一根护坡桩应保证与一期护坡桩的间距不大于 1.6m，其间的帷幕施工在以上帷幕施工工艺基础上增加一道旋喷和定喷工序。

5.5 施工注意事项

（1）正式施工前应进行工艺试验，一般不小于 2 根。主要确定原设计的施工参数是否与地质条件相适应，成桩直径、渗透性效果检测。

（2）搅拌的水泥浆超过两小时后达到初凝不得使用；水泥浆液应符合高压泵的要求，严禁水泥浆中掺有水泥纸袋或杂物。水泥不宜采用矿渣水泥，不得受潮或过期。注浆过程中应与桩基操作人员保持联系，保证喷浆时水泥浆的供应。

（3）钻机底座须落在较坚实的基底上，保证钻机开动后，不倾斜滑动。钻机按指定位置就位后，须在技术人员指导下，调整挺杆及钻杆的角度，确保无误后开钻。对好桩位后，用靠尺调平钻机，保证成桩垂直度，桩垂直度偏差不大于 0.5%。成孔后桩位误差不大于 100mm。

（4）施工过程中质量人员应经常检查各种施工参数，作好施工记录。特别是喷浆压力，下钻和提钻速度，高程控制、垂直度、喷浆遍数。

（5）施工过程中如发现地质情况与原钻探资料不符应立即停止，通知设计、技术等部门及时处理。若局部因地下障碍造成设计孔位不能施工时，应排除地下障碍物或偏移桩位增加桩数，确保桩体间有效搭接。

（6）每施工一定量的桩后，要经常检查钻头尺寸。

6 成桩效果检测

6.1 质量检查

作为隔水结构的水泥土搅拌旋喷桩检查重点是放在桩墙的渗透上，要求渗透系数宜小于 1.0×10^{-6}cm/s。因此检查重点是：（1）水泥的用量；（2）成桩的垂直度；（3）水泥土桩成桩的均匀性；（4）水泥土桩的渗透性。检查全部内容见表 2。

搅拌旋喷帷幕桩施工质量检查标准 表 2

项目	序号	检查项目	允许偏差或允许值		检查方法
			单 位	数 值	
主控项目	1	水泥及外掺剂质量	符合出厂要求		查产品合格证书或抽样送检
	2	水泥用量	符合设计要求		根据流量表及水灰比换算
	3	桩体完整性	开挖检查桩断面		观察水泥分布和土块残留
	4	渗透性	1.0×10^{-6}cm/s		由施工单位提出与监理商定
	5	钻孔垂直度	0.5%		用经纬仪测钻杆或实测

续表

项目	序号	检查项目	允许偏差或允许值		检查方法
			单　位	数　值	
一般项目	1	钻孔位置	mm	按设计要求	用钢尺量
	2	孔深	mm	±200	用钢尺量
	3	注浆压力	MPa	按设计要求	查看压力表
	4	桩体搭接	mm	≥150	开挖用钢尺量
	5	桩体直径	mm	按设计要求	开挖用钢尺量

图 3　土方开挖后局部止水效果

6.2　止水帷幕检测

在止水帷幕施工完毕后，利用基坑中疏排井对其进行检测。观测并记录基坑中部观测井的初始水位，然后对基坑四周的疏排井进行抽水，直至观测井中水位降至槽底以下0.5m。停止抽水，每隔4h对观测井中水位进行观测并记录水位情况。经检查观测，井中水位上升缓慢或无变化，说明帷幕止水有效。

在基坑开挖后，观测基坑侧壁帷幕桩成桩直径大于1m，止水效果良好（见图3）。

7　结语

从工程施工效果看，由于本工程设计中采用了长螺旋搅拌旋喷桩方式，采用“旋喷+定喷”的施工工艺，并且根据地质条件细化了定喷和旋喷遍数，在砂卵石的较硬地质土层中成桩质量良好，基坑开挖后止水效果亦良好。工程造价方面，在基坑护坡桩间施作旋喷桩与护坡桩一起形成连续的桩间止水帷幕，借用护坡桩兼做止水帷幕的一部分，减少了旋喷帷幕的工作量，降低了降水及护坡桩的造价，缩短了施工周期。通过本工程的实践，长螺旋搅拌旋喷帷幕桩方式在北京地区类似工程中具有借鉴、推广价值。

参考文献

[1]　周志达，袁野．长螺旋旋喷搅拌水泥土帷幕桩技术在工程中的应用[J]．工程勘察，2011，(01)：34.

[2]　何世鸣，贾城等．长螺旋搅拌止水帷幕咬合桩在某基坑支护中的应用[J]．施工技术，2011，(51)：80.

[3]　李洪厂，张淑娟，朱效品．高压旋喷桩在北京某深基坑止水帷幕中的应用[J]．探矿工程(岩土钻掘工程)，2008，(11)：56-58.

真空预压加固软基技术

李春安[1]　陈　辉[2]　宋　良[3]

（1. 中建股份海外事业部；2. 北京工业职业技术学院；3. 武汉凌云建筑装饰工程有限公司）

【摘　要】 本工程地处海边，在吹填软土场地上建设。吹填后的填海地基滞水层多、地基基础软弱，承载力严重低下。本工程通过真空预压的方法处理吹填地基，处理效果良好。

【关键词】 吹填土场；真空预压；地基承载力；加固方法

1　工程概况

天津邮轮码头（客运大厦）工程是亚洲规模最大的水运码头客运大厦。本建筑物坐落于天津港海岸，总建筑面积 59955.9m^2；局部地下一层，地上三到五层。结构距离海边不足 20m，在吹填软土场地上建设。吹填后的填海地基滞水层多、地基基础软弱，承载力严重低下。东西向总长度达 380m，南北向长 100 余米，工程主体为钢结构，建筑物檐口高度为 29m，本工程通过真空预压的方法处理吹填地基，加固部分面积约为 224000m^2，施工质量得到了良好的控制。

2　主要施工方法

根据本工程的地质特殊情况，采用真空预压加固软土地基。

2.1　砂垫层施工

砂垫层采用含泥量小于 5%，渗透系数大于 1×10^{-2}cm/s 的中粗砂进行铺设。铺设厚度 400mm，允许施工偏差＋5cm。施工时应严格控制砂垫层的顶面、底面高程和平整度，并用水准仪按 10m×10m 方格网测出砂面高程，填筑砂的顺序必须按照打板的顺序进行。

2.2　打设塑料排水板

本工程使用 1 个塑料排水板打设班组，共配置 5 台轻型门式打设机，其中 1 台备用。每台机配备 5 人，共计 20 人。

塑料排水插板工艺流程图如下：

打设排水板采用轻型门式打设机，施工步骤如下：

（1）在各加固分区内，用经纬仪和钢尺按 0.9m 的间距正方形布置测放出塑料排水板打设位置（板位间距偏差应控制在±30mm），用排水板芯或竹签等插入砂垫层作标记。

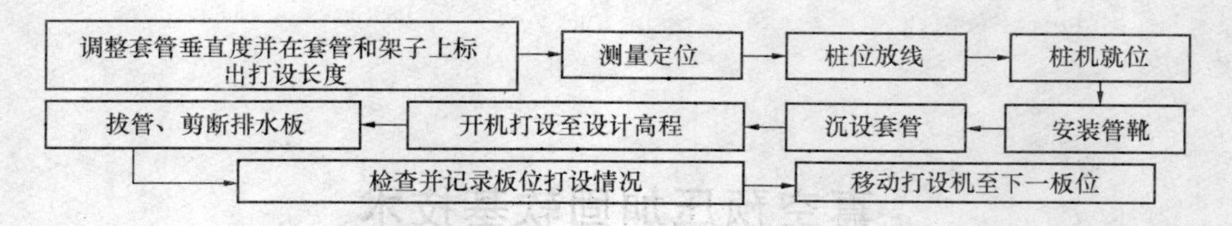

图1 塑料排水插板工艺流程图

（2）插板机移机定位，安装排水板桩靴。施打时，插板机的桩靴落地定位由插板机操作员在控制室内控制，误差控制在±70mm内。

（3）操作员根据安装在插板机上的金属活动垂针和刻度盘，控制桩管下插时的垂直度，垂直度偏差不得大于±15mm/m。

（4）开机打设排水板至设计高程。

（5）上拔桩管至桩管下端高出砂垫层面50cm。上拔桩管时，施工人员应仔细观察排水板有没有回带现象，允许出现总量5%以下的回带，若回带长度超出30cm，则在板位旁45cm处实施补打。如果某区域回带现象较普遍，则根据回带情况和以往施工经验将排水板打至设计高程以下20～40cm。

（6）切割排水板，排水板在砂垫层面以上的外露长度不小于25cm。

（7）移机至下一根排水板位施工，循环以上步骤。

（8）排水板验收合格后，及时用砂垫层砂料仔细填满打设时在板周围形成的孔洞。清理加固区杂物和打设排水板过程中回带到砂面的淤泥，以便更好的形成排水通道。将排水板头埋入砂垫层中，埋设方向与砂面平行，以确保排水畅通，同时防止刺破密封膜。

（9）排水板打设施工应注意以下几点：

1）塑料排水板打设范围及打设间距应符合设计要求，板位间距偏差应控制在±30mm，打设机定位时，管靴与板位标记的偏差应控制在±50mm范围内。打设塑料排水板应采用套管式打设法，不得采用裸打法。

2）必须按设计要求严格控制塑料排水板的打设高程，不得出现浅向偏差。当发现地质情况变化，无法按设计要求打设时，应及时与监理工程师和设计现场代表联系，征得同意设计变更后方可变更打设标高。

3）塑料板与桩尖的锚碇牢固，防止拔管时脱离，将塑料管拔出。打设时严格控制间距和深度，如塑料板拔起超过0.5m以上，应进行补打。打设过程中应随时注意控制套管垂直度，其偏差不大于+15mm/m。

4）桩尖平端与导管下端连接紧密，防止错缝，以免在打设过程中淤泥进入导管，增加对塑料板的阻力，或将塑料板拔出。

5）打设塑料排水板时严禁出现扭结、断裂和撕破膜等现象。

6）剪断塑料排水板时，砂垫层以上的外露长度应大于250mm。

7）打入的塑料排水板宜为整板，长度不足需要接长时，必须采用滤膜内板芯对插搭接的连接方式，搭接长度不小于200mm。

8）塑料排水板打设过程中应逐板进行自检，并按要求做好施工记录，当检查符合验收标准时方可移机，打设下一根，否则需在临近处补打。

9）塑料排水板打设的允许偏差、检验数量和方法见下表：

塑料排水板打设偏差控制表　　表 1

序号	项目	允许偏差	检验单元及数量	单元测点	检验方法
1	平面位置	±100mm	每根排水板（抽查 10%）	1	用经纬仪、接线和钢尺量纵横两个方向，取大值
2	外露长度	+150mm −50mm	每根排水板（逐件检查）	1	用钢尺量
3	垂直度	15mm/m	每根排水板（抽查 10%）	1	用经纬仪、吊线和钢尺量打设和倾斜度

2.3 真空预压施工方法

2.3.1 真空预压工艺流程

埋设真空滤管→挖压膜沟→铺设密封膜→连接管道及真空设备→设置沉降标→抽真空→观测→检测加固效果→卸载

真空预压施工见下图：

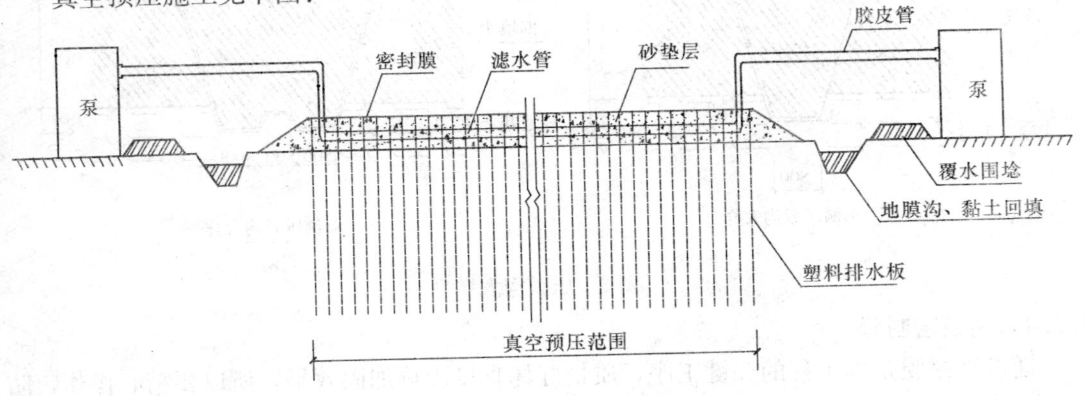

图 2　真空预压施工示意图

2.3.2 铺设真空滤管、膜下测头

（1）真空滤管采用 φ63mm 硬质塑料管（硬聚氯乙烯或聚丙烯管），按 5m 间距呈框格形布置。管体每隔 5cm 呈梅花形或正方形钻一个直径 8～10mm 的小孔。加工后外包土工织物滤水层并捆扎结实；滤水层为 3 层尼龙纱窗布，最外两层透水滤布包裹严密；滤布采用不小于 40g/m² 的土工布，成卷运到施工工地。管体严禁采用再生材料，为保证滤管质量，不允许现场加工滤管。

（2）连接管件采用硬塑料管或胶管，抗压强度不小于 1.0MPa，长度 300mm 左右，管件套入滤管的长度 100～150mm，然后用铅丝绑紧，铅丝接头严禁朝上。管路连接构件的具体数量根据射流泵和滤管的布设而布置。铺设滤管时根据现场实际情况对二通、三通和四通的数量及形状以及滤管间距做适当调整，以确保滤管排水通畅为原则。

（3）埋设前先将滤管放到埋设位置附近，然后按滤管布设位置，在砂垫层上开沟，沟深约 25cm，入沟深度约 20cm。把滤管放到沟里埋好，处理好接头及出膜口。出膜处采用无缝镀锌钢管和接头相连接，倾斜 45°，伸出膜面 30cm。

(4) 膜下测头制作。膜下测头采用硬质空囊（一般用易拉罐或硬质铁罐头盒），钻花孔，外包无纺布，将真空表集气塑料细管插入空囊中并固定即成。膜下真空度测头均匀布置在角点和加固区中心区域的砂垫层内，距离滤管不小于 2m，角点膜下真空度测头距加固区边线 6～7m。

(5) 滤管应埋设于砂垫层中间，距砂垫层顶面与底面的距离均应大于 5cm。滤管周围必须用砂填实，严禁架空漏填。同时，滤管布设完成后，进行清理和平整，将场地中的竹竿、碎石等尖锐杂物清理干净，以免刺破密封膜。

2.3.3 挖压膜沟

在铺设密封膜的加固区四周开挖压膜沟，沟槽边坡为 2：1。将薄膜的周边放入沟槽内，用黏土填筑高度高出砂垫层顶面 0.5m。压膜沟保证密封不漏气。靠近边缘为单压膜沟，两区相邻处为双压膜沟（见图 3）。

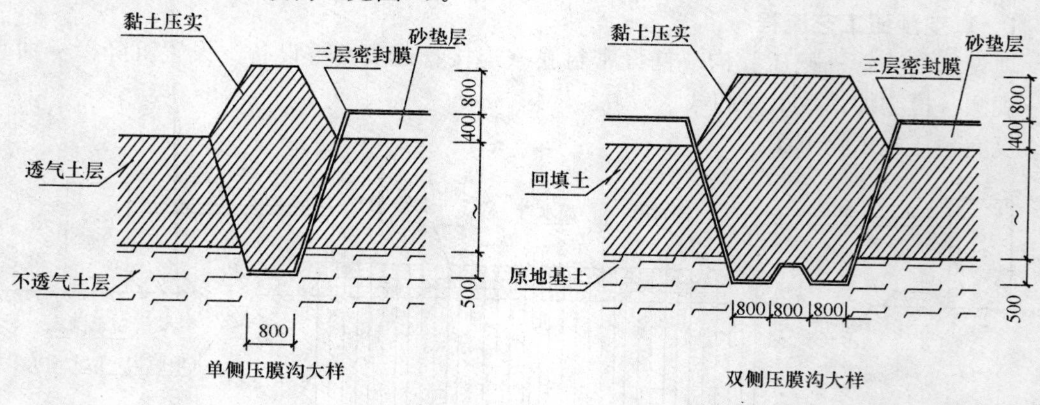

图 3　压膜沟大样

2.3.4 铺设密封膜

铺设密封膜是本工程的关键工序，质量好坏直接影响加固效果，所以要精心操作，防止密封膜的损坏。密封膜质量必须符合设计要求。采用聚乙烯或聚氯乙烯薄膜，厚度为 0.12～0.16mm，在工厂热合一次成型，现场粘结时，搭接宽度不小于 2m。密封膜严禁采用再生材料。

铺设时将事先压制成型的密封膜，铺设三层密封。铺膜必须统一绷紧，要有足够的防止地基不均匀沉降变形的余量，展开后每层要进行检查修补，四边埋入压膜沟里，并深入沟底 50cm，然后用黏土填沟，所填土应湿而软，不能有大块，以确保膜的密封性。

在铺膜过程中，要及时地每隔 10m 左右放一段砂袋压住密封膜。防止刮风将铺好的密封膜卷走或撕裂，在铺膜完成的同时安装少量的真空泵将膜吸住。膜下真空度测头分别布置在角点和加固区中心，角点下真空度测头距加固区各边 5m。

2.3.5 安装射流泵、设置地面沉降杆

(1) 安装时按射流泵布设图进行，必须保证位置准确，连接处要密封，安装后进行调试，检查质量，做好抽气准备。将出膜弯管一端与滤管连接好并铺密封膜后，另一端与射流泵连接。射流泵的功率不小于 7.5kW，扬程不小于 26.0m；安装后的射流泵能形成不小于 0.096MPa 的真空压力，膜下真空度要求稳定的保持在 650mmHg 以上。射流泵的开启率为 100%。真空滤管用胶管连接，胶管套入滤管长约 100mm，用铅丝绑紧，铅丝接头

不能朝上。

（2）射流器装配时要求喷嘴与后安装真空泵嘴在同一直线上，不允许发生倾斜或偏离。

（3）密封膜铺好之后，将地面沉降观测盘布置在密封膜上。沉降标的按设计图纸布设。固定标尺（沉降盘）应稳固，不倾斜。抽真空前观测地面沉降初读数并做好记录。抽真空第一周内每天观测一次，待沉降稳定后每周观测一次。

（4）沉降盘底座为500mm×500mm、δ=5mm的钢板，标杆是80mm×80mm、δ=5mm的等边角钢，用4根ϕ12圆钢进行加固。

2.3.6 真空抽气

（1）观测仪器布置：根据施工时现场勘查地质情况适当调整，在两大区分界线处如果两侧加固区不是同时施工，则先施工的加固区要安放测斜仪和水位仪，后施工的加固区也要安放水位仪和测斜仪。

（2）试抽气：调整各种仪器的初读数，空载调试真空射流泵，当射流泵上真空度达到0.96kPa以上，开始试抽真空。在膜面上、压膜沟处仔细检查有无漏气处，发现漏气点要及时修补。一旦漏气孔（眼）得不到及时修补，蓄水后真空度很难达到85KPa，这时需要防水检查，大大增加了难度。一般在抽气时，漏气孔（眼）会发出尖锐的鸣叫声，循声彻底检查并修补。逐台检查真空泵系统的连接处，确保在关闭闸阀的情况下，泵上真空度能达到0.96kPa，以确保真空泵系统发挥最佳工效。

（3）正式抽气：抽气开始阶段，为防止真空预压对加固区周围土体造成瞬间破坏，须严格控制抽真空速率，可先开启一半的真空泵。待稳定后，逐渐增加真空泵工作数量。当真空度达到60kPa，经检查无漏气现象后，开始膜面蓄水，覆水厚度一般为30～40cm。开足所有真空泵，将膜下真空度提高到650mmHg以上。此时，通知监理工程师验收并开始恒载计时。

正常抽真空时间持续110d。现场值班人员每天须按要求时间对真空度予以记录，并对设备运转情况、供电情况及其他真空预压施工情况进行如实详细的记录。

抽气中，按照设计要求100%的开足所有真空泵抽气，不允许部分停泵。

3 真空预压质量控制要点

（1）滤管埋设：确保无纺布应无破损，达到只透水不透砂，滤管相接处用四通、三通等连接，并用铅丝绑扎以确保牢固，间距要求。管体严禁使用再生材料，不容许现场加工。

（2）密封膜加工及铺设：用聚乙烯或聚氯乙烯薄膜，工厂热合一次成型制作3层密封，严禁采用再生材料，厚度为0.12～0.16mm，其加工后形状与加固区一致，加工后的薄膜面积不得小于设计面积，密封膜每边长度应大于加固区相应边3～4m。

1）在铺膜前，应把出膜弯管与过滤管连接好。

2）铺设时应先从上风向向下风向伸展，加固区四周所留量应基本一致。施工人员应穿软底鞋上膜，严禁穿带钉鞋上膜。

3）射流泵的安装：射流泵7.5kW在安装前应试运转一次，如真空压力达不到

0.096MPa则应维修，直至达到要求。

4）试抽真空：试抽真空宜为3～5天，膜下真空度应保持在650mmHg以上，若低于此值即属不正常，应立即查找原因及时处理，试抽开始，即应进行真空压力，沉降量等参数观测，当膜下真空度达到650mmHg后，（恒载72h）及时报监理工程师验收，试抽气力争一周内完成。

5）正式抽气（90d）：试抽真空，监理工程师验收合格后，进行覆水厚度为30～40cm，进行正式抽气。在抽气过程中，要维持泵的正常运转，射流箱内循环水要不断补充。

真空压力值观测每4h一次，发现真空压力有下降现象，立即查找原因，及时处理。

沉降观测定点、定时、专人进行观测。抽真空开始的1个月内，每24h观测一次，其后每48h观测一次。观测数据资料应完整、准确、实事求是。

当有效满载预压时间大于110d，实测沉降曲线推算的固结度大于85%，并且连续5d实测地表平均沉降速率不大于3.5mm/d时，报监理工程师验收合格，即可进行真空卸载。

卸载时采用潜水泵和自然排水，集中有序地将水排到区域外侧，同时不对周围其他区域造成负面影响，保证现场环境不遭到破坏。

6）换填压膜沟

真空预压区卸载后压膜沟需要换填，先清除沟内的淤泥，换填料采用山皮土，并分层压实，压实系数不小于0.90（重型）。

4 实施效果及结论

吹填后的填海地基，由于其海沙等土质的特殊性，滞水层多，且滞水不易导出，以至于地基基础软弱，承载力严重低下，通过真空预压的处理之后，地基承载力可达到施工普通场地要求，预压处理效果良好，为今后承接类似工程提供了技术储备。

载体桩新技术在恒晖伟业2号楼、3号楼基础工程中的应用

姜 南
（北京住总第一开发建设有限公司）

【摘 要】一改传统的地基处理观念，避软就硬，因地制宜，充分地将建筑物的结构形式与场地的工程地质条件有机地结合起来；通过调整“复合载体夯扩桩”的施工控制参数，任意改变单桩竖向承载力极限特征值；载体桩的填料可以采用碎砖、建筑垃圾等材料，施工中能就地取材，保护环境，降低了桩基础的成本。
【关键词】载体夯扩桩；降低成本

1 工程概况

北京恒晖伟业投资有限公司2号楼、3号楼工程位于北京市顺义区南法信镇，结构形式为钢筋混凝土框架结构，总建筑面积14307m²；2号楼4～6层、无地下室，3号楼5层且局部地下1层。该场地不具备做天然地基的条件，需要进行地基处理或采用桩基础。

根据该工程地质条件及上部结构情况，设计采用载体夯扩桩基础。该技术工艺简单，施工质量易控制；同时该桩基础具有沉降变形小、单桩承载力高、综合造价低廉等特点。

本工程采用载体夯扩桩基础可以第2层细砂或第3层细砂层为桩端持力层，2号楼有效桩长（设计桩顶高程至复合载体顶高程之间的距离）2.5～5.0m，3号楼Z1、Z2桩长为3.5～5.0m，Z3的桩长为2.5m；在该处进行夯扩挤密，形成载体。由于填料挤密，使承载体所在土层更加密实、均匀，压缩模量得到很大提高，从而有效提高了单桩承载力，减小了建筑物的总体变形。

2 基础方案选择

载体桩为端承桩，不需侧壁摩阻力，而是靠底端扩大的载体来提供承载力，故可以减小桩径及桩长，降低工程造价。该方案成孔工艺先进，为重锤冲击成孔，可穿透建筑垃圾、砖块、混凝土块等杂填土；钢套管护壁，在冲击成孔的过程中，钢套管全程跟进护壁，确保成孔质量，保证桩身不缩径、不断桩；同时该桩基础具有沉降变形小、单桩承载力高、综合造价低廉等特点。

经过综合分析对比，考虑成孔工艺的可行性、桩身质量的保证措施以及造价、工期等多种因素，最终采用了采用载体桩方案。根据地质条件，基础采用载体桩。每个楼布桩

182 根，桩长 2.5～6.0m，桩径 450mm，设计承载力特征值为 800kN，桩身混凝土强度等级为 C30。

3 载体桩的设计

3.1 设计参数

本工程持力层为第 2 层细砂层，$f_{ak}=180kPa$。桩端（不含扩大头）距离持力层不大于 1m，有效桩长为 2.5～4.0m。计算深度 $D=1.4+2.5+2.0$（承载体高度）$=5.9m$。

桩径 450mm，桩身混凝土为 C25，桩身配筋 6ϕ12，箍筋 ϕ6@200。

土的有效重度：$\gamma_0=15kN/m$。

根据《建筑地基基础设计规范》(GB 5007—2002)，$\eta_d=3.0$。

3.2 单桩承载力估算

根据《载体桩设计规程》(JGJ/T 135—2001)：

由公式 4.2.2 (P7)

$$R_a = u_p \Sigma q_{sia} l_i + q_{pa} \cdot A_e$$

不考虑桩周摩阻力，则：

$$\begin{aligned} q_{pa} &= f_k + \eta_d (D-0.5)\gamma_0 \\ &= 180 + 3.0 \times (5.9-0.5) \times 15.0 = 423kPa \end{aligned}$$

查表 4.2.2 (P7) 取三击贯入度 10cm，得：

$$A_e = 1.9m^2$$

则：

$$\begin{aligned} R_a &= \mu_p \Sigma q_{sia} l_i + q_{pa} \cdot A_e \\ &= 0+423\times1.9=803.7kN \end{aligned}$$

3.3 桩身强度验算

根据《载体桩设计规程》(JGJ/T 135—2001) 式 4.2.4：

桩身强度 (C25)：$Q \leqslant 0.7 f_c A_P = 0.7\times11.9\times0.785\times450^2=1324.2kN$。

3.4 单桩承载力确定

根据本工程的结构及荷载情况，2 号单桩承载力特征值可取 $Q=800kN$。

3.5 桩布置

本工程共布桩约 359 根载体夯扩桩。单桩桩身完整性检测：2 号楼检测 18 颗，3 号楼检测 18 颗；承载力检测：按 1%进行静载试验。2 号、3 号楼各检测 3 颗。

4 载体桩技术

4.1 载体桩技术原理

载体桩是针对现有混凝土桩基础的缺点而研制出来的。它先采用细长锤夯击成孔，然后将护筒沉到设计高程，再用细长锤夯击护筒到一定深度，最后分批向孔内投入填充料，反复夯实、挤密，以三击贯入度作为控制指标，达到设计要求后，再填入干硬性混凝土夯实，在桩端形成载体，然后放置钢筋笼、灌注混凝土或放入预制管桩。载体桩是由复合载体和混凝土桩身组成，复合载体是包括干硬性混凝土、填充料和挤密土体。该工艺通过外加填料和夯击，使桩端土体在一定的约束下，减小土体的孔隙，排出孔隙中的孔隙水，使桩端土体达到最有效的挤密，故该技术的核心为深层土体的密实理论。

由于载体桩技术主要依靠挤密加固桩端底部土体实现桩的承载能力，因此同常规意义的桩比较而言，不是单纯依靠桩的原状侧壁摩阻和端阻来实现桩的承载能力，而是对桩端土体进行加固实现桩的承载能力，因此，从被动适应土层原来的性状转变为主动的对原来的土层进行改变，可以充分发挥人的主观能动作用，在现有的施工技术水平下，是完全可以大幅度提高桩的承载能力的。许多工程实践证明，在同一场地、同一直径的桩，采用载体桩技术可以提高桩的承载力 2～3 倍。

4.2 载体桩的构成和受力机理

4.2.1 载体桩的构成

载体桩是由载体和混凝土桩身组成，其中载体由三部分构成：干硬性混凝土、填充料和挤密土体。

载体施工时，通过柱锤夯击、反压护筒成孔，当成孔到设计高程后向孔内填入砖、碎石等填料夯实，达到设计的三击贯入度后，再填入夯填适量干硬性混凝土，即形成所谓的载体。它的影响区域在纵向上为 3～5m，在横向上为 2～3m，即施工完毕时，桩端下深 3～5m，宽度 2～3m 的土体都得到了有效挤密，形成自内到外依次为干硬性混凝土、填充料、挤密土体组成的载体。

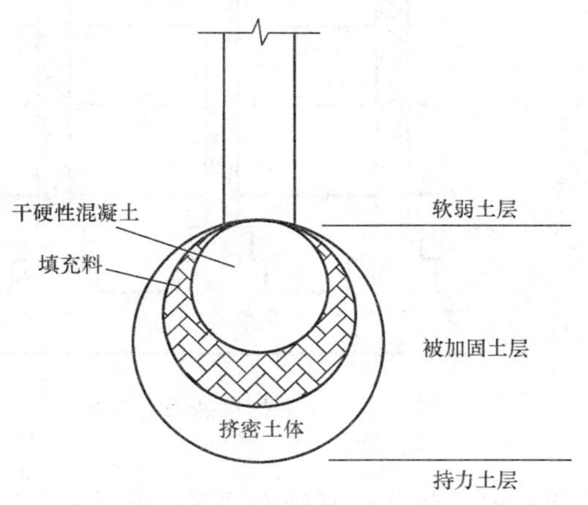

图 1 载体桩的构成

根据桩身混凝土的施工方法、施工材料及受力条件等的不同，载体桩分为现浇钢筋混凝土载体桩、素混凝土载体桩和预制桩身的载体桩，载体的构造见图 1。

4.2.2 载体桩的受力机理

由于载体桩的施工是通过重锤夯击填料形成载体，因此载体底部和周围土体中的部分空气和水被排出，土的孔隙比降低，承载力和压缩模量得以提高，在受力时，上部荷载主要通过桩身传递到桩端的载体，再通过载体传递到持力层土体上，而载体由三部分组成，从混凝土到挤密土体，材料的压缩模量逐级降低、承载力量也逐级降低，下一层材料对于上一层材料，是相对软弱层，因此桩身传递的附加应力经过三种材料逐级降低，当传递到持力土层时，附加应力已大大降低，小于地基土的承载力，这是载体桩单桩承载力高的主要原因（如图 2（1）所示）。

从受力上分析载体桩实际上是深层扩展基础。当上部荷载作用在桩顶时，通过桩身传

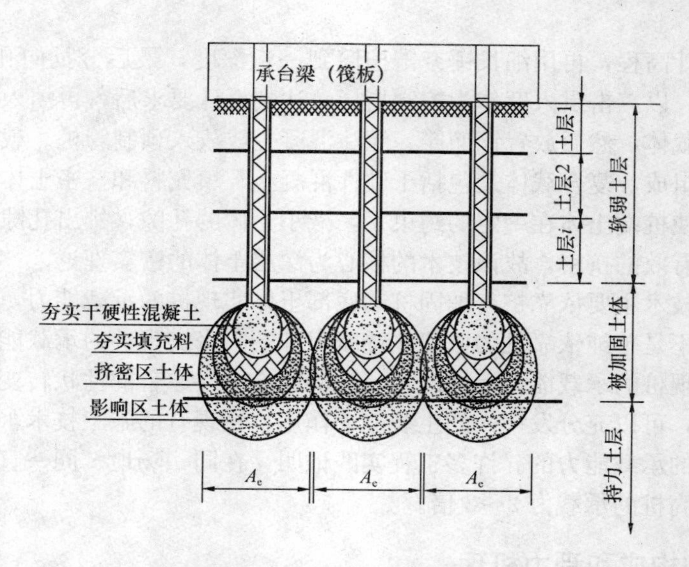

图 2（1） 载体桩受力分析图

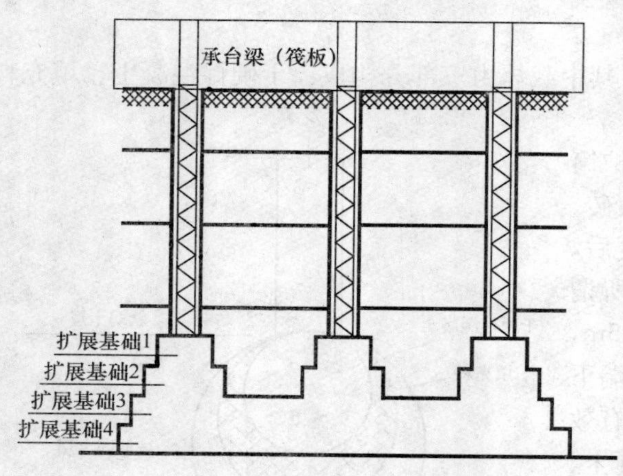

图 2（2） 载体桩的受力传递图

到复合载体，并最终将荷载扩散到扩展基础底部的持力土层。桩身可以等效为传力的杆件，载体等效为传递荷载的载体扩展基础。只要桩间距在 2.0～3.0m 之间，从受力上分析，采用承台梁和载体桩，其受力即可以等效为条形基础的受力；若采用独立承台，载体桩的受力可以等效为独立柱基的受力；若采用满堂布置的载体桩，则其受力可以等效为筏板基础的受力（如图 2（2）所示）。故载体桩基础将地基处理的问题演变为结构设计中的基础设计问题。载体桩通过对深度的施工控制达到载体基础的埋深；通过三击贯入度对干硬性混凝土和填料的施工进行控制达到载体扩展基础的面积。

一般情况下，载体桩不考虑侧壁摩阻对桩承载立的贡献，而作为承载安全储备，在桩长超过 10m 时，可以考虑侧壁摩阻力。

4.3 载体桩技术的核心

土体由三部分组成：土粒、空隙和水。从物理力学性质上分析，土体空隙和水占总体积的比例越高，土体密实度、压缩模量就越高，承载力也就越高。地基土是经过若干万年土体的沉积和固结而成的，土层埋层越深，沉积年代就越久，土体越密实，其承载力也就越高，故从理论上分析，只要埋深足够深、基础底面积足够大，任何一种建筑的基础都可以采用天然地基。但从施工技术难度或造价的高低等原因考虑，并非所有建筑基础都能采用天然地基，对于相当多的建筑物基础，当天然地基承载力不满足设计要求时，常常采用地基处理方法或桩基础。

载体桩施工技术在一定深度的侧限约束下的特定土层中，在柱锤冲击能量的作用下克服剪切力成孔，填以适当的填充料夯实，使桩端土体实现最优的密实，达到设计要求三击贯入度，形成等效计算面积为 A_e 的多级扩展基础，实现应力的扩散。一定埋深是为了保证足够的侧向约束，是土体密实的边界条件；柱锤夯击提供夯实土体的能量，是土体密实的外力条件；测量三击贯入度是为检测孔隙或水的排除情况，土体的密实度是否达到要求，是土体密实的最终结果。故载体桩技术的核心即为土体的密实，通过实现土体密实形成等效扩展基础。

4.4 载体桩技术的优点

与普通混凝土桩相比，载体桩具有如下显著的优点：

（1）通过填料、夯击挤密土体形成载体，可有效提高单桩承载力。通常情况下，其承载力是同条件下相同桩径和相同桩长普通混凝土灌注桩的 2～5 倍。

（2）在同一施工场地，在不改变桩长、桩径的前提下，可根据不同的设计要求，通过调整施工参数来调节单桩承载力（如图 3 所示）。

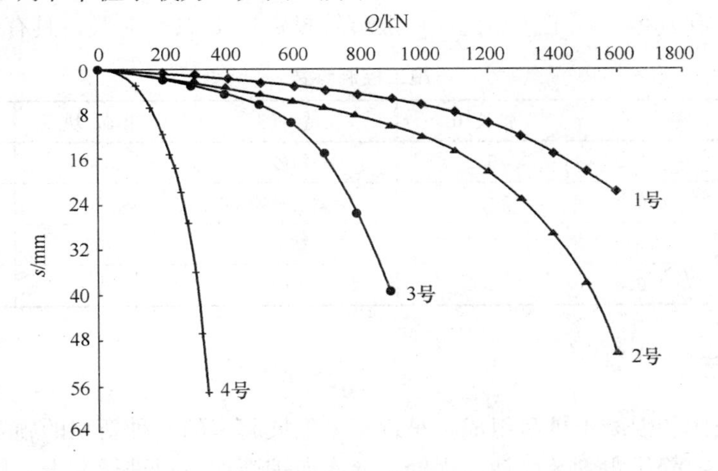

图 3　同一场地内不同施工参数的桩对应的 Q-s 曲线

（3）施工控制参数明确，可以避免场地差异造成的桩承载力差异问题。载体桩是通过控制三击贯入度来保证成桩承载力的，由于地下工程具有很多不确定性，岩土工程勘察时只能通过有限的勘察孔点来推断整个场地的地质状况，在一定程度上存在同一深度处存在着某些差异性的情况，而这种差异可能会对具体的某个桩基产生不利的影响，载体桩在成桩时，通过控制三击贯入来确定停锤标准，可对不同的加固土层达到同一加固效果，达到承载和变形的一致性（见表 1）。

（4）可解决成孔及成桩问题，对于建筑垃圾、砖块、混凝土块等杂填土场地，须采取有效的成孔和护壁措施才能确保成桩质量，载体桩在施工时，通过重锤夯击、护筒反压护壁成孔解决了成孔和护壁问题，保证桩身不缩径、不断桩。

（5）可解决不同桩长承载力差异问题。

由于载体桩在通常情况下不考虑桩侧壁摩阻承载力，主要考虑载体对桩承载力的贡献能力，因此，在同一加固土层中只要三击贯入度相同，其承载力差异不大，这样在进行设计时，可以脱离常规设计理念中长度对承载能力的影响，根据实际地层条件确定合适的桩长和适宜的加固土层。

(6) 可解决地震液化，减小工后沉降。

由于载体桩在施工时，通过重锤夯击成孔，填料夯击形成载体，在成孔和夯击填料时，由于大能量冲击，对桩周土体和桩底部土体颗粒重新进行排列，进行了有效挤密加固，提高了土体的抗液化能力，并对桩底土体进行了预沉降处理，有效减少了工后沉降。九江某小区，在今年的一次地震中，采用其他地基处理技术的建筑物都出现了不同程度的裂隙，而采用载体桩技术处理的建筑物，毫发未损。

(7) 可有效解决建筑垃圾环境污染问题。

载体桩施工时，施工过程中无泥浆产生，形成载体所用的材料一般可采用为硬性建筑垃圾（废砖、混凝土块）等，可就地取材，消纳大量的建筑垃圾，对保护环境、节约资源，创建节约型社会具有深远而现实的意义。

(8) 性价比高。

由于载体桩单桩承载力高，因此在通常情况下，采用载体桩处理地基，可有效降低造价，根据统计，和其他常规工艺相比，一般节约投资在10%～30%，具有很高的性价比。

施工控制参数 **表1**

桩　号	桩径/mm	桩长/m	持力层	填砖/块	三击/cm
1号	410	5.2	粉砂	300	5
2号	410	4.0	穿黏土进粉土	460	12
3号	410	2.7	黏土	485	9
4号	410	4.0	……	……	直杆

4.5 施工工艺

载体桩由载体和混凝土桩身组成，是近年来发展起来的一种新型的施工工艺，它利用细长锤夯击成孔，静压跟管至设计高程处，分次向护筒加填料进行夯击，用三击贯入度作为停锤控制标准，然后填充一定量的干硬性混凝土并进行夯击，工艺流程说明如下：

(1) 桩位测量及复核。

放线人员依据给定控制点将桩位测量完毕，经监理验线合格后，方可进行施工。

(2) 材料检验。

开工前，将施工所用材料报监理验收并送具有试验资质的试验单位进行试验，合格后才能用于工程中。

(3) 移桩机就位。

检查桩机设备工作是否正常，移桩机就位，调直护筒，在确定所要打的桩位准确无误后，使护筒中心与桩位中心位对齐，然后将护筒放至地表，并调整护筒垂直。

(4) 成孔。

成孔采用锤击跟管成孔，用重锤（3.5t）低落距轻夯地面，使护筒准确定位于桩位，然后再提高细长锤夯击成孔。

(5) 沉护筒至设计标高。

锤击成孔时，护筒下沉，当接近桩底高程时，控制重锤落距，准确将护筒沉至设计高程。

(6) 夯击填料。

护筒沉至设计标高后，提升重锤高出填料口，进行碎砖或其他填料，重锤做自由落体夯击，夯击填充料（填料量以锤底出护筒底 40～60cm 为依据）。

(7) 测量三击贯入度。

载体形成密实状态后，重锤以 6m 落距做自由落体运动，测三击贯入度，每击贯入度应比前击小或相等，三击总贯入度应满足设计要求；如不满足设计要求，则应继续填料夯击至满足三击贯入度要求。

(8) 夯填干硬性混凝土。

三击贯入度满足设计要求后，填一定量干硬性混凝土，继续夯击。

(9) 下放钢筋笼。

在护筒内放入预制好的钢筋笼，测量钢筋笼顶高程，使钢筋笼沉至设计高程。

(10) 浇筑混凝土。

从护筒填料口灌入混凝土，一次灌至桩顶高程，并适当进行超灌。

(11) 拔护筒。

混凝土浇筑完毕后，将护筒拔出，拔护筒时速度要慢，同时注意观察钢筋笼是否有位移。

(12) 振捣混凝土。

振捣时要快插慢拔，振捣时间不少于 2min。

工艺流程见图 4。

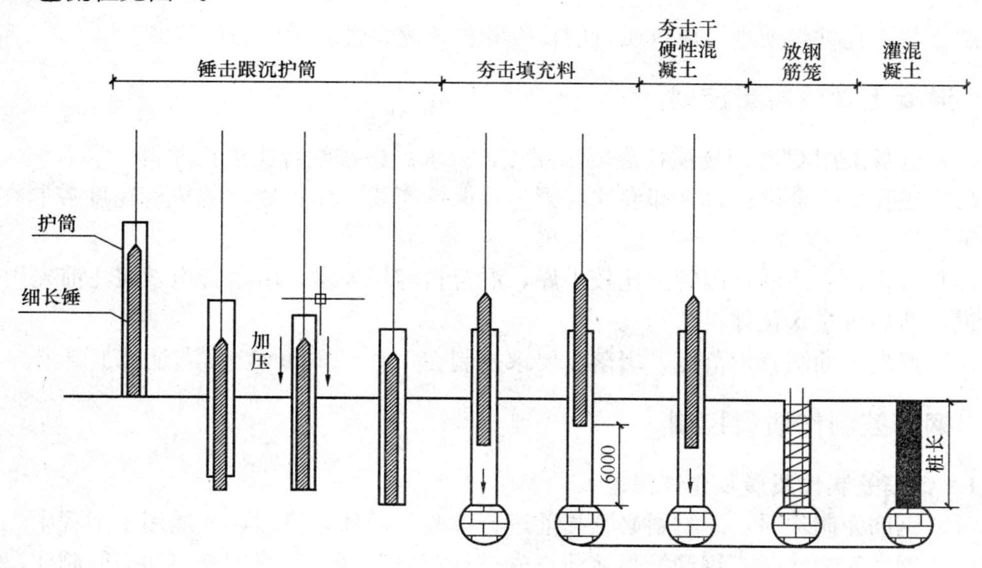

图 4　载体桩施工工艺图

4.6 工艺特点

（1）它采用柱锤冲切地基的剪切力成孔，大大增加了功效，施工过程中只需要提锤，消耗功率低，降低了施工过程中对功率的要求；

（2）采用护筒成孔，所有的工序都在护筒中完成，可以避免施工过程中地下水对施工的影响，故在地下水位较高的地区不用降水，降低了成本；

（3）在成孔到设计高程后，进行填料夯击，一方面方便填料，可以调节桩端周围土体的含水量，使土体的含水量接近最优含水量，增加土体的挤密效果；另一方面，填料可以避免柱锤对土体的直接夯击，增加夯击效果。

（4）施工过程对填料夯实，再填混凝土夯实，通过填入不同的填料，使施工完毕后形成了不同的夯实材料，实现附加压力的扩散，提高的单桩的承载力，形成等效扩展基础，这是该技术最大的创新。

（5）施工过程中三击贯入度的控制。该技术在施工过程中通过三击贯入度对挤密土体的密实度进行控制，测量三击贯入度时，必须保证后一击的贯入度不大于前一击的贯入度，这样保证柱锤不穿透载体，即保证了载体的承载力。

5 载体桩质量控制

5.1 成桩的质量控制

对无相近地质条件下成桩试验资料的工程，必须进行试桩，试桩设计方案由载体桩设计人员提供。

试桩与工程桩必须进行成桩质量的检查和桩身完整性及承载力的检测。

5.2 混凝土灌注质量控制

（1）桩身采用C30现场搅拌混凝土灌注，要求严格按配合比进行配料。

（2）成孔验收合格后，立即灌注混凝土并保持连续灌注；成桩的拔管速度控制在3～5m/min。

（3）首盘料灌注前，因管道比较干燥，混合料容易失水，堵塞管道，灌注前先用砂浆润管道，然后再泵入预拌料。

（4）混凝土抽测其坍落度，坍落度要求控制在100～120mm，以满足施工要求。

5.3 钢筋笼制作质量控制

5.3.1 钢筋笼制作质量及允许偏差

（1）钢筋笼制作时，原材料必须提前进行检验并确认合格后，才能用于工程中。

（2）钢筋笼焊接时，钢筋笼焊接前，先进行钢筋调直、钢筋切割、加强筋制作、螺旋筋制作。

（3）主筋焊接时，必须提前进行焊接试验，确认可行后，才能实施；在施工过程中，按照规范要求，每200个焊接接头取样一组分别进行抗拉及抗弯试验。

（4）主筋与箍筋之间采用点焊。

（5）所采用的焊条，起焊接强度必须大于母材的强度。

（6）制作误差为：

主筋间距：　±10mm

箍筋间距或螺旋筋间距：　±20mm

钢筋笼直径：　±10mm

钢筋笼长度：　±50mm

钢筋笼弯曲度：　<1%

6　载体桩质量检测

桩基施工结束后按有关规范进行了检测，分为工程桩的桩身质量检测和单桩竖向承载力检测两部分。

6.1　工程的桩身质量检测

该工程的桩身质量检测采用低应变动测法检验桩身的完整性，占桩基总数量的30%。2号楼检测数量为55根，3号楼检测数为量54根，检测结果桩身混凝土完整性好，实测波形正常，波列清晰，桩底反射信号明显，全部判定为Ⅰ类桩，满足设计和工程使用要求。

6.2　单桩竖向承载力检测

本工程采用静载荷试验对单桩承载力进行检测，加载采用慢速维持荷载法。静载荷试验结果全部满足要求，单桩竖向抗压静载试验结果可以看出：试桩加载到最大荷载均未达到破坏，且 $Q \sim s$ 曲线无明显的拐点和陡降段，为一条完整连续的平缓、匀滑曲线，有很大安全储备。

部分静载荷试验 Q-s 曲线如下图所示：

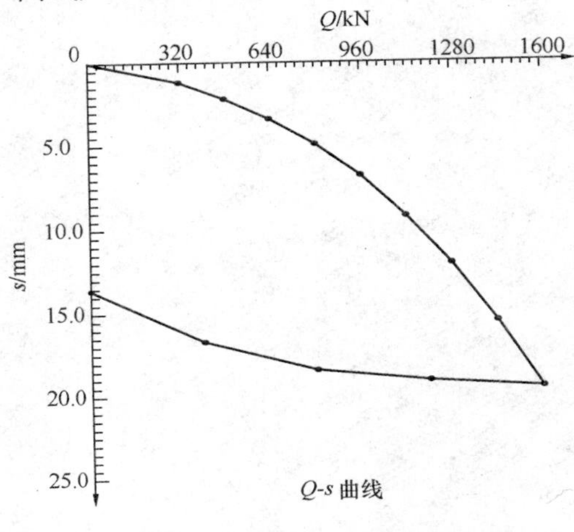

图5　部分静载荷试验曲线图

（1）静载试验如表2所示。

静载试验记录表 **表2**

试验桩号	试验类型	终止荷载/kN	对应沉降量/mm	对应荷载沉降量/mm	承载力特征值/kN
36	竖向抗压	1600	21.05	5.23	≥800
58	竖向抗压	1600	20.02	5.05	≥800
136	竖向抗压	1600	19.54	4.93	≥800
36	竖向抗压	1600	21.05	5.23	≥800

（2）动测结果：都为Ⅰ类桩。

7 结论

由本工程实例可见，载体桩有以下特点：

（1）按处理面积计算，载体桩造价约为30元/m²，而采用CFG桩造价约为40元/m²，造价低廉；但桩承载力以贯入度衡量，工程量变动较大，先期计算成本很难准确。

（2）一改传统的地基处理观念，避软就硬，因地制宜，充分地将建筑物的结构形式与场地的工程地质条件有机地结合起来，使地基处理获得最佳的效果；可以通过调整“复合载体夯扩桩”的施工控制参数，任意改变其单桩竖向承载力极限特征值，使之最优化地满足工程之需要；

（3）采用套管护壁灌注混凝土，其施工质量不受地下水和土的影响；相对其他桩施工现场整洁，用水主要为混凝土搅拌，无钻孔带土等。

（4）载体桩的填料可以采用碎砖、建筑垃圾等材料，施工中能就地取材，保护环境，降低了桩基础的成本。

混凝土结构工程

高抛自密实法浇筑高强钢管混凝土施工技术应用

徐德林　付雅娣　陈　松　朱广宏
（北京建工集团总承包部）

【摘　要】 在高耸结构上空进行高强度钢管混凝土的浇筑国内无先例可循，钢管混凝土本身作为一项新技术，又采用高抛自密实施工工艺，国内可依据的技术标准较少。本文重点阐述了高强度钢管混凝土浇筑的施工难点、技术创新点，以期对于今后施工有参考价值。

【关键词】 C80、C70高强混凝土；钢管柱；施工技术

1　工程实际概况

奥林匹克公园瞭望塔工程，由塔座、塔身、塔冠三个部分组成，总建筑面积18767m²，建筑总高度为246.8m。塔座为框架剪力墙结构，塔身及塔冠为钢结构（见图1）。

图1　工程照片

塔身由1、2、3、4、5号塔组成，主体结构均采用圆形钢结构筒壳。1号塔内外两层筒壳，共计24根钢柱，8根内柱直径为600mm，壁厚20～25mm，16根外柱直径随高度由750mm变化至700mm，壁厚20～30mm不等；2、3、4、5号塔均为一层筒壳，都由6根钢柱及水平、竖向支撑组成，柱直径随高度由800mm变化至750mm，壁厚20～30mm（见图2）。

2　高强钢管混凝土在本工程中的应用背景

本工程构成塔筒的钢管混凝土圆柱，共48根，钢管内混凝土采用强度等级为C80、C70的两种高性能混凝土，采用高抛自密实法浇筑，一次浇筑高度9～12m（3～4个单元）。

各塔钢管内浇筑高强混凝土，具体数据如表1所示。

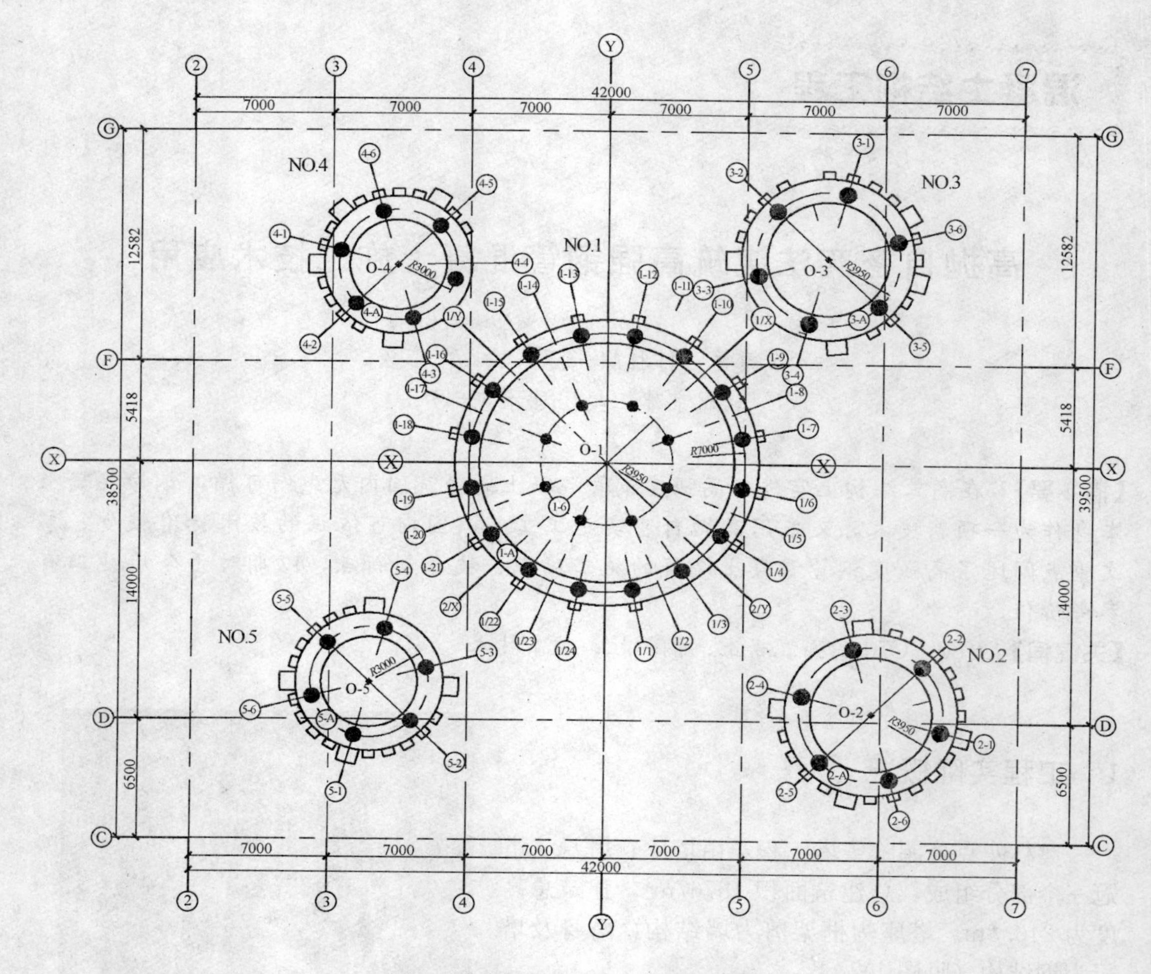

图 2　塔身钢管混凝土柱平面布置图

高强混凝土使用部位一览表 **表 1**

	塔 1				塔 2		塔 3		塔 4		塔 5	
	外 柱		内 柱									
根数	16		8		6		6		6		6	
总高	238.5m		238.5m		233.1m		215m		201.5m		190.9m	
浇筑高度	C80	C70	C80	C70	C80	C70	C80	C70	C80	C70	C80	C70
	−11.8～99.5m	99.5～180.0m	−11.8～99.5m	99.5～141.5	−11.8～99.0m	99.0～147.0m	−11.8～96.0m	96.0～147.0m	−11.8～99.0m	99.0～147.0m	−11.8～99.0m	99.0～147.0m
方量	786.3m³	568.7m³	251.6m³	95.0m³	334.0m³	127.2m³	325.0m³	117.7m³	334.0m³	110.8m³	334.0m³	110.8m³
总方量	C80=2364.9m³　C70=1130.2m³											

3　本工程钢管混凝土施工中的技术难点及解决办法

3.1　技术难点

本工程钢管柱采用的钢材为 Q345GJC，柱内浇筑 C80、C70 强度等级的混凝土。在钢管柱与楼层支撑梁节点处，柱内设有环向加劲板，既能对梁柱节点进行加强，又能起到加强混凝土与钢柱结合的作用（见图3）。加劲板上开有排气孔，以便在浇筑混凝土时，加劲板下的空气能够通过小孔排出，使下方混凝土能浇筑密实（见图4）。

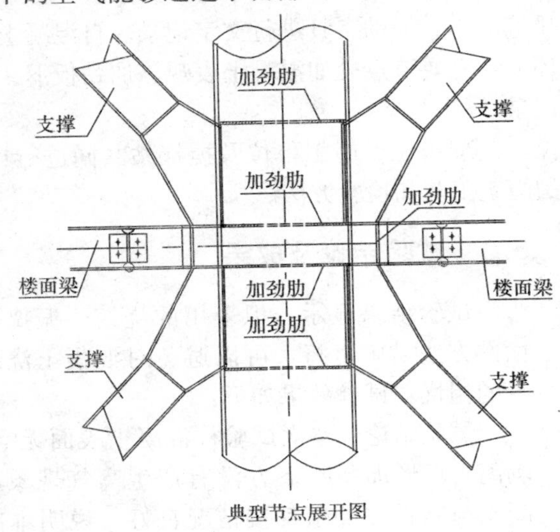

图3　节点处加劲肋位置

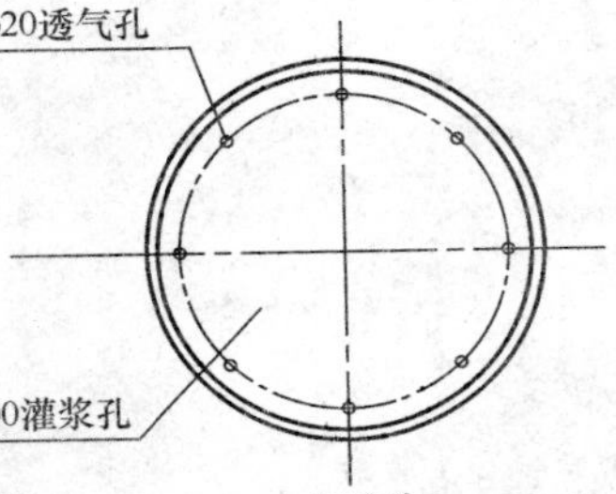

8ϕ20透气孔

ϕ400灌浆孔

加劲肋

图4　加劲肋形式

在高抛自密实浇筑法施工中，混凝土高抛坠落密实的同时进行提升振捣和二次振捣，但加劲肋板处如何避免出现质量问题，是本工程施工中的难点。

本工程开工时《高抛自密实钢管混凝土技术规程及质量验收标准》尚未执行，对于钢管混凝土浇筑的施工方法、质量验收标准尚未有可行依据。因此为保证钢管混凝土浇筑质量，确定一套行之有效的验收方法，并验证施工方案中确定的浇筑方法是否能够保证加筋肋板处不发生剥离、气泡堆积等情况，现场首先按照方案设想进行了完全模拟试验，通过模拟钢管柱、模拟浇筑方式、模拟振捣方法、验收方式等，形成检验标准（见图5）。

图5　模拟试验

3.2　现场施工模拟工艺检验

（1）方案确定试验目的即通过模拟现场施工情况，采用与现场施工相同的浇筑工艺、构件条件等，对以下可能产生的情况进行验证：

1）混凝土是否与钢管壁发生剥离；

2）加劲肋板位置下方是否存在空洞；

3）内部是否存在其他缺陷。

（2）试验模具的设计以现场实际钢结构柱为基础，高度及大小均按一个单元的一根钢柱进行模拟，只是将模具做成可拆卸形式。

（3）试验的方法按照现场实际浇筑的方法进行模拟，自混凝土进场检验至浇筑振捣完成，均与实际施工保持一致。

（4）实验数据采用计时表、小锤及粉笔等作为辅助工具进行文字记录。自混凝土进场检验至模板拆除均全程摄像，并在重要环节及重要节点处如混凝土表观、加劲板下、混凝土柱根部、顶部施工缝等位置进行拍照记录。

（5）根据所记录的数据，由建设单位、监理单位、施工单位及搅拌站共同进行讨论，对浇筑工艺进行评定、优化，确定最终的浇筑工艺和检验方法。

图 6　试验结果

3.3　试验结论及成果

试验结果显示，拟采用的浇筑、振捣等方面的方法措施可行，可以避免对混凝土浇筑质量的担忧，试验效果如下：

试验结论：本次试验柱混凝土表面无空鼓、剥离，环形加劲肋下方没有产生窝气现象，混凝土与钢管柱外壁粘接情况良好，说明本次试验采用的原材料参数、浇筑工艺合理，可用于本工程钢管混凝土柱的施工（见图 6）。

试验成果：通过试验过程和试验结论，总结形成《高抛自密实钢管混凝土技术规程及质量验收标准》。

针对本工程不同管径、不同浇筑高度，可按下表对浇筑过程进行控制。

高抛自密实钢管混凝土技术参数一览　　**表 2**

钢管柱直径（mm）	600	700		750		800	
浇筑高度（m）	9	12	9	12	9	12	9
浇筑时间（min）	9	13.5	10.5	14.5	11	15.5	12
振捣时间（min）	12	16	15	18	15	20	18

4　高强钢管混凝土施工技术在本工程中的应用

本工程钢管混凝土柱采用分段抛落法工艺浇筑，利用浇筑过程中高处下抛时产生的动能来实现自流平并充满钢管柱。

应设计单位要求，由于钢管柱内部设有加筋肋等板件，钢管直径相对较小，为了保证浇筑混凝土质量满足设计要求，采用免振捣的自密实高强高性能混凝土，减小混凝土收缩量，保证钢管与混凝土之间可靠粘接，确保混凝土浇筑质量。

4.1　混凝土浇筑质量控制措施

（1）卸料前罐车须高速运转 1min 以上方可卸料。

(2) 每次浇灌混凝土前，应先浇灌一层100～200mm厚的与混凝土同配比的减石子砂浆，增加施工缝的粘结和防止自由下落的骨料产生弹跳，再按程序浇筑。

(3) 钢管内混凝土必须在混凝土初凝前浇筑完毕，包括混凝土运输、浇筑、间歇的全部时间。同一钢管柱内的混凝土最大程度上选择一次连续浇筑完毕，中间如需停留有间歇时，不能超过混凝土初凝时间。浇筑速度宜控制在1.00m/min以内。

(4) 浇筑混凝土时，振捣棒随混凝土浇筑高度进行振捣，振捣棒与混凝土面同步提升，但振捣棒下端须没入混凝土内不少于500mm，此尺寸需要靠振捣工人手感控制。振捣时间不宜过长也不宜过短，应做到快插慢拨。浇筑至钢管柱上层时，可看见混凝土面，振捣应满足时间要求并直至混凝土表面泛浆，不出现气泡，混凝土不再下沉为止。

(5) 混凝土完成卸料后，振捣工人应将振捣棒再次插入钢管底，自底到顶进行整体复振。振捣棒触底即可匀速向上拔起，不必在某处停留进行长时间振捣。此举可最大程度上减少肋板下侧位置的空鼓，保证混凝土浇筑的密实。振捣后如混凝土面有所下降，可适当补充混凝土，以保证施工缝留置位置。

(6) 管内留置施工缝时，必须在钢管对接焊口处，钢管应高出混凝土施工缝不少于500mm。对于人员无法进入钢管内处理施工缝时，或不方便处理施工缝的，不宜留置施工缝。

(7) 留置的施工缝应在浇筑完毕，混凝土达到一定设计强度后（约24h后），方可对其表面进行清理、凿毛，清除落入管内的水及异物。严禁混凝土初凝后对其扰动。待上节钢管柱对接工作完成后，在上节钢管柱顶对钢管进行封闭，防止水等杂物进入管内，影响混凝土质量。

4.2 混凝土养护

(1) 钢管内混凝土几乎与外界空气隔离，常温下养护的重点在于顶部暴露区域。混凝土浇筑完毕后，立即在其顶部覆盖一层薄膜，待混凝土基本初凝，再对管内混凝土进行适量浇水养护。

(2) 钢管内杂物清理完毕后，做好对柱内混凝土的成品保护。

4.3 质量检验标准及方法

(1) 施工中应建立健全试验、质量检查及工序间交接验收制度。每道工序结束后均应进行检验，合格后方可进行下一道工序。凡检验不合格的作业段，均应进行补救或整修。

(2) 自密实混凝土原料、试验及验收项目，可遵照下表进行，并做到原始记录齐全。

混凝土自密实性能标准 表3

自密实混凝土性能等级	入模坍落度/mm	扩展度/mm	抗压强度
三级	240±20	650±50	115%～130%

(3) 钢管内混凝土的检查采用锤击钢管法全数检查，锤击检查应选择与钢管壁厚相适应的锤重，通过比较锤击回声来判定混凝土的密实情况，并应做好锤击检查记录。

5 结论

近20年来，由于钢管混凝土结构适应了现代土木工程结构向大跨、高耸、重载发展的趋势，并且符合现代化施工技术和工业化制造要求，在世界各地得到了迅速的发展和广泛的应用，它已经成为国家建筑科学技术水平的标志之一。

高强混凝土在超高层施工中已经得到了广泛的应用，上海、广州等地已经配制并泵送成功了C120强度等级的混凝土，而在北京，因抗震设防烈度较高，超高层建筑施工技术发展较为缓慢。本文通过介绍C80混凝土的施工技术难点及解决方法，对北京施工行业有很大的参考意义。

自密实混凝土在丰台垒球场工程中的应用

宋立艳[1]　杜晓龙[2]　魏秀洁[1]
（1. 北京城乡建设集团有限责任公司；2. 中铁航空港建设集团北京有限公司）

【摘　要】本文主要介绍了自密实混凝土在北京2008年奥运会丰台垒球场的主看台框架柱中的应用，由于框架柱和梁柱节点钢筋较密，施工单位采取了自密实混凝土，取得了很好的效果。

【关键词】主看台；自密实混凝土；施工

1　工程概况

2008年奥运会丰台垒球场项目工程位于西四环丰台体育中心院内，2008年奥运会期间提供女子垒球比赛的使用场所。该工程由主比赛场、备用比赛场、功能用房三部分组成，总建筑面积为15570m²。其中主比赛场建筑面积为4350m²，建筑占地面积2700m²，地上4层，无地下室，建筑高度23.7m，平面呈直角“U”字形，钢筋混凝土框架剪力墙结构。

主比赛场西南看台为钢筋混凝土结构，长宽为140.0m×23.6m，看台上布置观众座椅，看台下方设有比赛用房，包括贵宾休息室、仲裁办公室、媒体休息办公室、运动员休息室和众多设备用房等（见图1、图2）。

图1　主赛场

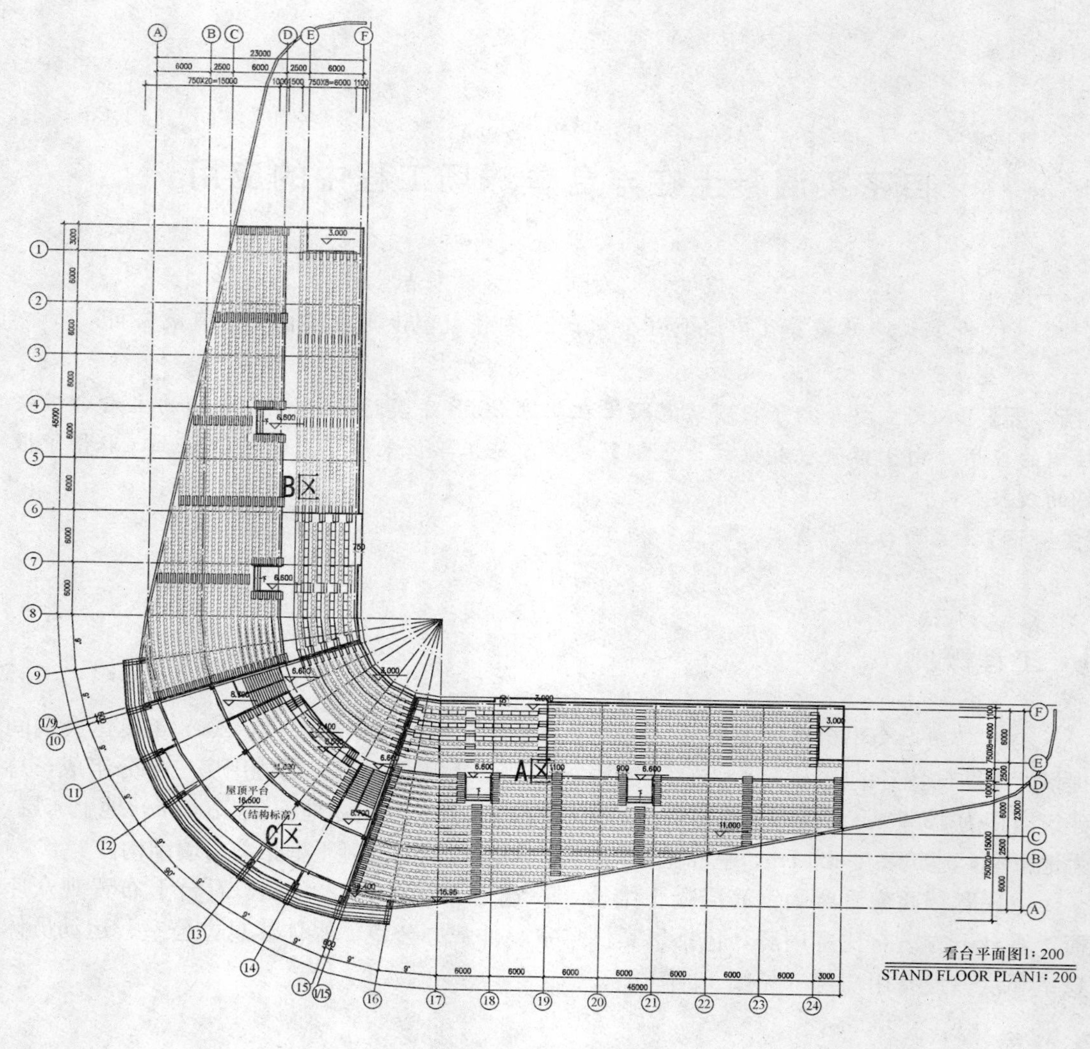

图 2　主赛场平面图

框架柱的截面尺寸为 500 mm×500 mm，混凝土设计强度等级为 C45，Ⓓ、Ⓔ轴柱子从相对高程 4.1m 到柱顶，Ⓕ轴柱子从相对高程－0.05m 到柱顶均需与看台混凝土共同浇筑。框架柱最高约 4.15m，图纸设计看台数字轴梁筋下锚到下柱内，梁柱节点处的钢筋较密，振捣棒无法对下层柱混凝土进行振捣，因而很难保证柱内混凝土的浇筑质量。

经监理、建设、设计和施工单位共同协商研究决定，Ⓓ、Ⓔ、Ⓕ轴柱子选用自密实混凝土。自密实混凝土的骨料粒径小（5～16mm）、扩展度较大，只要将此种混凝土流入柱内无需振捣即可自密实，混凝土强度亦满足要求。

2　自密实混凝土的特性

自密实混凝土（Self Compacting Concrete，简称 SCC）是通过外加剂、胶结材料和粗细骨料的选择及配合比的设计，使混凝土拌和物屈服值减小且又具有足够的塑性黏度，粗细骨料能悬浮于水泥浆体中不离析、不泌水，与常规浇筑、振捣的混凝土最显著的区别在于，具有更高的流动性，它的匀质性、填密性完全靠自身的重量作用，在不振捣或少振捣的情况下就能充分填充模板和钢筋空隙，成型后质量均匀，不会产生普通混凝土由于振捣不当而出现的蜂窝、麻面和内部空洞等质量缺陷。自密实混凝土主要有以下几个优点：可以缩短施工工期；可以保证结构中混凝土的密实性，尤其在浇筑振捣困难的狭窄部位时，这种要求更为突出；可以消除因振捣而带来的噪音，尤其对于混凝土生产者来说更为重要，这在提倡环保，保证居民生活质量的今天，自密实混凝土具有很大的吸引力；此外，还可节约大量劳动力，由此而带来的经济效益十分可观。20 世纪 80 年代，日本学者首先提出自密实混凝土的概念，并在今后的时间得到极其迅速的发展，我国也有部分工程使用。

2.1 自密实混凝土的主要特点

(1) 高流动性，保证混凝土能自流密实成型；
(2) 高黏聚性，保证混凝土流动及停放过程中不发生离析现象；
(3) 高保水性，保证混凝土硬化过程表面无泌水；
(4) 高强度（最高强度可达 100MPa）、高抗冻、高抗渗；
(5) 硬化过程不收缩，具有微膨胀作用；
(6) 与旧混凝土粘结强度高；
(7) 抗氯离子腐蚀，具有优异的阻锈能力；
(8) 凝结硬化过程抗震动干扰强，在公路及铁路桥梁等加固中可不中断交通施工。

2.2 自密实混凝土的应用范围

(1) 配筋特密、形状复杂、不便振捣的混凝土工程；
(2) 混凝土工程改造加固；
(3) 对新老混凝土界面粘结强度要求高的特种工程；
(4) 抗冻、抗渗、防腐混凝土；
(5) 防水混凝土、钢管混凝土及补偿收缩混凝土（泵送）施工；
(6) 大面积混凝土地坪自流平施工。

3 自密实混凝土原材料及配合比

3.1 自密实混凝土的原材料

本工程使用的自密实混凝土由北京京铁火车头混凝土有限公司生产，生产设备、生产工艺、组织实施与普通混凝土的生产一致。主要是保证实现混凝土塑性状态的性能，包括流变性、稳定性和触变性，确保混凝土的质量波动减小、性能全面提高。

混凝土设计强度等级为 C45，水泥选用北京太行“前景”牌普通硅酸盐水泥，强度等级为 P·O42.5，水灰比为 0.36。砂、碎卵石由涿州豪兴砂石厂生产，其中碎石最大粒径为 16mm，砂率为 49%。由于是冬期施工，掺 3.5%的天宇－115 防冻剂，再掺加 6%

UEA膨胀剂，和Ⅰ级粉煤灰。

3.2 自密实混凝土的配合比

见表1。

自密实混凝土配合比用表　　表1

	水泥	水	砂	碎卵石	粉煤灰	防冻剂	膨胀剂
每方用量/kg	410	169	844	879	67	17.7	30
每盘用量/kg	820	244	1772	1766	134	35.4	60

4 自密实混凝土的浇筑与控制

4.1 自密实混凝土的浇筑

自密实混凝土浇筑以前，必须对钢筋设置、模板的位置进行检验，确保预留、预埋、预检位置准确。模板几何尺寸、轴线位置、垂直度符合要求，模板清理干净，板间接缝封堵严密，不得有大于1.5mm的缝隙，其支撑系统强度达到要求。

浇筑时利用塔吊用灰斗将混凝土运至浇筑地点，放灰时不要过快，在柱顶四周用多层板围挡，防止混凝土流入踏步梁内。

在浇筑时尽量减少浇筑分层，实际分层厚度为0.8m，使混凝土的重力作用得以充分发挥，并尽量不破坏混凝土的整体黏聚性。

4.2 自密实混凝土的质量控制措施

混凝土浇筑前底部应先填以50mm厚与混凝土配合比相同的减半石子水泥砂浆，以防止框架柱烂根。

放灰的同时用振捣棒振击柱头上部钢筋，使自密实混凝土快速流入柱内，使用钢筋插棍进行插捣，并派专人用锤子敲击模板，起到辅助流动和辅助密实的作用。

随着浇筑速度的增加，自密实混凝土比一般混凝土输送阻力明显增大，且呈非线性增长，故浇筑时应保持缓慢而连续的浇筑。所以特派专人与搅拌站联系，及时通知发车间隔，以保证混凝土的供应速度，防止混凝土供应不足中断浇筑。

混凝土浇筑完成后，将上口的钢筋进行整理就位，按预定高程进行抹面找平，因自密实混凝土用水量较少，表面水分蒸发速度较快，浇筑后必须注意及时保湿养护，防止混凝土水分流失。自密实混凝土从现场观察情况看，混凝土的初凝时间比普通混凝土稍迟约3h，终凝时间约晚4h。这与当时浇筑时的温度有关，当温度较高时，差异不明显。

4.3 自密实混凝土的养护

由于处于冬季施工，所以混凝土浇筑完成后用塑料布及时进行覆盖，同时在塑料布上再覆盖防火草帘两层。养护时间不少于14d，混凝土表面与内部温差小于25℃。

4.4 自密实混凝土的质量保证措施

（1）混凝土施工前做好技术交底和施工准备工作，保证施工正常连续进行。

（2）施工过程中在保证混凝土浇筑质量的同时，加强模板及钢筋维护，设专人进行模板及支撑结构监测，发现变形应立即通告并采取相应措施；对混凝土浇筑过程中造成的钢筋变形及移位应设专人检查并及时纠正。

（3）浇筑完的混凝土必须按冬期施工方案的要求采取保温措施，按冬期施工规程留置同条件养护试块，并加强测温工作。

（4）自密实混凝土在现场施工中要严格管理，控制过程要准，浇筑时要认真细致，应时刻注意自密实混凝土的流动范围、骨料分离状况。

（5）为保证浇筑，应做坍落度流动值等试验，掌握填充性好坏，及时采取措施。

4.5 自密实混凝土的实施效果

经过各方的共同努力，框架柱采用自密实混凝土拆模后，效果很好，未出现任何蜂窝、麻面和内部空洞等质量缺陷，标准养护 28d 的强度值均达到 120%左右，符合设计及国家有关规范规定（见图 3）。

图 3　浇筑后效果照片

5 结论

自密实混凝土用于钢筋密集部位的浇筑是成功的，其施工性能优异，可大大加快施工速度，减小劳动强度，可以避免因振捣不足而引起原混凝土质量问题，保证了混凝土施工质量。

自密实混凝土在钢筋密集框架柱部位的使用中，通过控制混凝土浇筑速度、原材料的质量等措施，保证了混凝土的施工质量，降低了成本，确保了工期，混凝土的外观也没有出现裂缝和质量通病，并得到了业主、设计和监理单位的认可。在今后的工程中，我们将从现场管理方面总结经验，不断优化。

钢筋构造与排筋布筋中的细节分析

余　桐

（北京住总集团）

【摘　要】 建筑工程主体结构施工阶段，由于工程技术人员对钢筋图集理解不同，在钢筋构造与排布细节上的要求也就多有争论。2011年版的G101系列图集和G329系列图集的出版，解决了很多争论已久的问题，但依然有一些争议有待明确。本文通过认真比较各图集间的不同点，将常见的几种争议做了分析。希望能为施工现场钢筋构造要求的确定，提供一点参考。

【关键词】 钢筋工程；钢筋构造；转角墙；起步位置；弯折锚固

1 剪力墙水平钢筋在转角墙处的构造问题

11G101-1图集第68页，转角墙水平钢筋共有三种构造方式可选：

图1所示为墙体外侧水平钢筋在转角墙一侧墙身错开搭接；图2所示为墙体外侧水平钢筋在转角墙两侧墙身错开搭接；图3所示为墙体水平筋在阳角处100%搭接，水平钢筋置于边缘构件纵筋外侧。

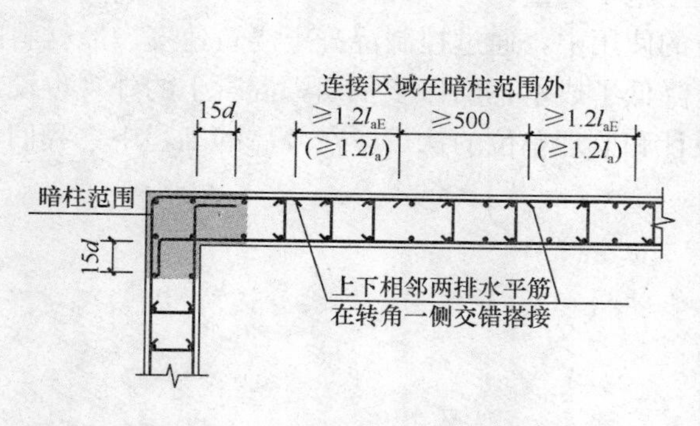

图1　转角墙（一）（外侧水平筋连续通过转弯）

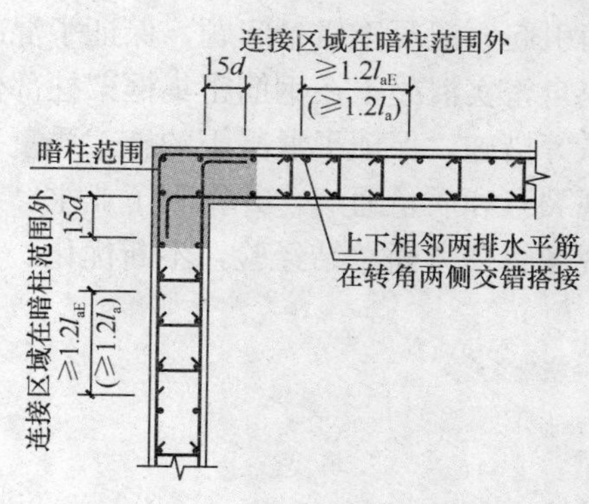

图2　转角墙（二）

显然图3所示钢筋构造更易于加工和绑扎，但是否适用于所有的剪力墙转角柱，还有待探讨。

08G101-11图集第31页不建议水平筋在阳角处搭接，解释为：剪力墙的端部和转角处，一般都设有端柱或者暗柱，暗柱的箍筋都设置加密，当剪力墙厚度较薄时，此处钢筋比较密集，剪力墙的水平钢筋在阳角处搭接，暗柱处的钢筋会更密集，使混凝土与钢筋之间不能够很好的形成“握裹力”，“握裹力”的不足使两种材料不能共同工作，致使该处的承载能力下降，建筑结构的整体安全受到影响。

上文叙述表明图 3 并非最佳选择，应避免钢筋间距过密的构造措施。但个人认为，08G101-11 图集中“暗柱的箍筋都设置加密”的表述并不确切，我所参与的工程中，非加强层的构造边缘转角柱箍筋少有加密。“剪力墙厚度较薄”的表述也没有提供一个确定的限值，因此不能作为判断是否采用图 3 构造的明确依据。

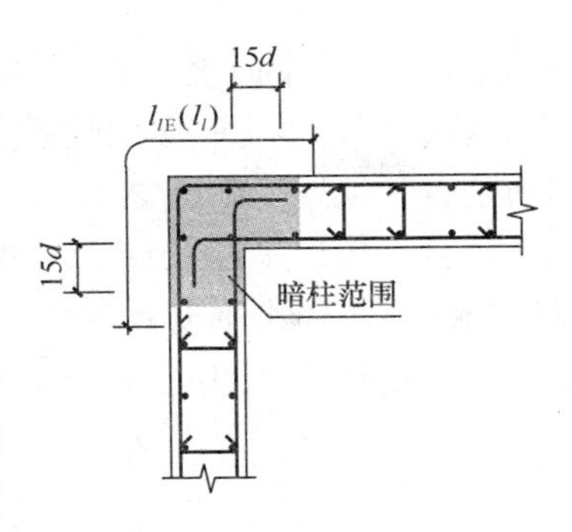

图 3　转角墙（三）（外侧水平筋在转角处搭接）

实际施工中，习惯将暗柱箍筋与墙体水平钢筋置于相同高度上或错开 20mm，在边缘构件处箍筋与水平钢筋紧贴在一起放置，如果再采用将外侧水平钢筋在阳角处 100%搭接的做法，此处将有四根钢筋紧贴在一起（见图 4），不论墙体薄厚，不论箍筋间距大小，此处钢筋“握裹力”必定大受影响。

墙体水平钢筋置于纵筋外侧，弯钩角度过大或过小，都容易露筋，若墙体两侧均未放置于暗柱纵筋外侧的弯钩，就要求下料、加工尺寸十分精确，否则将不便于安装、容易露筋。

06G901-1 图集第 3-6 页“转角墙构造（三）”很好地解决了钢筋过密的问题，详图中将转角处墙体水平钢筋弯钩置于柱纵筋内侧，两向弯钩长度为 0.8 倍的锚固长度，相当于不接触搭接 1.6 倍锚固长度，确保了钢筋间距（见图 5）。但排筋要求与 11G101-1 图集矛盾。

图 4　实际施工效果

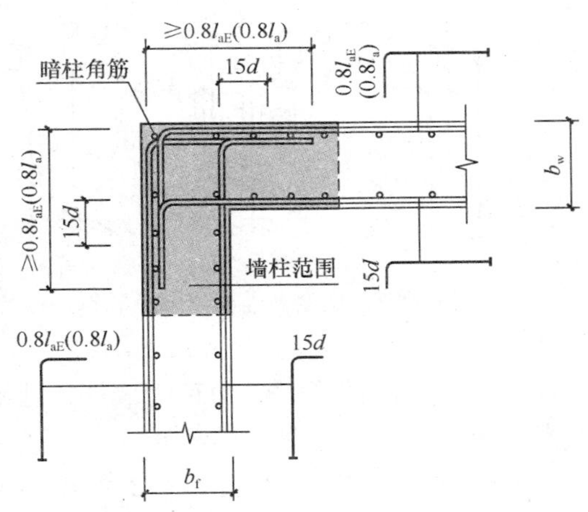

图 5　转角墙构造（三）（外侧水平钢筋在转角处搭接）

《混凝土结构设计规范》（GB 50010—2010）9.4.6 节第 2 条规定：“墙体水平分布钢筋的搭接长度不应小于 $1.2l_a$；同排水平分布钢筋的搭接接头之间以及上、下相邻水平分布钢筋的搭接接头之间，沿水平方向的净间距不宜小于 500mm”。9.4.6 节第 4 条规定：“在转角墙处，外墙外侧的水平分布钢筋应在墙端外角处弯入翼墙，并与翼墙外侧的水平分布钢筋搭接”。从字面上理解，06G901-1 图集第 3-6 页转角墙构造（三）的要求与新版混凝土结构设计规范相冲突，不能使用。但个人认为，“外角”的叙述也并不十分明确，水平钢筋是否必须置于暗柱纵筋外侧，还有待探讨。

综上，我不建议采用 11G101-1 图集第 68 页转角墙（三）的做法。如果施工中确需使用，可适当调整墙体水平筋和转角处箍筋的上、下位置，使箍筋重叠位置与水平钢筋搭接位置错开。而这里又引出了剪力墙分布钢筋的又一有待明确的问题，钢筋起步位置的确定。

2 剪力墙分布钢筋起步位置的问题

“起步 5cm”是施工现场常常提到的钢筋排布要求，很多工程都将构件起步钢筋距节点的间距定为 50mm，实际施工中，常将节点处的第一根和最后一根钢筋，至于距离节点位置 50mm 处，中间钢筋按不小于设计要求的间距布置。但有时也有人提出异议，争论的主要是剪力墙墙身竖向、水平钢筋的起步位置。

梁、柱箍筋的起步位置，图集有明确的标注，均为 50mm。11G101-1 图集中顶板分布钢筋距跨中支座起步位置也有明确标注，为 1/2 板筋间距。但对剪力墙墙身竖向、水平钢筋的起步位置确没有明确的标注或文字说明。从详图中所绘内容判断为（见本文图 1 至图 3）：竖向钢筋距暗柱纵筋间距同墙体竖向钢筋间距；水平钢筋不考虑节点影响，按间距顺序布置（见图 6）。06G901-1 图集边缘构件详图中，墙体竖向筋距暗柱竖向筋间距有明确标注，为剪力墙身竖向钢筋间距（见图 7）。

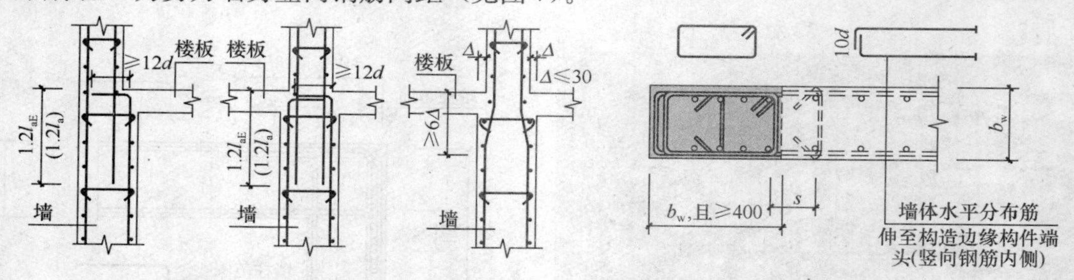

图 6 剪力墙变截面处竖向分布钢筋构造　　图 7 构造边缘暗柱构造

06G901-1 图集第 3-9 页剪力墙楼板处钢筋排布构造明确，楼板上边缘的上、下 50mm 均须布置一根水平钢筋（见图 8）。

11G902-1 图集第 10 页 8. 4. 2 节第三条规定：“剪力墙第一根竖向分布钢筋在距离暗柱边缘，一个竖向分布钢筋间距处开始布置；第一根水平分布钢筋在距离地面（基础顶面）50mm 处开始布置”。

08G101-11 图集第 30 页对墙体第一根分布钢筋位置做出了比较详细的说明：“在剪力墙的端部或洞口边都设有边缘构件，当边缘构件是暗柱或翼墙柱时，它们是剪力墙的一部分不能作为单独构件来考虑；剪力墙中第一根竖向钢筋的设置位置应根据位置整体安排后，将排布后的最小间距放在靠边缘构件处；有端柱的剪力墙，竖向分布钢筋按墙设计间距摆放后，第一根钢筋距端柱近边的距离不大于 100mm；剪力墙的水平分布钢筋，应按

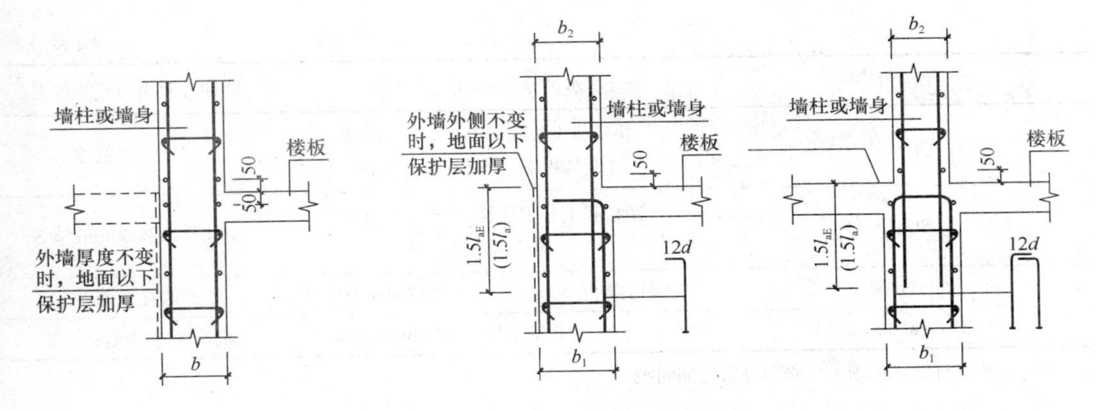

图 8　剪力墙楼板处钢筋排布构造

设计要求的间距排布，根据整体排布后第一根水平分布钢筋距楼板的上、下结构面（基础顶面）的距离不大于 100mm，也可从基础顶面开始，连续排布水平分布钢筋；注意楼板负筋位置布置剪力墙内水平分布钢筋，以确保楼板负筋的位置正确”。

08G101-11 图集对端柱处的水平钢筋起步位置有特殊要求，但在其他图集中均未提到，图集对第一根水平筋的位置的要求也与其他图集的要求不同。

2012 年 8 月 1 日开始实施的《混凝土结构工程施工规范》（GB 506666—2011）5.4.8 节第 5 条规定，梁及柱中箍筋、墙体水平筋、板中钢筋距构件边缘的起始距离宜为 50mm。这本施工规范的要求与各图集要求也不尽相同，为推荐性条款。

在实际施工，因为剪力墙两端边缘构件间的净距不一定为设计所要求的竖向分布钢筋的整数倍。这时，剪力墙竖向分布钢筋有两种排布方式，一是：在排布钢筋时，在满足设计最小间距要求的基础上，均分间距，但常会出现小数。例如净距为 2100mm，墙体竖向分布钢筋间距为 200mm 的情况，此时均分间距就为 191mm。显然这种做法不便于施工，现场一般不会采用。此排布要求类似于 06G901-1 图集的要求。

另一种排布方法是适当调整第一根竖向分布钢筋的位置，令墙身中间钢筋间距即为设计要求的间距。上述净距为 2100mm 的剪力墙可令第一根竖向分布钢筋距暗柱间距为 100mm，其余钢筋间距均为 200mm 即可。在实际施工中，钢筋间距也不宜过小，因此将间距下线定位 50mm，则第一根竖向分布筋的位置可取为 50mm 至一个设计规定间距之间的任意值。此排布要求类似为 08G101-11 图集要求。

剪力墙水平分布钢筋的排布类似于竖向分布钢筋，当按层施工时，钢筋排布多会以层为单位，从本层楼面上边缘，排布到顶板下边缘。按照从基础顺序排布的方法，各层水平钢筋起步位置可能各不相同，是不便于施工的。

总结各种做法如表 1 所示。

各图集、规范要求比较　　**表 1**

做法依据	水平分布钢筋起步位置	竖向分布钢筋起步位置
施工中常用	距楼板上边缘 50mm 处	距暗柱纵筋 50mm
11G101-1	没有明确的文字要求	没有明确的文字要求

续表

做法依据	水平分布钢筋起步位置	竖向分布钢筋起步位置
06G901-1	距楼板上边缘的上、下 50mm 处， 距楼板下边缘 50 至 100mm	距暗柱纵筋 S
08G101-11	距楼板上、下边缘 50 至 100mm 处， 楼板内须设一道	距暗柱纵筋 50mm 至 S
11G902-1	基础上边缘 50mm 处，其余按间距顺序排布	距暗柱纵筋 S
GB 506666—2011	距楼板上边缘 50mm 处	没有明确的文字要求

注：S 为设计要求的剪力墙竖向分布钢筋间距。

综上所述，我个人认为采用 08G101-1 图集的排布方式比较合理，也易于施工。可令水平分布钢筋于顶板上皮 50～100mm 处开始布置，宜错开暗柱箍筋。且保证楼板内设置一根水平筋；竖向分布钢筋起步筋距暗柱纵筋间距为 50mm 至一个墙体竖向分布钢筋间距之间。

3 弯锚时，平直段不能满足最小长度要求的措施

纵向钢筋弯折锚固形式的要求在 11G101 系列图集中的表述更加明确，要求更加细致。框架梁在端支座锚固长度平直段不小于 $0.4l_{ab}$（或 l_{abE}）非框架梁在端支座锚固长度

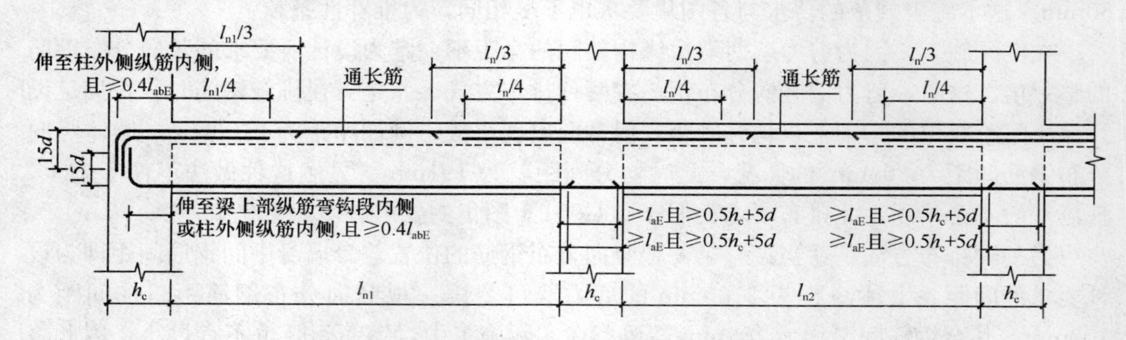

图 9　抗震楼层框架梁 KL 纵向钢筋构造

平直段，设计按铰接时，不小于 $0.35l_{ab}$，充分利用钢筋的抗拉强度时，不小于 $0.6l_{ab}$。关于纵向钢筋弯钩锚固形式，在端支座锚固长度平直段长度不满足图集要求的讨论由来已久，各论坛、百度知道等网络平台均能见到相关争论。

08G101-11 图集第 44 页也对此做出了解释："框架梁纵向钢筋在端支座内采用弯折锚固时，在支座内钢筋弯折前的锚固水平段应满足不小于 $0.4l_{aE}$的要求，采用增加垂直段的长度使总长度满足锚固要求的做法是不正确的；在不满足上述要求时，在满足强度要求的前提下，减小钢筋的直径，使弯折前的水平段满足不小于 $0.4l_{aE}$长度要求"。

陈青来教授所著《钢筋混凝土结构平法设计与施工规则》中解释到："当弯锚时，直锚段与弯钩长度之和是否不小于 l_{aE}，不为控制条件"。"框架梁端部支座为剪力墙时，其弯锚与直锚控制条件与框架柱相同"。"当框架梁端部支座为厚度较小的剪力墙时，且已将

梁纵筋按等强度、等面积代换为较小直径后，直锚段长度仍不满足不小于 $0.4l_{aE}$ 时，可在剪力墙梁端部支座部位设置剪力墙壁柱，使梁纵筋直锚段满足不小于 $0.4l_{aE}$，然后弯钩15d。当剪力墙壁柱的设置仅为满足梁端支座受力需要时，壁柱可整层设置，也可在层内大于梁高范围分段设置。”

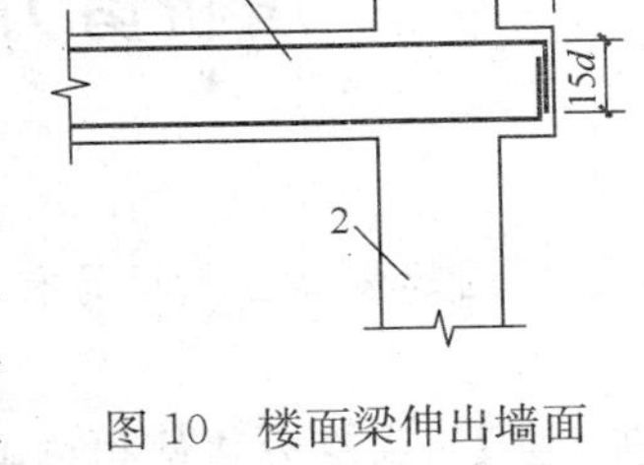

图 10　楼面梁伸出墙面形成梁头

1—楼面梁；2—剪力墙；3—楼面梁钢筋锚固水平投影长度

《高层建筑混凝土结构设计规程》（JGJ3－2010）7.1.6节第5条明确要求“楼面梁的水平钢筋应深入剪力墙或扶壁柱，伸入长度应符合钢筋锚固要求，钢筋锚固段的水平投影长度，非抗震设计时不宜小于 $0.4l_{ab}$，抗震设计时不宜小于 $0.4l_{abE}$；当锚固段的水平投影长度不满足要求时，可将楼面梁伸出墙面形成梁头，梁的纵筋伸入梁头后弯折锚固，也可采用其他的锚固措施”（见图10）。

以上叙述均否定了延长弯钩长度的补救措施，但在实际施工中，设计方也以“无法算下来”等理由拒绝减小钢筋直径。当遇到此类问题时，施工方技术管理人员和监理方也只能是将错就错或采取点“土办法”以求心里安慰。

4　结语

以上所提到的三个例子，是工程中出现过的实际问题。为确保工程质量，保持技术工作的严谨性，特将此类问题作了总结，通过查找规范上的相关内容，比较各图集间的异同点，并结合工程实践经验，给出了个人认为比较合理的答案。希望以上分析能为工程施工中的技术人员提供一点参考，为工程质量的提升做出少许贡献。

参考文献

[1]　中国建筑科学研究院．GB 50010—2010 混凝土结构设计规范[S]．北京：中国建筑工业出版社，2011.

[2]　中国建筑科学研究院．GB 506666—2011 混凝土结构工程施工规范[S]．北京：中国建筑工业出版社，2012.

[3]　丁洪良．JGJ 3—2010 高层建筑混凝土结构设计规程，[S]．北京：中国建筑工业出版社，2011.

[4]　中国建筑标准设计研究院．11G101-1 混凝土结构施工图平面整体表示方法制图规则和构造详图（现浇混凝土框架、剪力墙、梁、板）[S]．北京：中国计划出版社，2001.

[5]　中国建筑标准设计研究院．08G101-11 G101 系列图集施工常见问题答疑图解[S]．北京：中国计划出版社，2008.

[6]　中国建筑标准设计研究院．06G901-1 混凝土结构施工钢筋排布规则与构造详图[S]．北京：中国计划出版社，2008.

[7]　中国建筑标准设计研究院．11G902-1 G101 系列图集常用构造三维节点详图[S]（框架结构、剪力-墙结构，框架-剪力墙结构）．北京：中国计划出版社，2001.

[8]　陈青来．钢筋混凝土结构平法设计与施工规则[M]．北京：中国建筑工业出版社，2007.

浅析剪力墙混凝土施工冷缝的产生原因

张小俊[1]　陈　辉[2]　王红媛[3]
(1. 中国建筑第五工程局有限公司；2. 北京工业职业技术学院；3. 中建一局集团公司)

【摘　要】 在剪力墙结构施工过程中，由于商品混凝土❶品质、施工工艺、施工组织以及商品混凝土运输、供应不及时等原因，使得混凝土在浇筑过程中出现结合面胶结不良，即产生施工冷缝。这对结构的强度、耐久性和安全性将产生较大的影响，本文旨在研究分析冷缝产生的原因以及相应的预防措施。

【关键词】 施工冷缝；混凝土施工；结构安全性

1　前言

在混凝土剪力墙结构施工过程中，为了保证上下层混凝土之间能够形成良好的胶结面。要从商品混凝土原材料准备、混凝土制备、施工工艺以及各种环境因素上加以控制，但是，在施工过程中由于人为管理不到位或者非人为的各种环境因素，往往会出现混凝土初凝时间达不到设计要求或混凝土不能在设计初凝时间前完成浇筑，在浇筑上层混凝土的时候下层混凝土已经达到初凝时间，上下层混凝土在接缝处出现一个软弱结合面，从而导致混凝土强度和性能的不连续性，可能引起结构渗漏及后期装修质量等问题，进而影响混凝土结构的耐久性和安全性。

本文结合某工程施工过程中遇到的一些情况对施工冷缝产生原因进行了初步的分析和总结。

2　混凝土品质不符合要求

有些不良商家会在混凝土的品质上做文章，导致工程现场使用的混凝土不满足设计要求或与厂商提供的混凝土的相关数据不符，致使混凝土施工时其成型质量难以控制，出现混凝土反砂、离析、胶结不良、初凝和终凝时间不符合规范要求等质量问题。

根据《通用硅酸盐水泥》(GB 175—2007) 规范要求：硅酸盐水泥不得早于 45min，终凝不得迟于 6.5h，普通水泥初凝不得早于 45min，终凝不得迟于 10h。

良好的混凝土品质可以确保按照设计配合比拌制的混凝土胶凝材料的初凝符合规范要求，并且其初凝时间一般都是比较固定和统一的，施工现场可以根据混凝土的生产厂商提

---

❶ 规范名称为预拌混凝土，“商品混凝土”是其习惯叫法——编者注。

供的初凝时间有效安排施工现场的作业。

2.1 混凝土原材料质量不符合要求

混凝土的质量在很大程度上依赖于厂商对混凝土原材料的控制，水泥的品质、骨料的粒级、外加剂和矿物掺合料的品种和用量以及拌合水的质量等，直接关系到混凝土的各项设计参数，施工单位只有依据合格、准确的混凝土参数才能更好地进行施工工序安排和质量把控，确保混凝土的浇筑质量。

合格的混凝土原材料是制备品质良好混凝土的根本，其各种原材料的主要技术指标应符合《混凝土结构工程施工规范》(GB 50666—2011) 附录 F 和国家现行有关标准的规定。

水泥品种与强度等级应根据设计、施工要求，以及工程所处环境条件确定，普通混凝土宜选用通用硅酸盐水泥，当有抗渗、抗冻要求时，宜选用硅酸盐水泥或普通硅酸盐水泥。水泥应符合《混凝土结构工程施工质量验收规范》(GB 50204—2002) 的规定，且进场时应具有质量证明文件，并应按规范要求对水泥的强度、安定性及凝结时间进行检验，符合规范要求方可以使用。

骨料应符合相关规范及其他国家现行标准的规定，进场是应具有质量证明文件。粗骨料宜选用粒形良好、质地坚硬的洁净碎石或卵石。粗骨料的最大粒径不应超过构件截面最小尺寸的 1/4，且不应超过钢筋最小间距的 3/4，骨料宜采用连续粒级。细骨料宜选用Ⅱ区中砂，细骨料中的氯离子含量应符合规范要求。

拌制混凝土用水应符合《混凝土用水标准》(JGJ 63—2006) 的规定，混凝土搅拌及运输设备的冲洗水在经过试验证明对混凝土及钢筋性能无有害影响时方可作为混凝土部分拌合水使用，未经处理的海水严禁用于钢筋混凝土结构和预应力混凝土结构中混凝土的拌制和养护。

外加剂、矿物掺合料等添加物的质量必须符合相应规范标准，且进场时必须具备相应的质量证明文件，进场外加剂应按批次进行复检，矿物掺合料的使用必须有充足的技术依据，并应在使用前进行实验验证。

2.2 混凝土配合比不当

由于混凝土的配合比设计不当，导致混凝土的初凝时间不能达到规范要求，使得混凝土初凝时间过早使得在混凝土运输过程中或浇筑过程中过早进入初凝，从而影响施工现场的工序安排和混凝土的浇筑质量，导致剪力墙墙体在分层浇筑过程中出现施工冷缝。

混凝土的配合比设计应经试验试配确定，试配时每盘混凝土试配量不应小于 20L，进行试拌时，应调整砂率和外加剂参量等使拌合物满足工作性要求，提出试拌配合比，在此基础上，调整胶凝材料的用量，要求不少于 3 个配合比。根据时间的试压强度和耐久性试验结果，确定最终混凝土的配合比。配合比的确定应符合以下规定：

(1) 应在满足混凝土强度、耐久性和工作性要求的前提下，减少水泥和水的用量；

(2) 应分析环境条件对施工及工程结构的影响；

(3) 试配所用的原材料应与施工实际使用的原材料一致。

2.3 商品混凝土进场后没有进行质量检查

采用商品混凝土时，在混凝土的运输过程及等候卸料时，应保持搅拌运输车罐体的正常转速，不得停转。

卸料前，搅拌运输车罐体应快速搅拌 20s 以上后再卸料，以确保混凝土胶体的均匀性。

商品混凝土进入现场后，试验员应在现场按规范取样测定混凝土的坍落度、维勃稠度。当坍落度损失较大不能满足施工要求时，可在运输车罐内加入适量的与原配合比相同成分的减水剂，搅拌均匀后泵送或浇筑。否则，应及时与生产厂商联系协商，将混凝土退回生产厂商。

严禁在混凝土的运输、泵送、浇筑过程中加水；严禁将混凝土运输、输送、浇筑过程中散落的混凝土用于混凝土结构构件的浇筑。

3 混凝土浇筑施工工艺不当

3.1 混凝土浇筑顺序不合理

在剪力墙结构施工过程中，为了避免因一次性浇筑时，混凝土对剪力墙墙体模板产生的侧压力过大而导致影响分户验收时净空尺寸的胀模、爆模等情况。一般在混凝土工程施工中，均会采用分层浇筑的控制措施。但是，在混凝土分层浇筑的过程中，由于浇筑顺序布置不合理或者是工人为了便于操作，在浇筑完一分层混凝土之后，往往会采用第二分层浇筑顺序与上一分层浇筑反向的路线继续浇筑。从而导致前一层最先浇筑部位的与后一层浇筑的时间间隔过长，该处的混凝土已进入了初凝阶段，从而形成施工冷缝。

因此，在剪力墙混凝土分层浇筑时，应采用连续、闭合循环的浇筑路线。施工前，应根据工程的实际情况，绘制混凝土分层浇筑路线，并在技术交底中明确浇筑走向。同时，应控制任意节点层与层之间的时间间隔均在混凝土达到初凝时间前，从而确保混凝土强度和连续性。

3.2 混凝土振捣不充分

混凝土的振捣能使模板内各个部位混凝土密实、均匀，振捣时应将振捣棒插入到下一分层的混凝土内，插入深度不应小于 50mm，使下一分层的混凝土骨料在振捣棒的作用下上浮，本层混凝土的胶体在自重作用下下沉，确保混凝土性能的连续性。

振捣过程时不应漏振、欠振和过振。振动棒应垂直混凝土表面并快插慢拔均匀振捣。振动棒与模板的距离不应大于振动棒作用的 50%，振捣插点间距不应大于振动棒作用半径的 1.4 倍。

宽度大于 0.3m 的预留洞底部区域应在洞口两侧进行振捣，并适当延长振捣时间，宽度大于 0.8m 的洞口底部应采取特殊技术措施。

3.3 施工缝处理不到位

在混凝土结构施工过程中，因设计要求（如：后浇带、沉降缝等）或现场施工要求（分段流水施工），往往要将完整的混凝土结构进行人为的分割，在分界面存在一道人为的缝隙。当后期的施工不能很好地处理该处的缝隙，将会在结构上留下一道永久的应力缺陷。施工时，应人工将施工缝的浮浆、松散骨料剔凿干净，并用用清水冲洗干净，浇筑前应用水湿润，但不能留有积水，有条件时可以涂刷同原混凝土水灰比一样的素水泥浆作为界面剂，确保后浇筑混凝土能够与前期浇筑混凝土形成良好的咬合力。

4 施工过程中发生的不可预见性情况

在混凝土施工过程中，存在着许多不稳定的环境因素，此类因素不以人的意志转移，无法避免且对混凝土的浇筑影响极大，如：施工现场停水、停电或其他恶劣气候条件、商品混凝土在运输过程中遇到交通拥堵、施工现场出现突发情况、季节性施工、农忙季节劳动力不足以及施工现场出现突发情况等因素。这些导致混凝土浇筑不能顺利进行。在施工前，应针对此类情况编制应急施工方案，预备相应的应急处理设备和工具，条件允许时，可以事先演习。

5 结束语

混凝土作为承压型材料，其施工质量是否合格，直接影响结构荷载的传递，关系到建筑工程的使用功能、耐久性和安全性等根本性要求。本文通过分析混凝土剪力墙施工过程中施工冷缝的产生原因，并根据笔者在施工过程的经验，提出了一些关于剪力墙混凝土施工冷缝的预防措施，旨在为社会建造更多质量牢固、可靠安居工程。

参考文献

［1］ 中国建筑科学研究院．GB 14902－2003 预拌混凝土［S］．北京：中国标准出版社，2003.
［2］ 中国建筑科学研究院．GB 50204－2002 混凝土结构工程施工质量验收规范［S］．2011 年版，北京：中国建筑工业出版社，2011.
［3］ 中国建筑科学研究院．GB 50666－2011 混凝土结构工程施工规范［S］．北京：中国建筑工业出版社，2012.

大体积及超长补偿收缩混凝土无缝施工技术综合应用

王　伟　谢明泉　杨玉涛
（北京建工四建工程建设有限公司）

【摘　要】补偿收缩混凝土浇筑，采用无缝施工方案，用膨胀加强带连续施工取代原设计后浇带施工，通过优化混凝土配合比及有效的施工技术控制，实现大体积超长结构混凝土的防水性能、裂缝控制以及提高结构的耐久性能。

【关键词】大体积超长结构；补偿收缩混凝土无缝施工；裂缝控制

1　前言

对于混凝土本身来说，防水从两个方面入手，一是提高其本身的密实度；二是避免混凝土的收缩而产生裂缝。采用补偿收缩混凝土从根本上摆脱了普通混凝土易产生收缩的缺陷，杜绝结构出现有害裂缝的可能，从而提高了结构的整体防水功能。

大体积混凝土施工技术难点在于抗裂，而核心在于控制混凝土中心温度与表面温度、表面温度与环境温度的温差。在同掺量情况下，选用高品质的抗裂防水剂配制高性能的补偿收缩混凝土，提高混凝土限制膨胀率，可以降低混凝土综合温差30℃以上，且主要组分为特制硫铝酸盐熟料，参与水化反应放出的水化热较低，因此能更好地控制大体积混凝土的温差裂缝。

设计年限为100年的工程，对混凝土的耐久性要求极高。采用补偿收缩混凝土可以很好的改善混凝土的内部结构，减少甚至消除混凝土内部微裂纹的产生，从而防止由于微裂纹的扩展，避免混凝土后期裂缝的产生，提高混凝土的耐久性能。

2　工程简介

海南大厦位于海南省海口大黄山新城市中心区A07地块，耐久性设计年限为100年。工程地下4层，地上由西侧主楼，东侧副楼以及裙房组成，其中主楼为45层，高度为198.0m；副楼为17层，高76.8 m；总建筑面积约为239000m²。工程主楼筏板厚度为2700mm，副楼筏板厚度为1800mm、1500mm，裙房筏板厚度为1000mm，均为大体积混凝土，混凝土强度等级C40、C50。

3　特点分析

本工程地下室防水等级为一级，局部为人防工程，抗渗等级一般为P12，地下4层墙体高达P16，防水要求高。而混凝土强度等级高，要求单方混凝土胶凝材料用量大，因而水化热较高，且后期收缩较大。再加上结构尺寸超长，防水面积很大，对混凝土的抗裂性要求极高。

4 方案设计

海南大厦地下室底板结构平面尺寸为185.9m×119.8m；基础底板、地下各层顶板及防水外墙采用“大体积及超长补偿收缩混凝土无缝施工技术”施工。该技术是以应用补偿收缩混凝土为前提，通过设置膨胀加强带，将整体楼板、地下外墙结构分块，针对结构各部位中的收缩情况，采用不同膨胀性能的混凝土去填充。“无缝施工”指工程不再设置传统的预留后浇带分缝，施工中可连续操作，也可间歇施工。

4.1 抗裂防水剂的选用

经过对多家抗裂剂厂家产品的筛选，最终采用JK-QF膨胀纤维防水剂（以下简称JK-QF）配制成补偿收缩混凝土。

JK-QF膨胀剂中每吨含聚丙烯纤维在25kg左右，配置混凝土时，每方混凝土中聚丙烯纤维含量与JK-QF的掺量成正比。

4.2 长期补偿收缩性能

按照《混凝土外加剂应用技术规范》（GB 50119—2003）要求，取JK-QF按8%、10%和12%的掺量成型混凝土试块，测定其在水中各龄期的限制膨胀率以及水养14d后空气中各龄期的限制干缩率，结果见表1和图1。

结果以及曲线图表明：混凝土随着JK-QF掺量的提高其限制膨胀率增长显著；随着各龄期的延长其限制膨胀率也有不同的增长。JK-QF即便在掺量8%和10%的情况下14d也能产生3.0×10^{-4}以上的膨胀率，达到本工程的要求，从而具有很强补偿收缩的能力；而在掺量在12%的情况下，限制膨胀率大于3.5×10^{-4}，满足加强带混凝土更高的抗裂要求。JK-QF不仅在早期有较高的膨胀率，而且在中后期也有一定的膨胀效果，90d以后才慢慢地趋向于稳定。

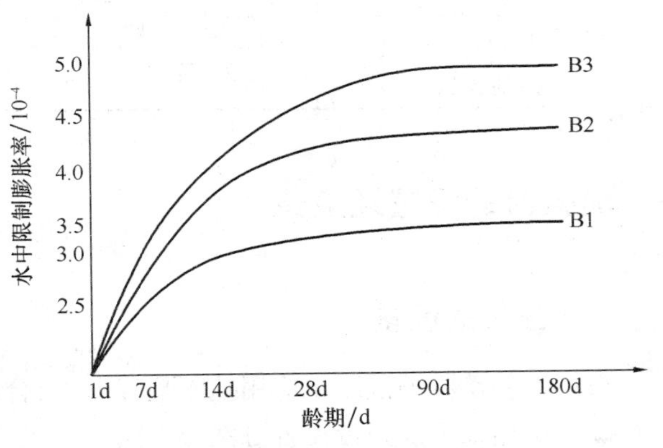

图1 混凝土长期水中膨胀性能曲线图

B1：掺JK-QF 8%的混凝土长期水中限制膨胀率曲线；

B2：掺JK-QF 10%的混凝土长期水中限制膨胀率曲线；

B3：掺JK-QF 12%的混凝土长期水中限制膨胀率曲线。

对于抗裂防水的另一项重要指标——空气中的干缩率，从表中可以看出，JK-QF在空气中的干缩率很小，远小于标准3.0×10^{-4}，说明JK-QF后期膨胀回落小。这一优异特性为良好的抗裂效果提供了基础和保证。

混凝土水中限制膨胀数据一览表　　表1

编号	掺量	水中限制膨胀率（10^{-4}）					空气中（10^{-4}）	
		7d	14d	28d	90d	180d	28d	60d
B1	8%	2.58	3.15	3.34	3.37	3.39	−1.76	−2.29
B2	10%	2.73	3.64	4.11	4.21	4.27	−0.89	−1.17
B3	12%	3.13	3.89	4.53	4.71	4.79	0.33	0.15

4.3 膨胀纤维防水剂各部位掺量的确认

补偿收缩混凝土应用于地下室基础底板、地下共四层剪力墙、顶板、梁以及所有加强带内混凝土。

JK-QF在地下室各结构部位混凝土中的掺量及实际用量：

由于本工程各结构部位混凝土的强度等级、抗渗等级不一样，混凝土的收缩情况也不一样，必须对JK-QF选用合适的掺量以对混凝土进行恰到好处的补偿，掺量原则是补偿收缩要求越高，抗渗等级越高的混凝土掺量越高。经多次配比试验以及性能检测，确认各部位掺量如下表（主要应用部位）：

各部位抗渗剂用量一览表　　表2

结构部位	加强带外混凝土等级	JK-QF的掺量	单方用量	加强带内混凝土等级	JK-QF的掺量	单方用量
主楼部分基础底板	C50P12	10%	49kg	C55P12	12%	62kg
副楼及裙房基础底板	C40P12	10%	46kg	C45P12	12%	58kg
地下四层外墙	C40P16	12%	55kg	C45P16	12%	60kg
地下三层外墙	C40P12	10%	46kg	C45P12	12%	58kg
主楼部分梁板	C40	8%	37kg	C45	10%	48kg

5 加强带的设置及浇筑

5.1 加强带的设置

根据《补偿收缩混凝土应用技术规程》，结合混凝土的实际抗裂计算分析以及工程实际情况，提出以下加强带设置方案：

（1）保留原设计图纸中所有的沉降后浇带不变。

（2）由于原设计图纸中伸缩后浇带设置间距在规程和以上计算分析范围内，因此将所有伸缩后浇带原位变更为膨胀加强带，即膨胀加强带的位置均在原设计中所有的伸缩后浇带上，并加宽至2m。

5.2 加强带的加强措施

加强带带宽均设置为2m，在加强带两侧使用快易收口网把加强带带内与带外分开，带内按设计要求布置一定比例的加强钢筋。

5.3 加强带的浇筑方法

由于本工程面积较大，且结构较厚，一次性浇筑不太现实，根据工程实际情况决定采用间歇式浇筑方法，即先用小膨胀量混凝土浇筑加强带的一侧（不包括加强带），待完成浇筑 3～7d 后，再浇筑加强带内以及带的另一侧，这样浇筑的好处是后浇膨胀加强带可只设置一条施工缝（见图 2）。

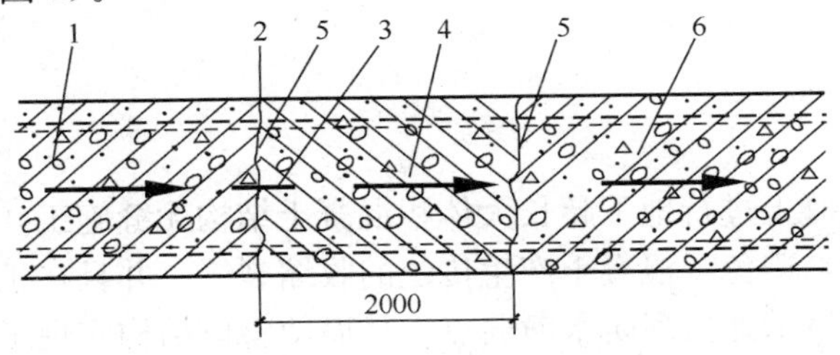

图 2 间歇式膨胀加强带

1—先浇筑的补偿收缩混凝土；2—施工缝；3—钢板止水带；4—后浇筑的膨胀加强带混凝土；5—快易收口网；6—与膨胀加强带同时浇筑的补偿收缩混凝土

现场钢筋等前置工作若已完成，则可以采用连续式浇筑方法，但一次浇筑不宜超过 2 段，保证浇筑长度不超过连续浇筑抗裂计算允许的最长距离。两段连续浇筑完成后，间隔至少 3d 后再浇筑下一段。

结构角部相邻两段混凝土浇筑时，前一段从角部开始浇筑，后一段从远端开始浇筑，保证加强带内混凝土最后浇筑。

6 施工总结

结构底板及外墙浇筑完毕后，经达半年时间的检验，没有出现整体结构温度裂缝，防水效果理想，达到了预期的质量目标。但超长补偿收缩混凝土的无缝施工，施工连续时间长、混凝土使用体量大、后期水化热较高，施工中许多问题要加以注意，现总结如下：

（1）膨胀纤维防水剂使用量大，要重视储存库房环境，应做好防潮工作。

（2）混凝土搅拌站要确保计量的准确性，进场的原材料要进行严格的把关，膨胀剂掺加要有专人负责，严格按配合比进行添加，计量误差不得超过±1%。

（3）膨胀纤维防水剂试验要求：

对于配合比试配，应至少进行一组限制膨胀率试验，试验结果应满足配合比设计要求。

施工过程中，对于连续生产的同一配合比的混凝土，应至少分成两个批次取样进行限制膨胀率试验，每个批次应至少制作一组试件，各批次的试验结果均应满足工程设计要求。

（4）施工浇筑以及养护措施

采用二次抹压技术，消除混凝土干缩、沉陷和塑性收缩发生的表面裂缝，增加混凝土的密实度。

板式结构混凝土终凝后立即覆盖塑料布、湿草袋并浇水养护，对混凝土进行保湿养护。

加强对侧墙混凝土的养护：拆模前在侧墙顶部的模板之间布置软水管，软管上每隔20cm 钻出水孔，混凝土硬化后开始蓄水养护；混凝土初凝后，稍微松开木模板螺栓，养护水可以沿模板渗透到侧墙混凝土的内外表面，延迟拆模时间，保证在 5d 后拆除模板，拆模后用塑料布将墙体整体密封，保温保湿进行养护。

养护时间不少于 14d。

7 结语

采用补偿收缩混凝土进行地下超长大体积混凝土结构无缝施工，从材料本身特点出发提高混凝土的密实度，避免了混凝土产生传统的收缩裂缝，并且在工艺上使用膨胀加强带取代后浇带，避免后浇带处出现防水薄弱点，从而使整体结构实现了优异的防水性能，并为 100 年设计年限的重点结构工程质量控制，提供了可靠的保障。

参考文献

[1] 中国建筑科学研究院. GB 50119—2003 混凝土外加剂应用技术规范[S]. 北京：中国建筑工业出版社，2003.

[2] 中国建筑材料科学研究总院，长业建设集团有限公司. JGJ/T 178—2009 补偿收缩混凝土应用技术规程[S]. 北京：中国建筑工业出版社，2009.

[3] 中国建筑科学研究院. GB 50300—2001 建筑工程施工质量验收统一标准[S]. 北京：中国建筑工业出版社，2011.

[4] 中国建筑科学研究院. GB 50204—2002 混凝土结构工程施工质量验收规范[S]. 2011 年版. 北京：中国建筑工业出版社，2011.

[5] 中冶建筑研究总院有限公司. GB 50496—2009 大体积混凝土施工规范[S]. 北京：中国建筑工业出版社，2009.

超高层停机坪屋面多段弧形轨道沟综合施工技术

何二天
（北京建工四建工程建设有限公司）

【摘　要】 国家对低空领域逐步开放，直升机将逐渐成为人们更加青睐的交通工具，直升机的停靠问题是未来城市建设需要着重考虑的重点。在土地资源越发珍贵的城市建设中，超高层建筑将越发多的出现，这也使得超高层建筑屋面将成为直升机的良好停机坪。另外，超高层建筑的外立面往往是多姿多彩的玻璃幕墙、石材幕墙或高级外墙涂料，这些装饰都需要不时的维护保养、清洗除垢以保证其安全性和装饰效果。因超高层建筑自身的特性，擦窗机相对于搭设外架、悬挂蜘蛛人等操作方式更加安全、经济，必定被更多的超高层建筑采用。为避免占用寸土寸金的土地和使用价值更高的建筑楼层，功能性较强的直升机停靠坪、擦窗机运行轨道被更多的设置于同一屋面。其综合施工技术也就值得我们更好的研究、总结为将来更多的类似工程提供借鉴。

【关键词】 超高层停机坪屋面；弧形轨道沟

1　施工特点

（1）本施工技术所需制作的工具取材均来自施工中常见的材料，特别是屋面施工时已是主体结构施工完成，现场有大量的周转料、边角料可以利用，能有效的降低工程成本。工具制作方法简单、快速，满足高效施工的要求。工具操作简单易上手，施工快速且能较好的保证施工质量。大部分工具适用范围广、耐久性好，能满足周转使用要求。

（2）模板施工简单快速，支撑体系牢固变形小，模板立面线条圆顺。模板拆除简单易行，能较好地保证模板不损坏，以便周转使用。

（3）钢筋施工较好地保证了防水层的成品保护，避免无谓的返工，材料也得到充分利用。

（4）混凝土浇筑避免了在屋面留置混凝土输送泵泵管口，屋面施工一次成型，混凝土浇筑快速、不离析，养护科学合理，保证了混凝土浇筑质量。

（5）对防水施工细部处理到位，阴阳角八字密实、顺直。轨道沟侧壁转角、轨道沟底等不好操作的部位防水层贴合紧密、严实。对防水卷材进行的特殊剪裁，满足了卷材的顺直和搭接量，保证防水施工质量。

2　工艺原理

（1）利用两线相交于一点，圆上任意一点到圆心距离相同等平面几何原理进行测量放线。

（2）根据屋面层混凝土不会太厚，对模板侧压力不会太大的情况，制作对顶式模板木支架。利用剥离一侧面层的多层板较好的柔性作为弧形轨道沟的侧立面模板。

（3）利用防水卷材较小的刚度和较好的柔性，合理剪裁使其符合弧形轨道沟防水施工的需要。

（4）利用重力原理洒水养护屋面混凝土的同时，检查屋面找坡质量情况。

3　工艺流程及操作要点

3.1　工艺流程

按照屋面构造层的先后顺序施工，中间穿插擦窗机轨道地脚螺栓预埋和独立支座等施工。

具体流程：结构板施工（含擦窗机轨道地脚螺栓预埋和独立支座施工）→垫层施工→防水层施工→隔离层施工→防水保护层施工

3.2　操作要点

3.2.1　结构板施工

屋面结构板施工时要着重解决结构柱收头钢筋、结构梁钢筋、结构板钢筋多重叠合引起的问题。通过深度阅读图纸，分析主、次梁、柱的位置关系和配筋情况，在CAD中绘制钢筋密集部位的断面图，策划钢筋密集部位的排布次序。对于一些太过密集的部位，根据实际情况与设计单位协商改变钢筋的单排或双排布置，或征得设计同意进行钢筋代换来改变配筋数量和直径，以保证各个构件的钢筋锚固、高程满足规范和设计要求。在确定钢筋的排布后现场实施时，钢筋加工按照箍筋能宽不窄、能低不高、支座附近小、其余部位大的原则进行，钢筋绑扎按照主筋尽量靠边，尽量放低的原则进行。箍筋能宽不窄是为保证主筋能尽量分开布置以满足混凝土振捣的需要，能使振捣棒插拔自如。箍筋支座附近小，其余部位大是因为支座处钢筋都很密集，尽量减小箍筋的尺寸能使各个构件都顺利通过。箍筋能低不高，主筋尽量放低是为保证在钢筋密集部位能给其他构件的钢筋预留更多的操作、排布空间。虽说在规范允许范围内箍筋、主筋的加工、绑扎可调整量都比较有限，但是在钢筋密集空间内每个构件都能调整一点点对于钢筋施工整体效果还是大有益处的。模板施工、混凝土施工延续主体结构施工时的工艺，注意高程控制标记留置位置的选定，应选择在稳定的，施工期间不会被拆除或掩盖的部位，如塔吊节或外脚手架上设置固定点，使用时都从控制点引测，以此尽量缩小测量误差。结构板施工时穿插进行擦窗机轨道地脚螺栓预埋和独立支座施工，地脚螺栓和独立支座因擦窗机生产厂家而不同，需与厂家紧密配合。

3.2.2　垫层施工

因为擦窗机轨道为多段弧线的累加，这给轨道沟的施工测量、放线带来很大难度。根据现场实际情况，制作放线用圆心定位器：选用现场已有的厚度不超过10mm的薄钢板边角料一块，裁制成大小合适的矩形，在钢板正反两面均用墨线弹出十字中心线，用一枚直径 2mm 的水泥钉在钢板四角钉出固定孔后将水泥钉自十字中心线交点钉出（见图 1、图 2）。

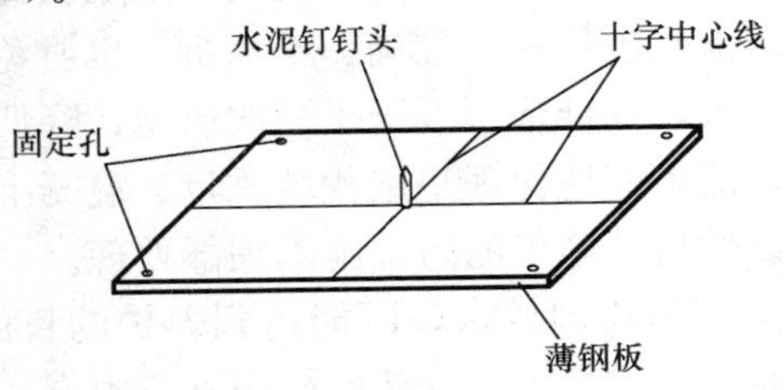

图 1　屋面放线用圆心定位器正面轴测示意图

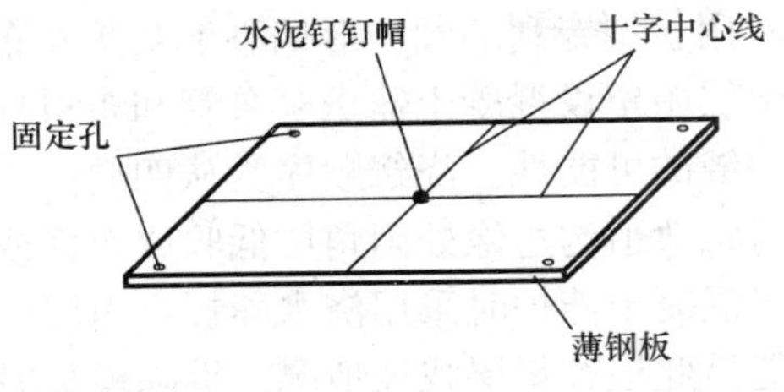

图 2　屋面放线用圆心定位器背面轴测示意图

用测量仪器找出圆心位置，以圆心为交点弹出一个合适的垂直十字线。将屋面放线用圆心定位器十字中心线与结构板上的垂直十字线对齐，钉头冲上放置，在四角的固定孔内钉入水泥钉使定位器固定牢靠。在钉子上拴一段足够长的小线，用钢尺自钉子中心沿小线向外量出需定位的弧线半径长度，将小线自半径位置折返一段后形成绳套后绑定牢靠。用红蓝铅笔或其他放线笔绷紧小线半径处绳套，即可开始放线（见图 3）。

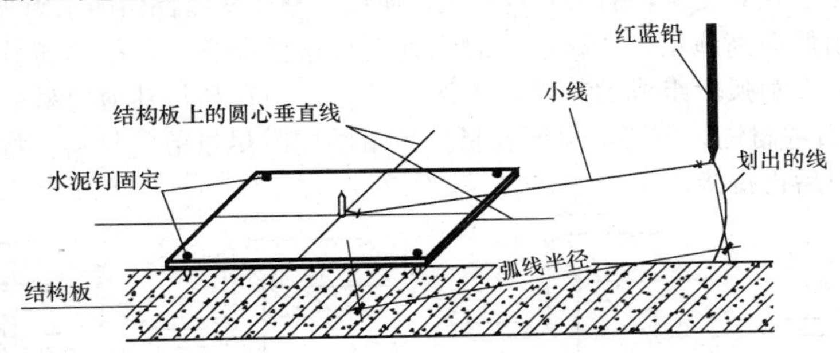

图 3　屋面放线用圆心定位器使用方法示意图

使用屋面放线用圆心定位器，保证了各弧线段的精确和圆顺，很好地解决了多段弧线段的放线工作。利用剥离一侧面层的多层板较好的柔性作为模板，模板支设时充分利用轨道沟宽度均匀一致的特性和垫层混凝土侧压力不会太大的特点，制作对顶式模板木支架，保证了模板安装的质量（见图 4）。

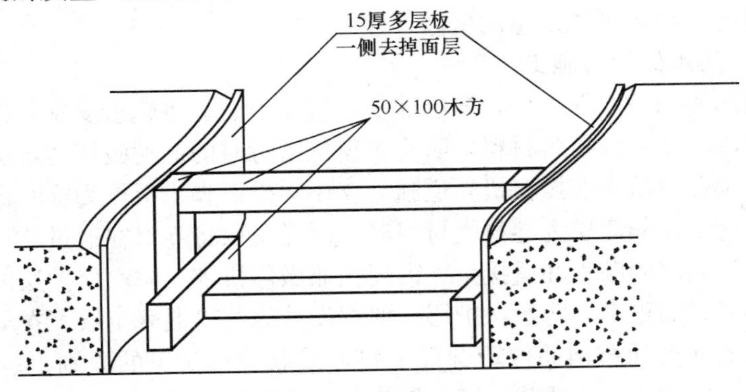

图 4　垫层模板支设示意图

混凝土浇筑前，利用轨道沟内部做垫层也兼做排水沟的特点，在轨道沟内设置高程控制杆，以保证垫层找坡精确度。将结构板面清理干净后开始进行混凝土浇筑，采用获得国家实用新型专利的圆柱形偏心下灰灰斗布料，浇筑混凝土快速、准确、不离析，也避免了在垫层中留设混凝土输送泵泵管和布料杆的支腿位置，保证垫层混凝土一次成型，降低出现裂缝的可能性。浇筑顺序为从四周向中心靠拢，能更好地保证垫层找坡质量。混凝土收面时将轨道沟边缘处阳角压低收成斜面或圆角，以便后续施工的防水施工细部处理。

混凝土养护时采用浇水养护，由屋面最高点向四周均匀放水，既能达到养护的目的，也能借此检查垫层找坡情况。拆除模板时，先拆除对顶式模板木支架的横向支撑木方，再将竖向背称木方连同多层板一道拆除，在模板拼接处断开，这样能对模板进行更好成品保护，避免模板断裂、变形。将拆除的模板表面清理干净后暂时转运至下一层平立放置，以备周转使用。

3.2.3　防水层施工

基层处理时，将垫层上不平顺的部位打磨平整。在处理擦窗机轨道沟内阴角时，使用JDG管边角料制作的抹子处理成斜面或八字。根据含水率测定情况，开始施工防水层。因轨道沟内有很多独立支座，但尺寸均不大，所以将整个支座都做防水附加层处理。按照垫层找坡方向由低向高施工，卷材搭接时高处卷材压低处卷材，相邻卷材按统一方向搭接。因轨道沟由多圆弧段组成的特性，为保证卷材的顺直和与其他卷材的搭接量，先在CAD图形中布置卷材铺设位置，保证卷材搭接量的同时尽量节约材料。将防水卷材在通过轨道沟处切口后再拼接。

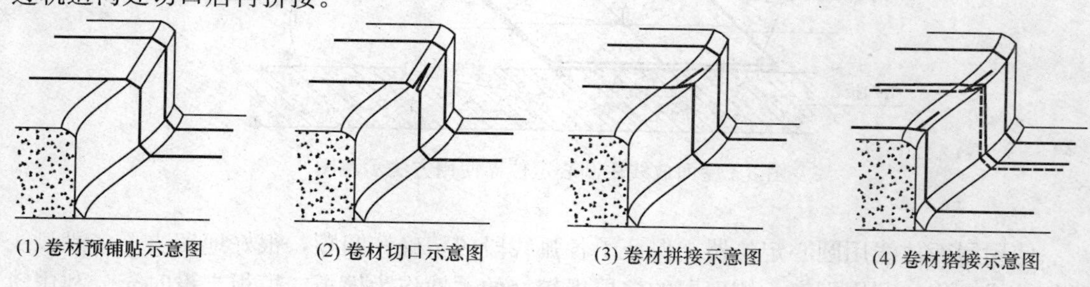
(1) 卷材预铺贴示意图　(2) 卷材切口示意图　(3) 卷材拼接示意图　(4) 卷材搭接示意图

图5　防水层施工示意图

采用塑料保护帽加密封胶的措施，既能防止雨雪沿轨道支座上的地脚螺栓渗透到结构板内，又能满足螺栓将来可能发生的检修。

3.2.4　隔离层、防水保护层施工

先施工轨道沟底的防水保护层，分层抹实，避免空鼓。将轨道支座立面和沟底的防水保护层断开，缝内填塞柔性密封材料，防止擦窗机运行时的振动破坏防水保护层。轨道沟底防水保护层施工完成后，在擦窗机轨道独立支座间搭设脚手板作为临时通道，以尽量避免站在防水层上施工。隔离层为卷材类材料时，同样采取将卷材在通过轨道沟处切口后再拼接的方式保证隔离层的顺直和搭接量。因屋面兼做停机坪，防水保护层需要承受直升机起降的冲击及停靠时的重量，防水保护层一般都设计为配筋混凝土层。在编写钢筋下料单时，应现场实量依据实际布钢筋位置合理下料，采取宁长勿短的原则，避免钢筋来回改动，减小对防水层造成破坏的威胁。绑扎钢筋前，采取临时放置木方的措施，避免直接在隔离层上绑扎钢筋对隔离层造成破坏。钢筋绑扎时，不允许拖拽钢筋或随意弯折钢筋，以更好的保护隔离层及防水层。确实有过长的钢筋，不要弯折成钩，妥善的将其截断后制作成马镫使用。屋面钢筋混凝土防水保护层模板支设采用垫层时相同的办法，仍使用对顶式模板木支架，只需将留存的垫层模板调顺后架高使用（见图6）。

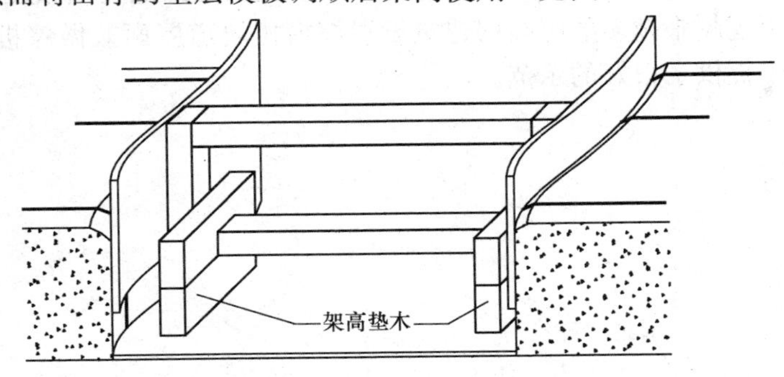

图6 防水保护层模板支设示意图

防水保护层混凝土浇筑与垫层时相同，仍采用获得国家实用新型专利的圆柱形偏心下灰灰斗布料。浇筑时特别注意轨道沟立面的阳角处浇筑密实，防止出现孔洞或开裂。养护办法也与垫层施工时相同。拆除轨道沟内模板后，再进行轨道沟立面防水保护层施工，无论是砖砌保护层还是水泥砂浆保护层都应注意将保护层与防水层贴合紧密，防止保护层脱落。

4 质量控制

施工质量验收标准按照《混凝土结构工程施工质量验收规范》（GB 50204—2002）及《屋面工程质量验收规范》（GB 50207—2002）中相关条款执行，尚应满足设计及地方标准要求。

5 安全措施

（1）施工时，需搭设可靠的脚手架并按规定设置护身栏和挡脚板，避免高处坠物打击伤害。人员上下需通行马道，不可沿脚手架攀爬。

（2）使用灰斗布料时需安排专人与塔吊司机沟通，主要依靠塔吊控制灰斗位置，不可生拉硬拽，避免伤人。

（3）防水施工时需特别注意防火问题，防水材料安全堆放，远离火源。

（4）材料、工具不可随意抛扔，需安全传递。

（5）遇有大风天气时需停止作业，并将材料妥善安置。

6 结语

本施工技术在甘肃省电力公司调度通讯楼工程中首次使用。工程主楼最高处屋面兼做直升机停靠平台并设有擦窗机行走轨道沟，屋面平面形状大致呈圆形，约443m^2。通过合理的安排工序，创新的制作和使用屋面放线用圆心定位器、轨道沟对顶式模板木支架、圆柱形偏心下灰灰斗等放线、模板支设、混凝土浇筑工具，成功地在180多米高空完成了超高层建筑设多段弧形轨道沟停机坪屋面的施工。今后随着全国低空领域逐步开放和经济水平日益提高，会出现越来越多的超高层建筑设置擦窗机轨道屋面兼做停机坪的工程案例，本工程为今后施工提供了很好的示范。

南法信车站综合施工技术

沙　楠

（北京住总第一开发建设有限公司）

【摘　要】在综合施工技术实施过程中，以住建部颁布的建筑业重点推广技术为指导，结合本工程的具体特点，推广应用十大项新技术和节能项目，全面展开创新、促效、保优活动。

【关键词】墙体单侧模板体系技术；大体积混凝土施工技术；轨顶风道施工技术

1　前言

北京住总第一开发建设有限公司承建的北京地铁15号线一期工程南法信车站位于北京市顺义区南法信镇，由于本工程是我公司首次承接地铁车站工程，与以往的房建工程有所区别的是：基坑深度大、侧墙模板有一定施工难度，垂直吊装作业（基坑边坡采用对撑支护）包括和总包方的配合施工等难点是以往房建工程中不常见的。因此工程自2009年10月开工以来，我们坚持遵循以科技为先导、保障——大力推广应用新技术的理念，本着“技术优先、安全质量第一、工艺精益求精”的原则，合理安排施工计划、提前策划技术质量保证措施，确保施工按计划顺利进行。该工程被评为北京市“文明施工红牌工地”并顺利地通过了4次长城杯的检查。

2　工程概况

2.1　本工程应用的新技术

（1）化学植筋技术；（2）单侧模板体系技术；（3）碗扣式模板支架应用技术；（4）大体积混凝土技术；（5）粗直径钢筋直螺纹机械连接技术；（6）HRB400级钢筋的应用技术；（7）施工过程测量技术；（8）建筑企业管理信息化技术；（9）绿色施工技术。

2.2　工程特点与难点

（1）南法信地铁车站，是我公司的第一个地铁车站建设项目，如何顺利完成施工，保证工程质量，从整体策划到施工方案的确定，以及现场施工过程的控制，是贯穿整个车站施工的重点与难点。

（2）轨顶风道如待结构完成后施工，将增加施工难度和质量风险，并会提高施工成本，采用化学植筋技术，随主体结构一同施工，将切实有效的降低了施工难度及成本，确保了轨顶风道的施工质量。

(3) 车站外墙采用单侧支模体系，由于以往没有使用过此项工艺，因此如何控制好模板的刚度、强度及稳定性，确保浇筑后混凝土墙面的平整度与垂直度，成为了模板工程的难点之一。

(4) 本工程部分构件属大体积混凝土施工，我们从方案的编制到施工操作都是十分重视，在与混凝土供应商签订的技术合同中，从原材料的选用到配合比的设计都提出了相关要求，在施工及养护过程中也采取了有效的控制方法，保证了大体积混凝土的施工质量。

2.3 综合施工技术部署

工程建设之初，公司提出并确定了该工程的总体策划原则，即高质量、高目标——创精品工程。围绕工程质量目标："结构长城杯"，公司和项目部始终遵循以科技为先导、科技为保障，大力推广应用新技术，充分发挥科技是第一生产力的作用，规范管理、科学管理。在此原则的指导下，公司领导组织有关部门和项目经理部认真研究分析工程特点，通过多方论证，实施方案优化，策划制定了项目施工的总体目标文件——施工组织设计，并在其中制定了相应的综合施工技术措施。综合施工技术实施，以住建部颁布的建筑业重点推广技术为指导，结合本工程的具体特点，推广应用十大新技术、节能项目，全面展开创新、促效、保优活动。重点应用的综合施工技术项目如下：(1) 轨顶风道施工技术；(2) 单侧模板体系技术；(3) 可调 H 木梁框架柱模板体系技术；(4) 碗扣式脚手架应用技术；(5) 大体积混凝土技术。

3 施工技术与应用

3.1 轨顶风道施工技术

轨顶风道可随主体结构一次施工，也可待主体结构顶板完成后再施工，综合对比，随主体结构一次施工虽然对结构进度有一定影响，但能够有效地降低施工难度及成本，并能够保证施工质量。

(1) 施工工艺对比。

1) 随主体结构一次施工工艺流程

施工准备→铺设模板→化学植筋→绑扎风道板、墙钢筋→风道墙模吊梆→浇筑风道混凝土

2) 待主体结构完成后施工工艺流程

施工准备→站台层顶板混凝土浇筑→铺设风道板模板→化学植筋→绑扎风道板、墙钢筋→风道墙模吊梆→浇筑风道混凝土（自密实）

注：从化学植筋开始至风道墙模吊梆，工人需要在净空 900mm 的狭小空间内操作。

(2) 技术分析。

通过以上工艺对比，可以很直观地看到，轨顶风道随主体结构一次施工，有效地降低了工人在施工操作中的难度，使工程质量得到了保证，而若待站台层顶板施工完成后再进

行风道板的施工，工人就不得不在 900mm×3400mm 的狭小空间内操作，浇筑混凝土时，也需要通过预留孔浇筑自密实混凝土，不但提高了施工难度，施工质量更得不到保证，仔细核算，施工成本也必将增加，因此轨顶风道随主体结构一次施工利大于弊，这也是本工程技术质量控制措施上的一大特点。

3.2 墙体单侧模板工程技术应用

由于地铁施工场地的限制及护坡技术的发展，地下室外墙单侧支模的现象越来越多，因为没有穿墙螺栓来抵抗混凝土的侧压力，因而给模板施工带来较大的困难。但随着科学技术的发展和进步，国内的一些专业模板租赁公司在参照一些国外模板实例的基础上开发了地下室单侧墙体模板支架体系，并采用器材租赁的经营方式，在一些工程中应用并取得了良好的效果。目前国内单侧模板从大面上分为："纯钢单侧模板＋支架体系和钢木结合体系"。结合施工现场实际情况，综合对比，我们选用了北京恒基建业模板有限公司生产的钢木结合模板体系。

（1）工作原理：混凝土侧压力直接作用在面板上，通过面板将力传至竖向木工字梁，再通过木工字梁传至横向槽钢背楞上，最终传至单侧支架上。

（2）安装流程：钢筋绑扎并验收后→弹外墙边线→合外墙模板→单侧支架吊装到位→安装单侧支架→安装加强钢管（单侧支架斜撑部位的附加钢管，现场自备）→安装压梁槽钢→安装埋件系统→调节支架垂直度→安装上操作平台→再检查紧固一次埋件系统→验收合格后浇筑混凝土

3.3 大体积混凝土施工技术应用

（1）车站混凝土设计：南法信站属大体积混凝土浇筑，采用商品混凝土，经过前期考察及选比，最终确定使用北京住总集团商混搅拌站为混凝土供应商，在与混凝土供应商签订的技术合同中，对原材料的选用到配合比的设计都提出了相关要求，在施工及养护过程中也采取了有效的控制方法，要确保大体积混凝土的施工质量。

（2）混凝土浇筑：施工缝宜用梳子板和钢丝网挡牢。施工缝处须待已浇筑混凝土的抗压强度不小于 1.2MPa 时，才允许继续浇筑。在继续浇筑混凝土前，施工缝混凝土表面应凿毛，剔除浮动石子，并用水冲洗干净后，先浇一层水泥浆，然后继续浇筑混凝土，应细致操作振实，使新旧混凝土紧密结合。本工程底板、地梁混凝土一次浇筑，属大体积混凝土施工，因此必须做好大体积混凝土浇筑、养护、测温工作。混凝土浇筑要求斜面分层、薄层浇筑，分层振捣，顺序推进。必须做到二次振捣，二次抹面，掌握好抹面时间。为加强控制混凝土内外温差，从两方面采取控制措施：第一：降低混凝土内部温度，要求商品混凝土供应商在拌制混凝土时选用低水化热水泥，优先掺加优质引气剂，拌合用水采用低温水或冰水，以降低混凝土温度；第二：保持混凝土表面温度，浇筑完混凝土后，应立即浇水养护，并覆盖保温毯，保温、覆盖养护的解除应以混凝土内部和表面温差小于 25°C 为准，以防温差应力产生混凝土裂缝。考虑混凝土浇筑厚度大，底板浇筑时一次到顶，斜面分层推进浇筑，基础梁浇注时分段浇筑，每层浇筑厚度为 300mm 以内，上层混凝土覆盖下层混凝土时间控制在混凝土初凝之前。振捣：考虑泵送混凝土流动性大的特点，采取斜面分层浇筑方法，即大斜面分层浇筑，循序推进；每个浇筑区配备 5 台插入式振捣器，

在浇筑带前中后分别布置，在卸料点处解决上部振捣，第二道在坡角处，确保下部混凝土的密实。为防止混凝土堆积，先振卸料口部位，形成自然流淌坡度，然后全面振捣。在梁柱交叉部位采用小型号振捣器振捣。

4 结语

在南法信地铁车站施工过程中，我们始终将工程质量放在首位，以满足建筑设计及建设单位的需求为原则，不断学习和摸索。并通过技术革新，来确保施工质量，确保施工精度。在本工程中，结合实际情况采取的各种措施，不但可以保证工程质量，同时也加快了施工进度，降低了施工成本，创造了效益，为企业向市政地铁建设转型迈出了坚实的一步。

梨园镇公租房工程主体结构住宅产业化施工技术研究

李贵江　刘秋实
（北京住总集团工程总承包部）

【摘　要】 住宅产业化，也可称之为工业化建房，住宅产业化具有“资金和技术的高度集中、大规模生产、社会化供应”三个特征。接到此工程后，通过对住宅产业化认真研究分析，结合本工程的实际情况最终确定楼梯踏步板、空调板、阳台栏板采用产业化预制构件，主体结构仍用现浇混凝土的施工方案。
【关键词】 住宅产业化；施工技术

1　工程概况

梨园公租房的工程包括：1号、2号、3号共三栋住宅楼及周边配套工程。总建筑面积约46944.8m²，地上层数为17/28、17/23、18/28层，地下2层，基础为筏板结构，结构形式为剪力墙结构；总高度分别为47.4m、63.6m 、77.1m。

目前，梨园公租房主体结构住宅产业化施工方法主要是在全现浇结构的基础上，部分阳台板、空调板、阳台栏板、楼梯踏步板采用产业化预制构件（见图1）拼装施工。

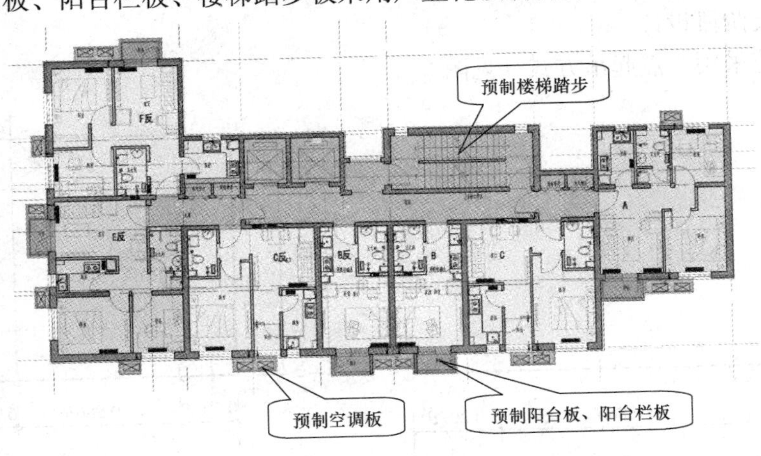

图1　产业化预制构件平面布置图

2　住宅产业化的设计思路

在工程设计阶段，为满足住宅产业化施工这一要求进行了繁杂的工作；北京市属于地震烈度 8°设防地区，住宅结构要按 8°设防，对于高层结构搞装配式构件拼装体系，目前北京地区还没有对应的设计规范及行业标准，在北京地区有过的范例是万科施工的住宅，其建设高度在 50m 以下，而我们的设计高度达到了 80m，不能采用全装配的设计方法。经过住宅建筑设计研究院、集团工程总承包部和北京市公共租赁住房发展中心反复研究、论证、推敲，在没有现行高层装配式设计规范，又要满足高层抗震的设计标准，还要达到现有规划土地的建筑设计指标要求的情况下，最终采取了在全现浇体系下，局部构件组装的设计思路。

2.1 预制楼梯踏步板

按《建筑抗震设计规范》（GB 50011—2010）中 6.1.15 节及条文说明：剪力墙结构刚度大，楼梯构件对结构刚度影响较小，因此不参与整体抗震计算。为了减小楼梯构件对结构刚度的影响，应采用措施使楼梯滑动支承于平台板或平台梁，依据规范：平台板采用现浇，梯段板采用预制，梯段板的一端采用锚板焊接或销接与楼梯梁相连以防止滑落，另一端采用坐浆连接（见图 4）。

（1）按普通住宅结构设计梯段板，配筋并绘制详图；

（2）按一般的简支梁设计楼梯梁，为了放置预制梯段板应在楼梯梁上伸出一定长度的“挑耳”，挑耳的长度应不小于 $H/120$（H 为楼层层高）且不小于 100mm，对于“挑耳”应计算其受弯承载力及素混凝土抗剪能力；

（3）设置预埋件，预埋件皆为构造，按《混凝土结构设计规范》GB 50010—2010 中相关构造规定设置；

（4）吊钩设计

在设计阶段，仅需考虑翻身起吊，起吊时，以构件的一边作为支点，而另一边以吊装机具作为支点，采用两点起吊方式（见图 2）。

（5）吊装阶段设计

施工吊装采用 4 点起吊方式（见图 3）。

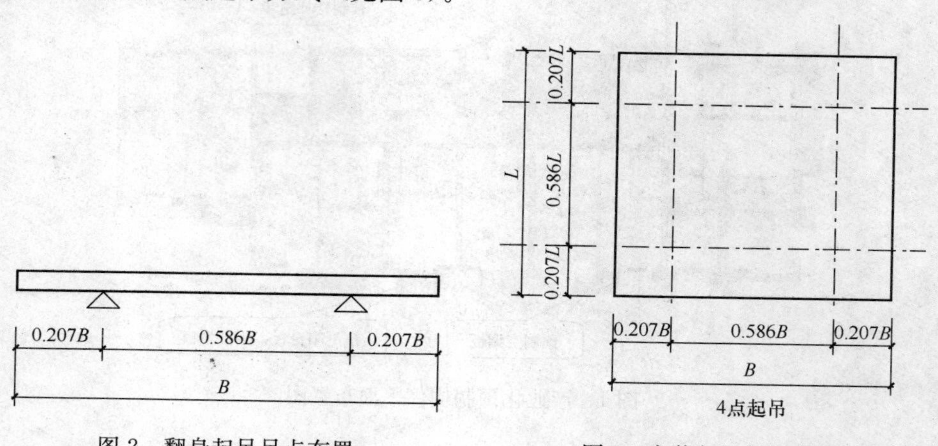

图 2 翻身起吊吊点布置

图 3 安装起吊吊点布置

吊装采用预埋在梯段板内的隐形螺栓，经厂家确认，此隐形螺栓由厂家自行设计，设计方仅需标注其定位即可（见图 4）。

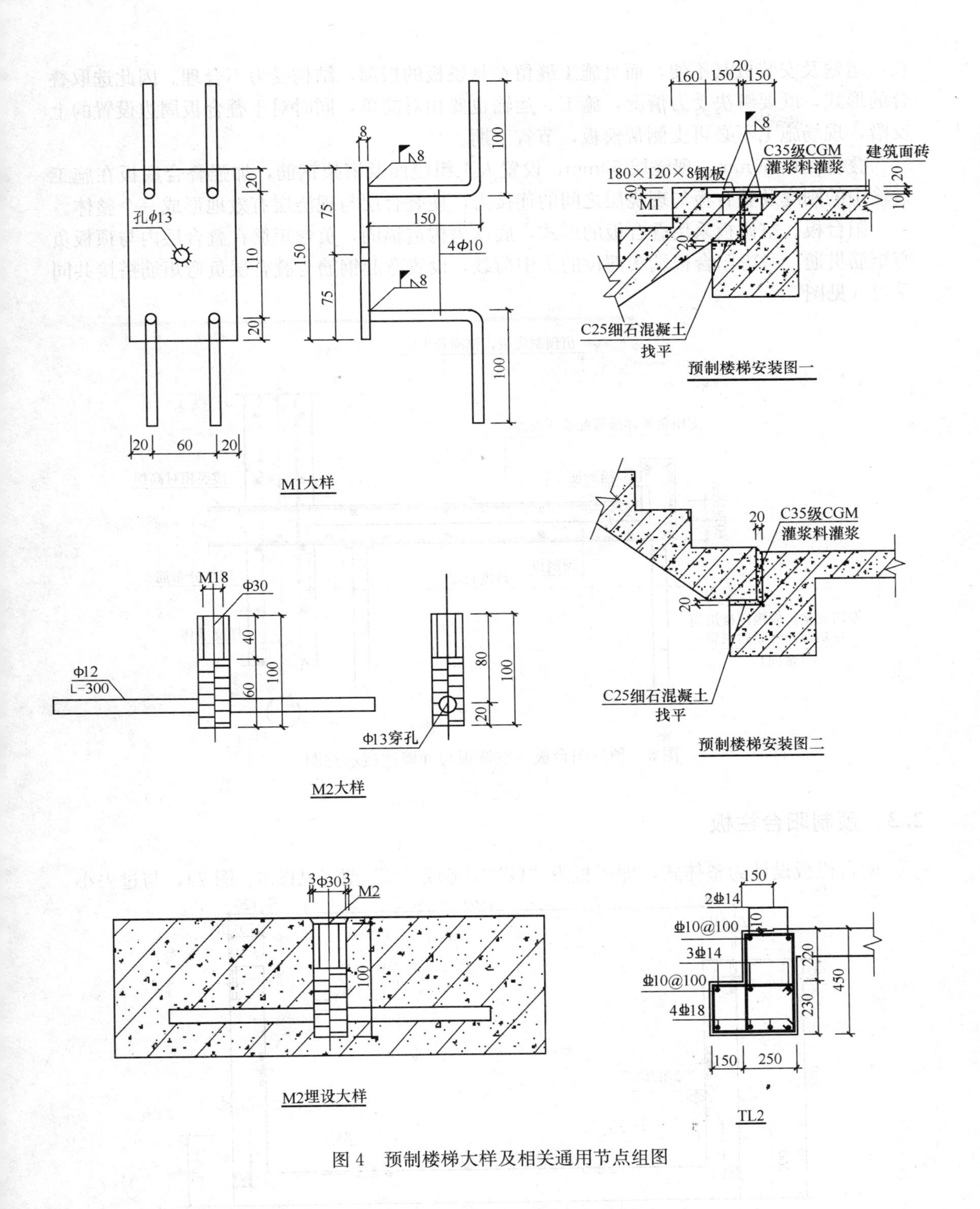

图 4　预制楼梯大样及相关通用节点组图

2.2　预制阳台板、预制空调板（采取叠合板的形式）

考虑悬挑板负弯矩筋为主受力钢筋，因此负弯矩筋需锚固到室内顶板里，锚固长度较长，运输及安装极其不便，而且施工缝留在悬挑板的根部，结构受力不合理。因此选取叠合的形式，既要解决受力情况，施工、运输也要相对简单，同时对于叠合板周边设置的上反沿，现场施工不必再支侧帮模板，节省工期。

叠合底板 60mm，现浇层 60mm，设置人工粗糙面及桁架钢筋，加强叠合底板在施工运输中的刚度及叠合板与现浇层之间的连接力，使叠合层与现浇层有效地形成一个整体。

阳台板、空调板采用叠合板的形式，底铁为构造锚固，负弯矩筋在叠合层内与顶板负弯矩筋贯通。考虑阳台板端头部位的集中荷载，设置弯起钢筋与叠合层负弯矩筋搭接共同受力（见图 5）。

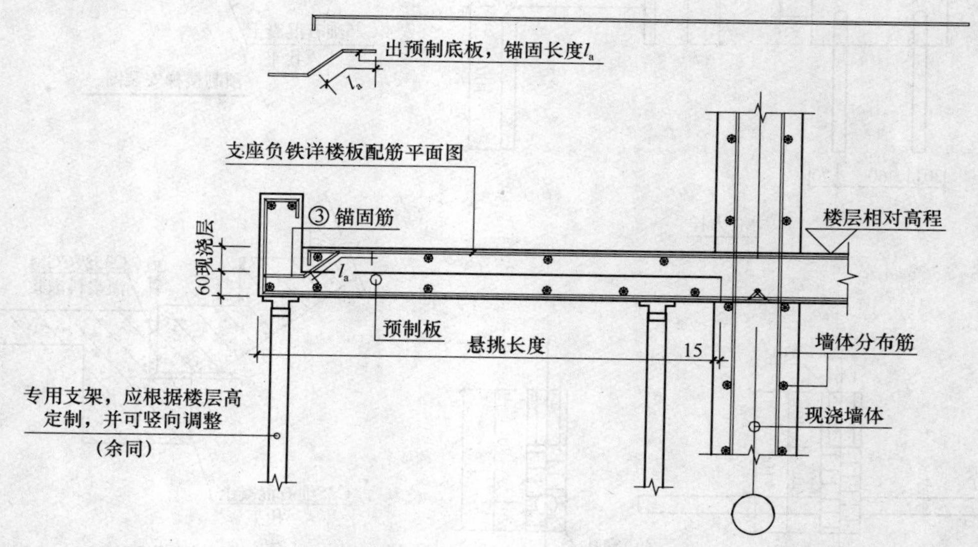

图 5　预制阳台板、空调板与外墙连接示意图

2.3　预制阳台栏板

阳台栏板设计为整体式，即栏板为“U”字形或“L”型（见图 6、图 7），与过去小

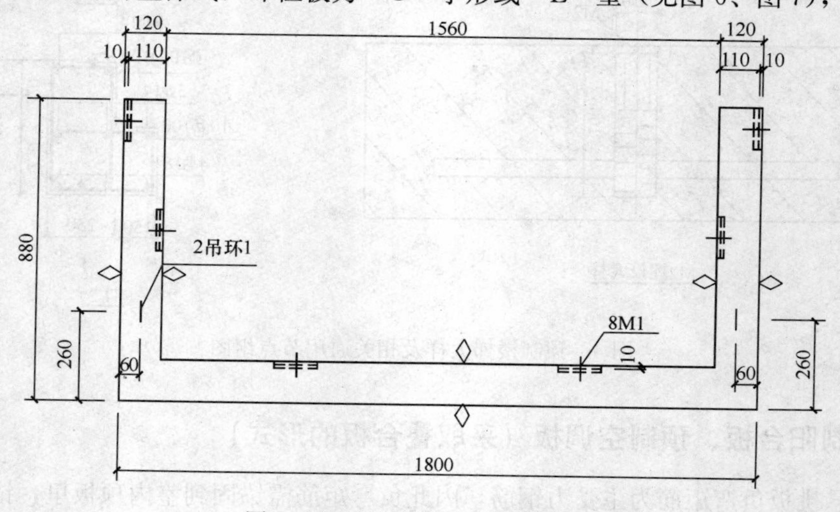

图 6　“U”字形阳台栏板俯视图

块拼装的栏板不同，减少现场连接作业，安全性更为可靠。吊点设计采用直径 12mm 的圆钢，两点进行吊装（见图 8）。

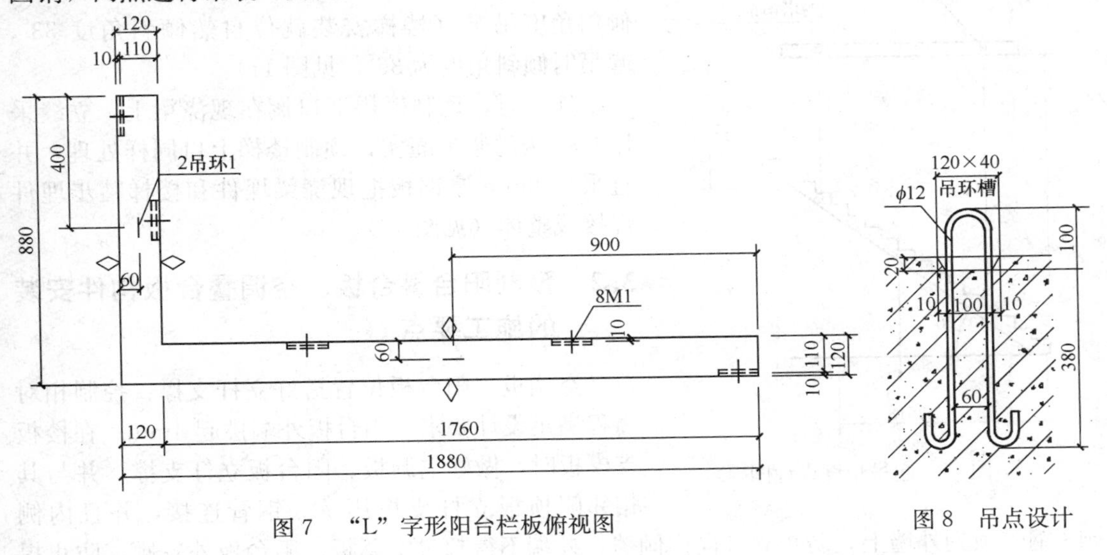

图 7 “L”字形阳台栏板俯视图

图 8 吊点设计

3 预制构件安装的施工要点

3.1 预制楼梯构件施工要点

考虑到吊装预制楼梯的冲击荷载较大，为了避免冲击荷载对楼梯休息平台梁结构破坏，产生结构裂缝，预制楼梯吊装时间安排在上一层结构墙体混凝土施工完毕，此时休息平台梁已浇筑 3d，将达到设计强度的 50%左右，而且梁底支撑不拆除，保证现浇部分在冲击荷载作用下不被破坏。

预制楼梯尺寸为 4520mm×1150mm×150mm，单块构件重量约 3.5t。吊点采用预埋螺栓方式，四个吊点，加工专用角钢吊装工具采用高强螺栓进行连接（见图 9、图 10），为

图 9 吊装就位照片

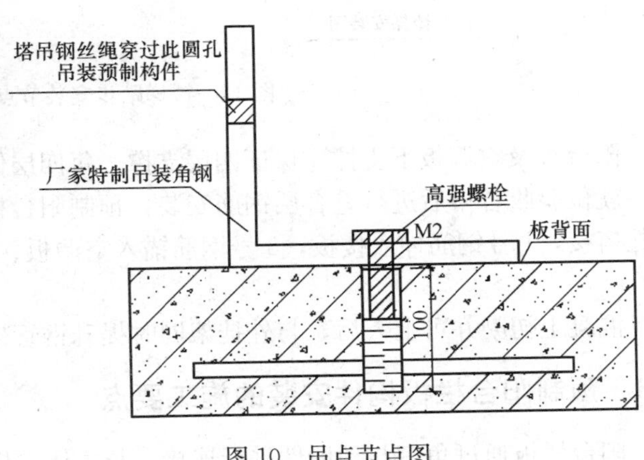

图 10 吊点节点图

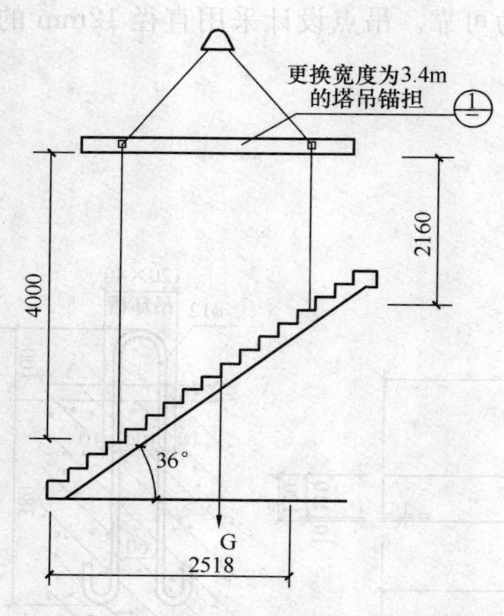

图 11　起吊角度设计图

了避免高强螺栓受剪，加工 4.32m 长定型吊装梁进行吊装。预制楼梯起吊时，角度略倾斜于楼梯自然倾斜角度吊装（楼梯安装就位自然倾斜角度 33°，起吊时倾斜角度为 36°，见图 11）。

连接时，预制楼梯下口搁在现浇梁上，立缝采用 C35 级灌浆料灌实；预制楼梯上口同样处理，并且采用 8mm 厚钢板把现浇梁埋件和楼梯踏步埋件焊接成整体（见图 12）。

3.2　预制阳台叠合板、空调叠合板构件安装的施工要点

空调板、阳台板位置搭好立杆支撑：控制相对高程满足设计要求，阳台板外端挑起 4mm。在楼板支模板时，做好空调板、阳台板立杆支撑，并与其相邻侧顶板立杆支撑用 ϕ48 钢管连接，并且内侧 ϕ48 钢管顶到外墙上，防止立杆向内倾覆，外端不得超过空调板、阳台板外轮廓，防止提升外挂架时产生磕碰现象（图 13）。

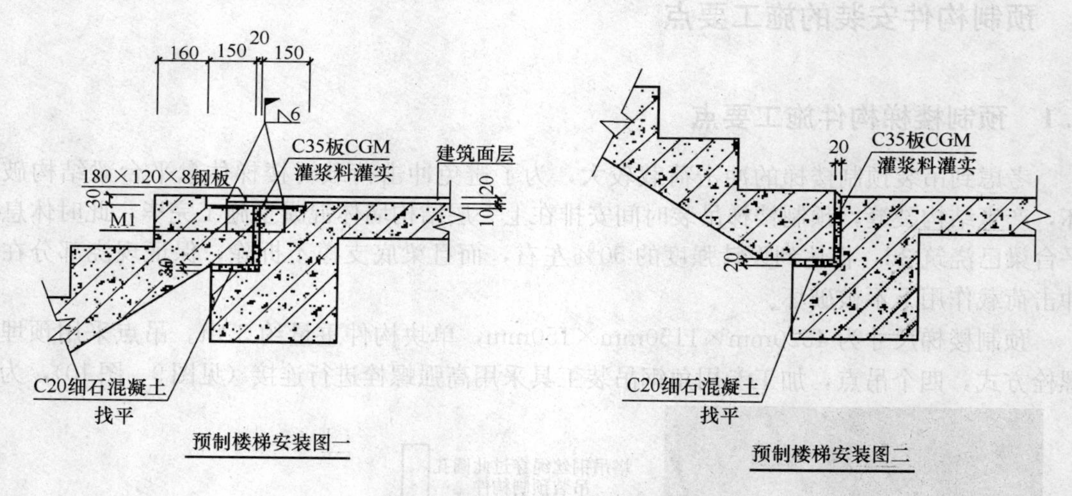

图 12　楼梯踏步安装节点组图

阳台板及空调板下支撑应保证四层支撑，每四层做循环使用。

就位验收合格后进行叠合层钢筋安装：预制阳台板、空调板下铁与现浇楼板下铁钢筋绑扎搭接，1 号钢筋伸入楼板，3 号钢筋锚入空调板、阳台板现浇层（见图 14、图 15、图 16）。

混凝土初凝并可上人后，与外挂架同时提升钢管架搭设好的阳台处的临边防护能力。

3.3　预制阳台栏板构件安装的施工要点

阳台栏板通过角钢与预埋件进行连接，与主体结构形成整体。

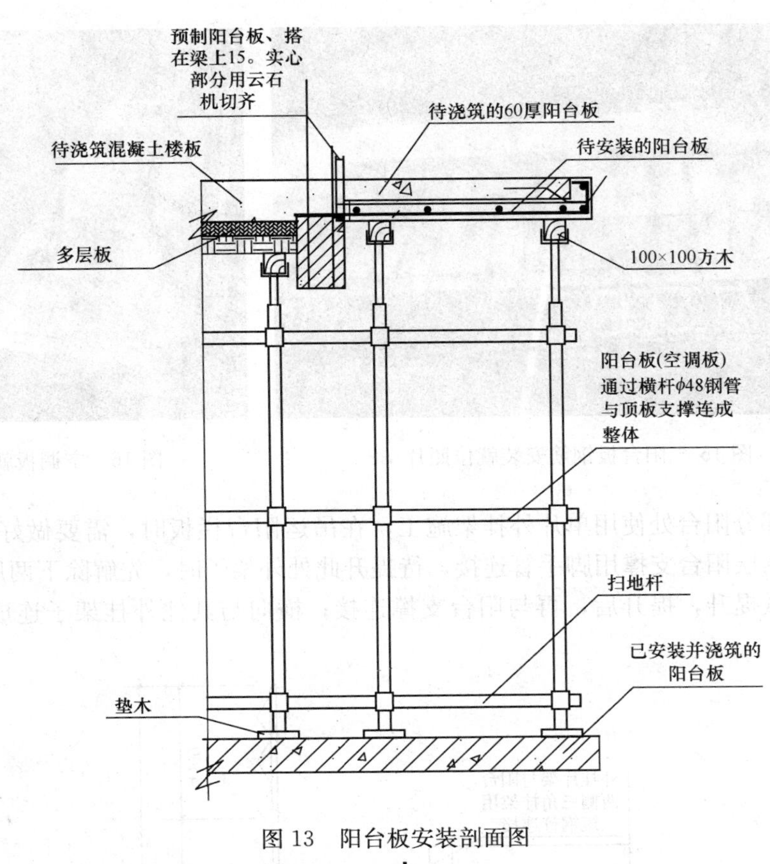

图 13　阳台板安装剖面图

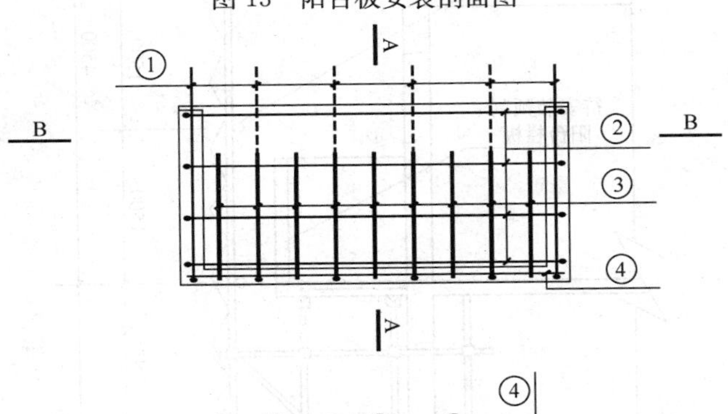

钢筋编号	钢筋规格	备注
①	ф8	板度Y向分布纵筋
②	ф8	板度X向分布纵筋
③	ф8	锚固筋
④	ф8	构造筋
④a	ф8	构造筋

图 14　空调板、阳台板钢筋安装图

图 15　阳台板钢筋安装就位照片

图 16　空调板就位

由于有部分阳台处使用单片外挂架施工，在吊运阳台栏板时，需要做好外架子改动。外挂架与下两层阳台支撑用脚手管连接，待提升此处外架子时，先解除下两层与阳台顶板的连接，再做提升，提升后，再与阳台支撑连接；横向与其他外挂架子连成整体（如图 17 所示）。

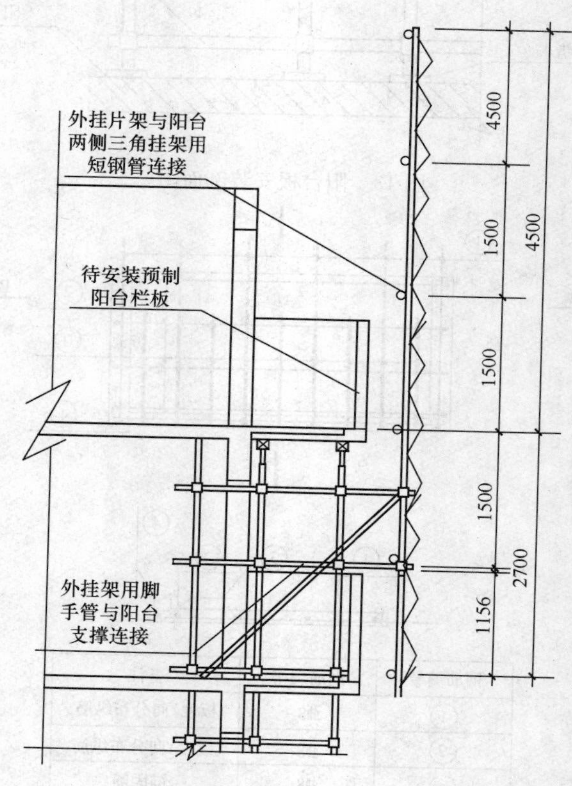

图 17　悬挑外防护架剖面图

4 结语

产业化施工具有节约资源、简化现场施工、提升构件质量、减少环境影响、机械化施工程度高、减轻劳动力投入等多方面的优势，对进一步改善建筑市场秩序有很大作用。但是目前产业化施工仍然存在着一些不足之处：行业标准缺失、专业工人少、造价高、增加吊次影响工期，这些都是目前需要解决的问题。

住宅产业化发展还处于初级阶段，虽然还存在着一些不足，需要不断地完善，但是住宅产业化对于实现节能减排、保护生态、提高住宅工程质量、改善人居环境以及促进产业结构调整都具有重要意义，是住宅建设发展的必然趋势。

参考文献

[1] 中国建筑科学研究院 .GB 50011—2010. 建筑抗震设计规范［S］. 北京：中国建筑工业出版社，2010.

[2] 中国建筑科学研究院 .GB 50010—2010. 混凝土结构设计规范［S］. 北京：中国建筑工业出版社，2011.

钢结构工程

大宽厚比矩形钢管混凝土柱膨胀变形理论分析

姚俊斌[1]　吴学军[1]　李胜松[2]

（1. 中建一局集团第五建筑有限公司；2. 中国建筑第八工程局）

【摘　要】 近年来，大截面钢管混凝土组合结构在高层超高层建筑中的应用越来越普遍，所占比例有超过甚至取代圆钢管混凝土结构的趋势。但由于矩形或方形（以下统称矩形）截面与圆形截面在平面内受力性能的差异，矩形钢管柱在顶升或浇注混凝土过程中可能发生钢管鼓胀或爆裂。目前，国内关于矩形钢管混凝土组合结构在施工过程中钢管柱自身的变形控制研究并不深入，相关设计施工标准尚不完善。本文用静力学的理论对大截面矩形劲性钢管柱在顶升混凝土的过程中钢管抗侧压能力及与宽厚比的关系进行了理论探讨。

【关键词】 宽厚比；矩形钢管；顶升混凝土；膨胀变形；泵压；静力学

近年来，钢管混凝土在高层超高层建筑中的应用日益增多，发展速度惊人。利用钢管对混凝土的“环箍效应”以及混凝土对管壁局部屈曲的有效防护，充分发挥了钢材和混凝土材料各自的优点，同时克服了钢结构易发生屈曲的缺点，既提高了混凝土的强度，又提高了钢结构的耐火度及防腐性能。施工时钢管作为劲性骨架承担施工阶段的荷载、重量，不受混凝土养护时间限制，符合现代施工技术的工业化要求，正被越来越广泛地应用于各类建筑。

矩形钢管混凝土结构因其独特的力学性能，具备与梁、柱连接简便可靠，容易协调的特点，在结构工程中所占比例迅速增多。然而相对于圆形钢管混凝土结构，矩形钢管混凝土结构研究以及相关设计施工标准规程尚不深入。针对矩形钢管混凝土在顶升过程中较易发生钢管过度膨胀变形甚至爆裂的现象，本文以甘肃会展中心五星级酒店工程设计情况为例，对矩形钢管混凝土柱的膨胀变形进行理论探讨。

1　混凝土顶升状态钢管壁受力分析

查阅相关资料，不难发现有关钢管混凝土在浇筑过程钢管发生膨胀变形或爆裂事故的报道中，不管是采用高位抛落法浇筑、导管法浇筑还是顶升法浇筑，基本是矩形钢管柱经常发生膨胀变形，而圆形钢管柱发生膨胀变形或爆裂的情形却鲜有听闻。这说明圆形钢管柱较矩形钢管柱在抵抗柱内混凝土产生的侧压力时更具有优越性。

首先，我们从静力学的角度进一步分析圆形柱与矩形柱抵抗柱内侧压力的差异。对于圆形钢管柱而言，在同一横截面内，钢管在受到柱内混凝土大小基本相等的径向侧压力后，在钢管壁内会产生一个圆周切向的拉力，这个拉力在圆周各点上大小基本相等，钢管壁内只有张拉应力。而矩形钢管柱在受到柱内混凝土垂直钢管壁的侧压力后，由于钢管壁两端相邻钢板的约束作用，侧面受压钢板相当于一个拉弯构件，承受弯矩作用，钢板中央部位承受正弯矩，变形位移最大，钢板角部承受负弯矩。可以看出，圆形钢管内产生的是大小均匀的拉应力，而矩形钢管内既有拉应力也有压应力，且各部位应力不一。正是由于这种弯曲作用使得矩形钢管壁内应力不均匀导致局部应力过大而率先屈服变形，降低了其抗侧压力性能，矩形钢管截面越大其抗侧压力性能越弱。

其次，从矩形钢管柱的钢板膨胀变形程度看，一般是柱中间部位比梁柱节点部位的变形大。因为梁柱节点区域，钢柱内加劲板较多（如图 1），约束加强，刚度增大，抵抗变形的能力增强。因此，就层间柱而言，柱中部比梁柱节点处加劲板少，或是柱中部本身就没增设加劲板，自然是抵抗顶升侧压力的薄弱环节。

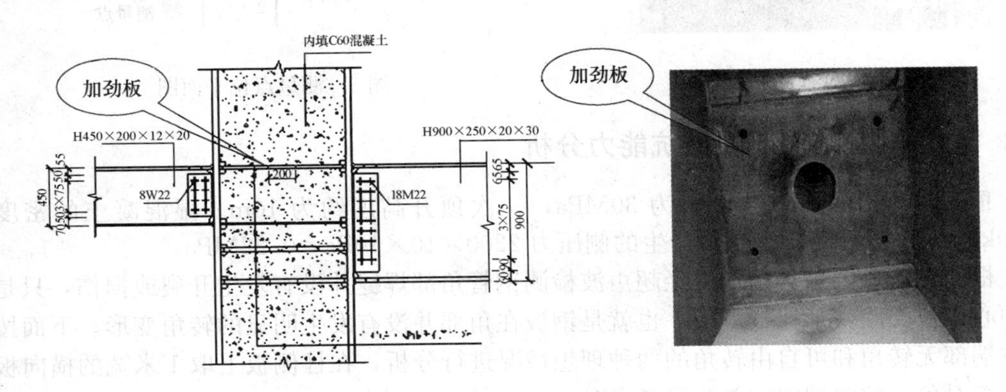

图 1　箱型钢柱层间加劲板节点区示意

2　矩形钢管柱侧压力抵抗能力分析

在甘肃会展中心五星级酒店工程矩形钢管混凝土顶升施工之初，多次发生钢管柱膨胀变形现象，下面以此工程变形量最大的首层 F/16 轴 GZ1 首节钢管柱实例，对钢管柱抵抗膨胀变形的能力进行力学分析。

2.1　变形情况调查

F/16 轴 GZ1 首节钢管柱，截面尺寸 1200mm×1200mm，壁厚 40mm，材质 Q345，设计强度 310MPa。钢管柱在梁柱节点区，水平加劲肋隔板比较密集，而楼层中间部位水平加劲肋隔板距离大，且加劲肋上顶升孔直径为 200mm 较小（泵送采用 125 号高压泵管），在《钢管混凝土结构设计与施工规程》CECS 28：2012 中要求钢管直径宜大于或等于泵径的两倍。钢管柱发生最大膨胀变形的位置约处在首层柱的中间高度（本层层高 6000mm），见图 2。

经现场对膨胀变形钢管柱的变形量测（测量点位布置见图 3）及四周焊缝探伤，钢管柱仅发生膨胀变形，四条焊缝未发生损伤和开裂，且距角部约 100mm 的范围内变形很小，柱面中间位置变形较大，最大变形量达 55mm。

图 2　箱型柱膨胀变形

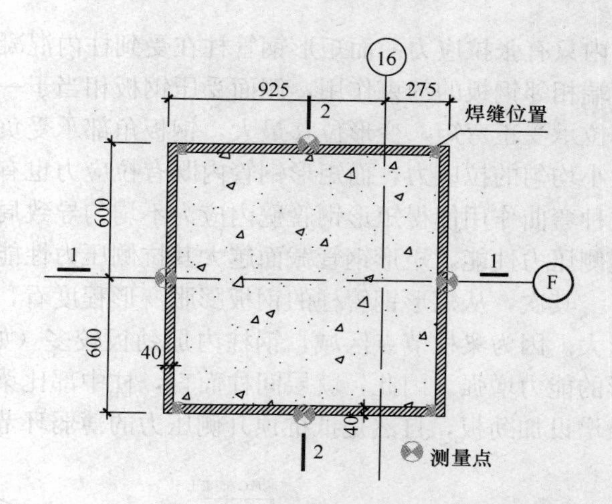

图 3　测量点位平面图

2.2　矩形钢管柱侧压力抵抗能力分析

顶升时达到的最大泵压值为 30MPa，一次顶升高度约为 10m。湿混凝土的密度取 2200kg/m^3，顶升混凝土自重产生的侧压力 $2200\times10\times10\text{Pa}=0.22\text{MPa}$。

根据钢管柱的破坏情形，经超声波检测钢管角部焊缝并没有发生开裂或损伤，只是侧板中心部位膨胀变形比较严重，也就是钢板在角部并没有发生明显的转角变形。下面按侧板在端部无转角和可自由转角的两种理想情况进行分析，在柱侧板上取 1 米宽的横向板带为计算对象，按两端固定单跨梁考虑时：

计算简图如下：

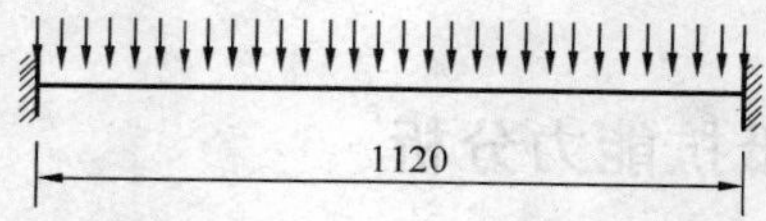

两端最大弯矩 $M_A=ql^2/12$

跨中最大弯矩 $M_u=ql^2/24$

跨中最大挠度 $f_{max}=ql^4/384EI$

当两端最先达到最大屈服应力时，

$$M_A=[\sigma]\cdot W=310\times1000\times40\times40/6=82.7\times10^6\text{N}\cdot\text{mm}=82.7\text{kN}\cdot\text{m}$$

$$q=12M_A/l^2=12\times82.7/1.12^2=791.1\text{ kN/m}$$

柱内侧压力 $P=q/l=791.1\text{ kN/m}^2=0.79\text{MPa}$

跨中最大挠度 $f_{max}=ql^4/384EI$

$=791.1\times1120^4/(384\times2.06\times10^5\times1000\times40^3/12)$

$=2.95\text{mm}$

按两端简支单跨梁考虑时：

计算简图如下：

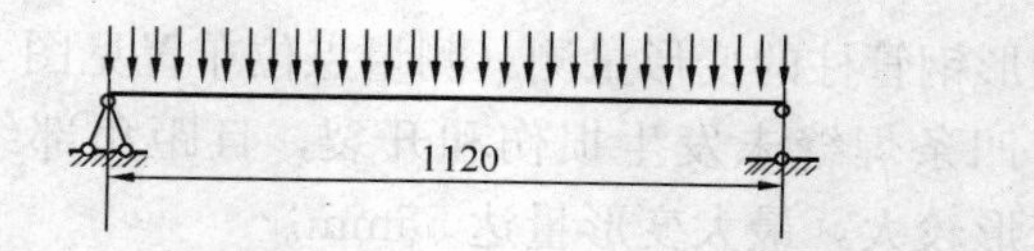

跨中最大弯矩 $M_u = ql^2/8$

跨中最大挠度 $f_{max}=5ql^4/384EI$

当跨中最先达到最大屈服应力时，

$$M_u = [\sigma] \cdot W = 310 \times 1000 \times 40 \times 40/6 = 82.7 \times 10^6 \text{N} \cdot \text{mm} = 82.7\text{kN} \cdot \text{m}$$

$$q = 8M_u / l^2 = 8 \times 82.7/1.12^2 = 527.4 \text{ kN/m}$$

柱内侧压力 $P=q/l=527.4 \text{ kN/m}^2=0.53\text{MPa}$

跨中最大挠度：$f_{max}=5ql^4/384EI$

$$=5\times527.4\times1120^4/(384\times2.06\times10^5\times1000\times40^3/12)$$

$$=9.83\text{mm}$$

由上面的计算结果可知，矩形钢管柱抵抗顶升混凝土的侧压力能力是很低的，不足1MPa，只比混凝土自重产生的侧压力略大一点。一旦遇自密实混凝土品质稍差，泵送压力在钢管内得不到及时释放，矩形钢管极易发生屈服变形。按简支梁分析比按两端固定分析时，跨中位移稍大一些。

3 钢管柱管壁内应力与宽厚比的关系分析

顶升混凝土时钢管柱发生膨胀变形或爆裂，无论是圆形柱还是矩形柱，都与钢管壁的厚度及截面尺寸有直接关系，也就是与钢管的宽厚比有关系，对于圆柱而言是径厚比。下面从理论力学的角度对钢管柱内的正应力与宽厚比的关系进行理论分析。

取 l 长的钢管柱段为研究对象，设柱腔内的顶升混凝土压力为 p（压强），钢管柱腔的宽度为 d（圆柱为内直径），钢管壁厚度为 δ，宽厚比 $\gamma = \dfrac{d}{\delta}$。

对于圆形钢管柱：

钢管混凝土柱内腔 p 沿半径方向垂直作用于钢管混凝土柱内壁，钢管混凝土柱受涨半径增大，但仍保持为圆形，故沿圆周产生均匀伸长。所以，通过钢管混凝土柱轴线的任何截面（径向截面）上，将作用着相同的内力 F_N，如图 4 所示。

将钢管混凝土柱用径向假想截面切开后，钢管混凝土柱内圆弧面上 $\left(\dfrac{ld}{2} \times d_\theta\right)$ 总压力的竖直投影为 $\dfrac{ld}{2} \times d_\theta \times \sin\theta$，由上半圆平衡条件得出：$\Sigma F_y = 0$

$$F_N = \frac{1}{2}\int_0^\pi \left(pl \cdot \frac{d}{2} \cdot d_\theta\right) \sin\theta = \frac{pld}{2}$$

应力 $\sigma_{圆} = \dfrac{pld}{2}/\delta l = \dfrac{p}{2} \cdot \dfrac{d}{\delta} = \dfrac{p}{2}\gamma$，令 $k_1 = \dfrac{p}{2}$，令 $\sigma_{圆} = k_1\gamma$

对于矩形钢柱：按超静定梁考虑时，

最大弯矩 $M_{端} = \dfrac{pld^2}{12}$，抗弯截面系数 $W = \dfrac{l\delta^2}{6}$，

钢管中最大正应力

$\sigma_{矩} = \dfrac{M_{端}}{W} = \dfrac{pld^2}{12} / \dfrac{l\delta^2}{6} = \dfrac{p}{2} \cdot \left(\dfrac{d}{\delta}\right)^2 = \dfrac{p}{2}\gamma^2$，令 $k_2 = \dfrac{p}{2}$，则 $\sigma_{矩} = k_2\gamma^2$，当按简支梁

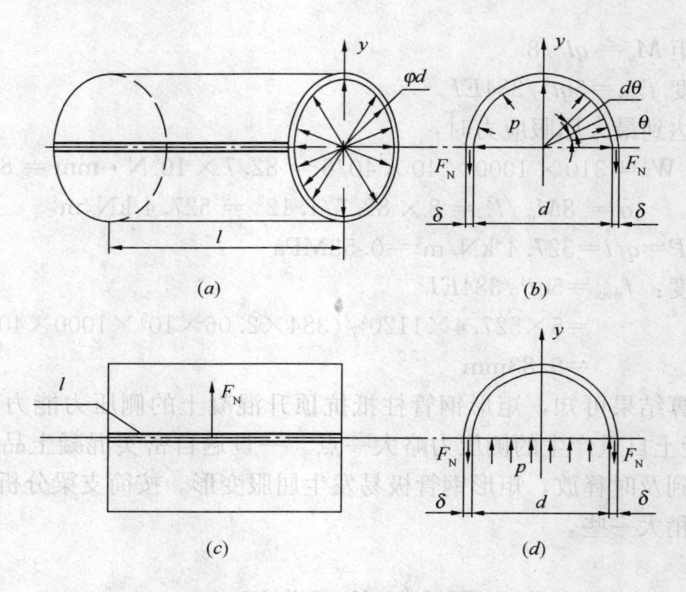

图 4 圆形钢管柱应力分析图

分析时 $k_2=\dfrac{3p}{4}$。

由上面的分析可知，圆形钢管柱内的应力与径厚比为线性关系，而矩形钢管柱内的应力与宽厚比成平方关系，也就是说在弹性变形范围内，在同样大小的柱内混凝土侧压力作用下，随着宽厚比的增大矩形钢管柱内的应力会成抛物线形急剧增大，要比圆形钢管柱内的应力变化快得多。《钢管混凝土结构技术规程》DBJ 13—51—2003 第 3.1.5 条和《矩形钢管混凝土结构技术规程》CECS 159：2004 第 4.4.3 条给出了圆形钢管柱与矩形钢管柱的宽厚比限值计算公式（注：规程中的宽厚比是指钢柱的横截面外边缘尺寸与板厚的比值），实际工程中钢柱的宽厚比取值一般约在 20～70 之间。在同样的宽厚比及混凝土侧压力情况下，$\dfrac{\sigma_{箱}}{\sigma_{圆}}=\dfrac{k_2}{k_1}\gamma$，$k_2/k_1$是一个 1～1.5 之间的数（由于矩形钢柱侧板的角部是介于无转角和可自由转角之间的一种变形，k_2 的取值应在 $p/2$ 与 $3p/4$ 之间），这表明矩形钢管柱内的应力是圆形钢管柱内应力的几十倍，这也是矩形钢管柱比圆形钢管柱更容易膨胀变形的主要原因。

4 矩形钢管柱最大允许侧压力与实际泵压数据分析

由计算我们得出了矩形钢管的抵抗压力不到 1MPa，而顶升时泵车主系统压力为 8～12 MPa，钢管柱鼓胀破坏时泵车的主系统压力达到了 30MPa。由此可见，正常顶升时，泵车的顶升动力基本上全部消耗在混凝土在泵管内流动时产生的阻力上，钢管柱内底部混凝土的压力稍大于混凝土自重产生的压力，即可实现混凝土的顶升作业。但由于自密实混凝土和易性不稳定及钢管柱内水平隔板密集且隔板上顶升孔径较小等因素，极易在隔板顶升孔处形成混凝土粗骨料的堵塞，使得钢管柱内顶升压力不能得到及时的疏散而瞬间升高，导致钢管柱膨胀变形。《混凝土泵送技术规程》JGJ/T 10—2011 虽然给出了泵送混凝土在泵管中压力损失值的近似计算方法，但由于混凝土品质的差异，实际损失值与计算值相差甚远，其误差远远超过矩形钢管柱的侧压力抵抗值。也就是说我们无法把钢管柱内混凝土的允许侧压力与泵车主系统压力某一具体值建立一一对应的函数关系，也就无法通过控制泵车压力来达到控制钢管柱内混凝土压力的目的。

5 结论

通过计算分析，结合实践经验，不难发现施工中矩形钢管柱抵抗顶升混凝土的侧压力能力极弱，顶升混凝土时比圆形钢管柱更容易膨胀变形。另外，通过控制泵送压力来控制钢管柱内混凝土的压力在允许的范围内的做法，难以摸索其相关性。所以，控制矩形钢管混凝土柱膨胀变形，宜主要从以下几个方面采取措施：

图 5 矩形钢柱外加柱箍

（1）改善混凝土的品质，保证自密实混凝土的和易性和流动性，尽量避免发生钢管柱内加劲板顶升孔处粗骨料堵塞现象。

（2）增加矩形钢管柱的刚度。根据计算的矩形钢管抗侧压力辅以必要的加固措施，增加矩形柱的刚度，如加设柱箍（如图 5）、增设柱内加劲板，确保混凝土顶升时而不发生膨胀变形。

（3）宜从设计考虑钢管柱顶升混凝土时，侧压力荷载对箱型柱变形的影响，采取适当的加强措施和尽量开大加劲板顶升孔的直径。

参考文献

[1] CECS 28：2012 钢管混凝土结构设计与施工规程[S].

[2] GB 50204—2002 混凝土结构工程施工质量验收规范. 北京：中国建筑工业出版社，2002.

[3] DBJ 13—55—2004 自密实高性能混凝土技术规程.

[4] DBJ 13—51—2003 钢管混凝土结构技术规程.

[5] JGJ/T 10—2011 混凝土泵送技术规程. 北京：中国建筑工业出版社，1995.

[6] CECS 230：2008 高层建筑钢一混凝土混合结构设计规程. 北京：中国计划出版社，2008.

[7] CECS 159：2004 矩形钢管混凝土结构技术规程.

[8] 杨金玉，张建利，冯锦来. 从超高箱型薄壁钢管混凝土柱的施工看设计及标准的问题. 钢结构，2011，26(147)：69.

[9] 冯永刚，王鑫，杨世荣. 钢管混凝土顶升原理及泵升压强分析. 施工技术，2009，38(10)：61.

[10] 杨仁山，陈文云. 格构式钢管混凝土柱高压顶升混凝土胀裂分析及预防措施探索. 工业建筑，2010，40(增刊)：952.

型钢混凝土组合结构空间分叉柱（撑）深化设计技术

朱文生　梁　鹏

（北京建工集团总承包部）

【摘　要】 以于家堡金融区起步区项目03—15地块工程附楼为例，重点介绍多分叉部位节点施工二次深化设计的分段原则、分段方法以及钢筋在节点部位的技术处理措施，成功解决了工程难题，取得了良好的效果。

【关键词】 空间分叉；型钢混凝土；深化设计

1　工程概况

于家堡金融区起步区03—15地块工程附楼地上七层，共有型钢混凝土组合结构空间分叉柱、撑（斜柱）9处，其中空间三分叉点2处，空间四分叉点1处，空间三分叉交汇点（空间倒分叉）6处，枝杈空间最大夹角46°，从分叉点到交汇点最大空间距离22.6m，根部分叉段、顶部交汇段最大构件截面轮廓尺寸3.11m×3.11m，中间段截面最大尺寸1.10m×1.10m。此类空间劲性结构形式尚属于国内首次采用，见图1～图3。

图1　整体工程结构外观

图2　分叉部位结构外观

图3　倒分叉部位结构外观

2　空间分段原则

本工程型钢混凝土组合结构（俗称劲性混凝土结构）构件存在竖向、斜向及水平向空间多分叉、空间交汇的特点，在劲性结构（俗称钢骨）部分的深化设计采用了空间三维构件整体深化方法，即将空间构件以整体进行切割分段，保持根部分叉段、顶部交汇段（倒分叉段）的三维特性，仅把中间段看做普通劲性结构二维构件，本工程首次提出运用并定义该原则为“三维整体切割三段划分原则”。

“三维整体切割三段划分原则”基本原理是将整个空间劲性结构作为一个整体通盘考虑，从尊重原结构设计空间要求出发进行深化设计。首先，以各分叉点为核心确定基本模型，明确各节点空间构件的数量、钢骨构件的倾角和空间距离等；其次，根据施工具体需要按着一定的深化设计方法划分为三段：根部分叉段、中间段、顶部交汇段，其中根部分叉段、顶部交汇段仍保持原三维整体特性，带有全部相应枝杈连接措施，同一枝杈两端的空间位置、倾角保持对应，枝杈的长短则依据施工采用的吊装机械、临时固定措施和支撑稳固措施等相关因素综合确定。中间段依具体情况可继续按普通劲性结构划分为多段，灵活掌握。

科学、合理分段可以发挥钢骨构件工厂预制精度高，质量保证率高的特点，避免零散件现场进行空间拼接影响质量和工期。

3　深化设计方法与要点

利用 Tekla Structures、CAD 计算机辅助设计软件按上述“三维整体切割三段划分原则”进行深化设计。利用计算机辅助软件计算出各分段构件尺寸、重量和空间位置关系，调整、修改直至切合施工需要。空间分叉柱（撑）的特点是存在多个方向构件汇集，构件数量多、重量大，节点部位复杂，应按先整体分段，再节点设计，最后按钢筋布置需要加以细部设计的步骤进行。

3.1　空间分段方法与要点

（1）根部分叉段、顶部交汇段存在的枝杈应满足设计需要的空间布局和倾角，且应将整段全部连接件进行工厂焊接预制完成，确保加工质量，验收合格方可出厂；

（2）分段应满足从工厂到现场的运输工具要求，枝杈不能过分散，过长，过高超过运输道路的通过限制；

（3）分段应满足现场平面布置、吊装机械要求，应使吊装机械够得着、吊得起；

（4）分段应避免构件整体偏心严重而使安装、就位困难；应满足现场使用缆风绳、支撑脚手架等临时固定措施的要求；

（5）根部分叉段和顶部交汇段的各枝杈不能过短造成各枝杈空间狭小而无法满足临时固定连接夹板的螺栓紧固或各段链接施焊作业以及后续模板支设所需空间要求；枝杈也不宜长造成后续钢筋、模板、混凝土工程施工困难；应采用枝杈长短交错、基本对称的分节方式。

3.2　节点深化设计方法与要点

在完成劲性结构空间分段后进行细部深化设计（参见图 4、图 5），要点为：

（1）充分考虑根部分叉段、中间段、顶部交汇段的拼接方式以及临时固定措施，如设置焊接衬板、临时固定连接夹板等。

（2）空间段重量较大，存在偏心，多段连接时通常需要合理设置吊耳、吊装孔的位置，尤其是斜向吊装连接，需要首先计算好吊点位置，采用不同长度的吊索进行吊装固定。

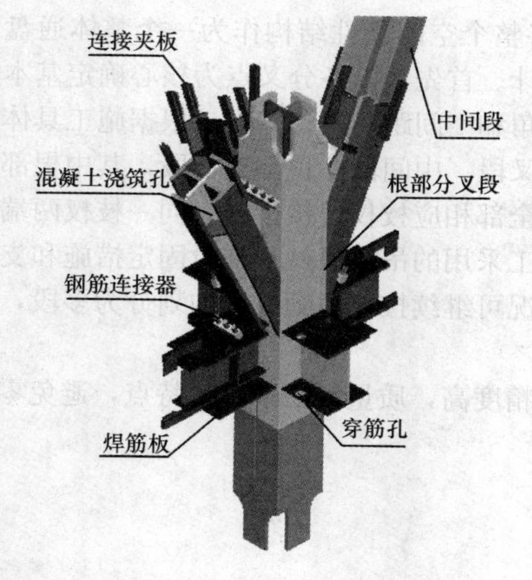

图4　根部分叉段节点深化设计图示

图5　顶部交汇段工程实例

（3）一般情况下型钢混凝土结构的连接采用焊接形式，相互连接段应充分考虑预留误差调节量，如施焊坡口预留量或高强螺栓连接孔预留量。

（4）与钢筋工程的密切配合协调以及缜密设计是型钢混凝土组合结构空间分叉柱（撑）深化设计的难点所在。需要钢筋翻样和深化设计人员密切配合，并与结构设计人员积极沟通。一般需要设置穿筋孔、焊筋板、钢筋连接器等。

3.3　节点部位钢筋设计要点

型钢混凝土组合结构原设计图中通常钢结构部分与钢筋分离，主结构设计人很难充分考虑两者交叉矛盾之处，施工单位采用 Tekla Structures、CAD 计算机辅助设计软件进行深化，集中放样，可发现两者间交叉关系，并可根据具体情况制定有效措施。

钢筋工程对应的深化设计主要任务是根据型钢构件的截面尺寸和位置，适当调整相应主筋位置，箍筋截面大小、数量和箍筋形式等；明确钢筋与型钢构件之间关系后，确定主筋的走向，再深化型钢构件上的构造措施以满足钢筋穿过或与之连接。由于型钢混凝土组合结构空间分叉柱（撑）的结构形式特点，在考虑钢筋与型钢构件位置关系时还应当考虑在二维结构深化设计中很少涉及的各分枝杈的钢筋生根、交汇收头位置关系，以及分叉钢筋、收头钢筋的锚固要求等。主筋设置原则可总结为“穿”“绕”“焊”“连”四种方式完成，箍筋则必须通过深化完成，遇到特殊部位的处理还应征得主设计人确认。具体操作要点如下（参见图6、图7）：

（1）采用 Tekla Structures、CAD 计算机辅助设计软件将劲性钢骨、主筋绘制在同一张图纸中，找出通常情况下各自位置关系；

（2）当梁、斜柱（撑）主筋遇到型钢构件时或各枝杈主筋位置发生冲突时，优先考虑调整主筋位置，积极与原结构设计人沟通考虑适当调整钢筋排布；

（3）在满足设计要求情况下重新排布的钢筋应满足生根、收头需要的锚固长度，锚固起始位置应由原结构设计人确定；

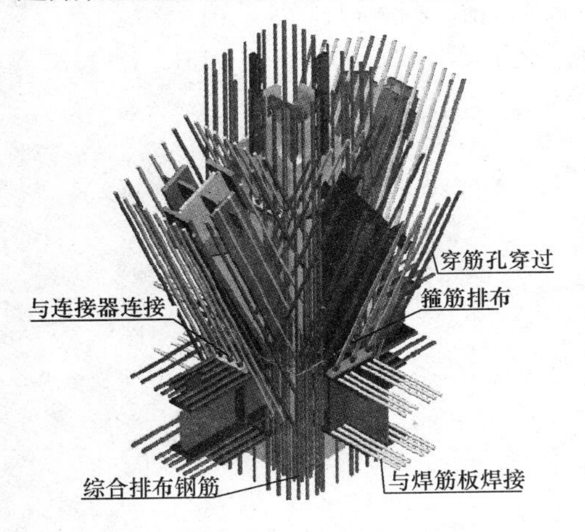

图 6　根部分叉段钢筋设计图示

图 7　根部分叉段钢筋排布实例

（4）当主筋遇到型钢构件腹板时，则在满足腹板开孔率条件下优先采用开孔措施穿过；

（5）当主筋垂直方向遇到型钢构件翼缘板或自翼缘板生根、收头时，因翼缘板禁止开孔而需要采用材质与型钢构件相匹配的套筒焊接于附加连接板，即采用钢筋连接器。本工程实验数据证明，该措施满足钢筋套筒连接规范要求强度；

（6）当主筋水平方向遇到劲性结构翼缘板或自翼缘板生根、收头时，可装上焊接板；多排钢筋或单排钢筋焊接板面积不够时可增设焊接板；

（7）箍筋设计则根据实际情况需要二次深化设计，则应在满足规范和主设计人要求条件下进行调整，如：增大箍筋直径而减少箍筋数量；采用 U 型箍筋对抱焊接形成矩形封闭箍筋；采用拉钩形式箍筋；

（8）钢筋翻样人员和劲性结构深化人员应密切配合，对现场施工人员应进行认真交底，对每个节点深化成果和技术要点进行样板制作以及后期现场跟踪指导施工。

4　结束语

型钢混凝土组合结构空间分叉柱（撑）深化设计技术是以运用 Tekla Structures、CAD 计算机辅助设计为前提，综合运用科学的设计理念、设计方法，突破创新，填补了传统设计技术的空白。首次提出了将型钢混凝土组合结构空间分叉柱（撑）进行空间整体分段，整体深化设计的“三维整体切割三段划分原则”使类似工程在今后施工有章可循，为型钢混凝土组合结构施工深化设计领域从简单二维向空间三维拓展打下了良好的基础。

于家堡金融区起步区 03－15 地块工程已经于 2011 年 10 月封顶，通过整体复测，型钢混凝土组合结构空间分叉柱（撑）各成品构件倾角、截面尺寸、钢筋检测符合质量要求，混凝土外观质量良好，总体施工满足相关规范标准，符合设计要求。

参考文献

［1］ JGJ 138—2001 型钢混凝土组合结构技术规程．北京：中国建筑工业出版社，2002.
［2］ 梁威，王昊．我国型钢混凝土梁柱节点构造综述．结构工程师，2007（4）：98—104.
［3］ 牛志平．型钢混凝土组合结构梁柱节点深化设计研究．建筑技术，2010（2）：150-151.

天津港国际邮轮码头工程异形钢结构安装技术

刘治国[1]　陈　辉[2]　王学东[3]
（1. 中国建筑第二工程局有限公司；2. 北京工业职业技术学院；
3. 北京中建建筑设计院有限公司）

【摘　要】天津港国际邮轮码头工程主结构为钢结构体系，建筑物的四角为斜柱，整个屋面梁为人字形的斜梁，脊线为曲线。工程施工中充分利用BIM技术进行三维数据采集，安装过程中使用GPS来进行构件定位，并通过合理的吊装工艺进行施工，达到了较好的实施效果。

【关键词】异形钢结构；三维数据采集；吊装；角度调整；临时支撑

1　工程总体概况

天津港国际邮轮码头工程坐落在天津市东疆港区南端，占地面积13000m²，建筑面积近60000m²，结构距离海边不足20米，东西向总长度达380m，南北长100余米，局部地下一层，地上三至五层；建筑物檐口高度为29m，建筑结构形式为钢框架结构体系，总用钢量为1.2万t；局部结构及屋面梁为异形钢结构。该工程为大型水运客运大厦公建项目，建成后是亚洲规模最大的水运码头客运大厦，该工程的建筑造型独特，取自万顷海面上两条流动丝带，有海上丝绸之路的深刻寓意。

2　钢结构概况

2.1　钢结构总体概况

见表1。

钢结构总体概况表　　表1

部　位	内　容	规　　格	材　质
钢框架	框架柱	共141根，均为圆管柱，截面最小为ϕ600×25，截面最大为ϕ1500×36	Q345B
	夹层柱	□200×200×10，□350×350×25	Q345B
	主梁	主梁分为焊接H型钢梁、变截面焊接H型钢梁和箱形梁三种 焊接H型钢梁：截面最大为H1200×500×18×30，截面最小为H900×350×14×25 变截面焊接H型钢梁：截面最大为H1700－900－1700×600×25×35，截面最小为H1300－900－1300×500×25×35 箱形梁：截面最大为□1800×600×25×35，截面最小为□1000×600×25×35	Q345B

部　位	内　容	规　　格	材　质
钢框架	次梁	次梁分为焊接H型钢梁和箱形梁两种 焊接H型钢梁：截面最大为H800×500×18×30，截面最小为H200×100×8×8 箱形梁：截面为□300×120×5×6	Q345B
	支撑	支撑为箱形支撑，截面为□300×300×16×16和□350×350×22×22两种	Q345B
	玻璃罩棚	主要由变截面焊接H型钢梁和角钢桁架组成 变截面焊接H型钢梁：截面最大为H1400－1100×400×18×28，截面最小为H1000－700×400×18×28 角钢桁架：弦杆规格为L100×8，腹杆规格为L70×6	钢梁 Q345B 桁架 Q235B
楼面系统	楼承板	65 185　185　185 555 YXB65-185-555闭口型楼承板	镀锌 钢板
	栓钉	直径为19mm	Q235B

2.2　异形钢结构概况

建筑物的四角为斜柱，整个屋面梁为人字形的斜梁，脊线为曲线，如图1所示。

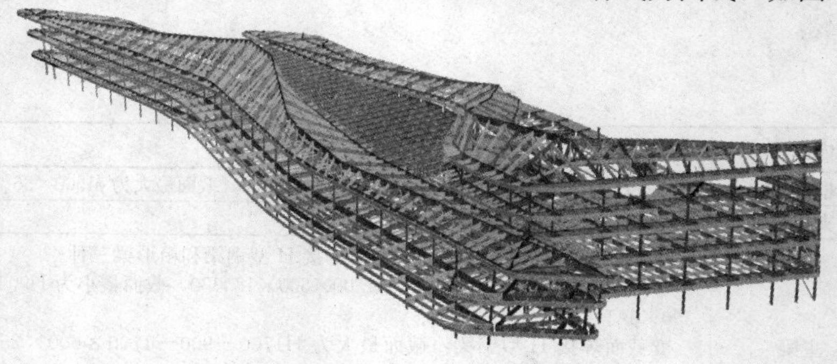

图1　屋面示意图

3　钢结构安装施工方法

3.1　施工区域划分

见图 2。

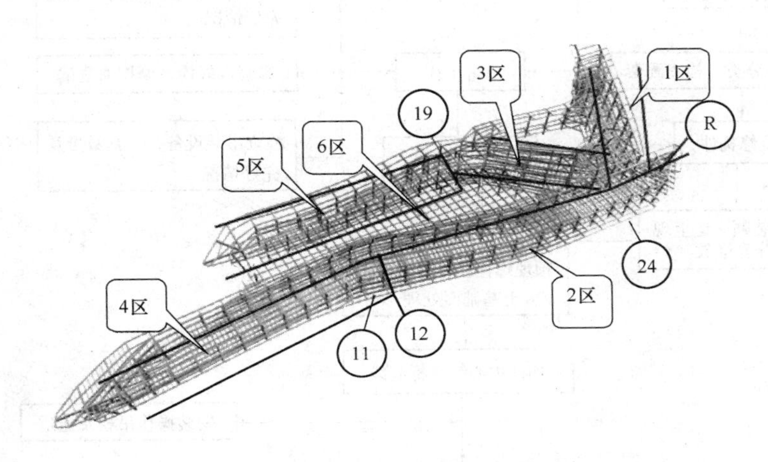

图 2　施工区域划分

3.2　施工顺序

（1）立面施工顺序：地下室劲型柱安装——其余劲型柱安装——1～5 区第二节圆钢管柱平行安装——1～5 区 6.33m 平台钢梁安装——室内楼梯按层配套安装——斜柱的安装——悬挑构件安装——6 区玻璃罩棚钢结构安装——连桥安装——其余构件安装。

（2）平面施工顺序安排：本工程的钢结构吊装分为 6 个区，先吊装 1～5 区主体钢框架结构，然后再吊装 6 区的玻璃罩棚钢结构和连廊结构。其具体安装顺序按照先中间后四周、先下后上、先柱后梁、先主后次的顺序进行。

3.3　吊装机械的选择

根据构件数量和单件重量，施工现场布置了四台塔吊为主要吊装机械，其中 1 号、2 号、3 号、4 号塔吊型号为 ST70/30（起重臂长 70m，臂端起重量为 3t，最大起重量为 12t）；同时配合 1 台 120t 履带吊、2 台 80t 履带吊和 2 台 25t 汽车吊，完成超重柱、主梁构件的吊装。塔吊起重性能见表 2。

塔吊起重性能表　　　　**表 2**

臂长	倍率	最大吊重及范围	25	30	35	40	45	50	55	60	65	70
70	Ⅳ吊重	12t 3.2～21.07m	9.7	7.7	6.6	5.25	4.4	3.8	3.3	2.8	2.5	2.25
	Ⅱ吊重	6t 4.1～40.3m	6	6	6	6	5.2	4.6	4.1	3.6	3.3	3

3.4 钢结构的安装

3.4.1 钢结构安装工艺流程

见图 3。

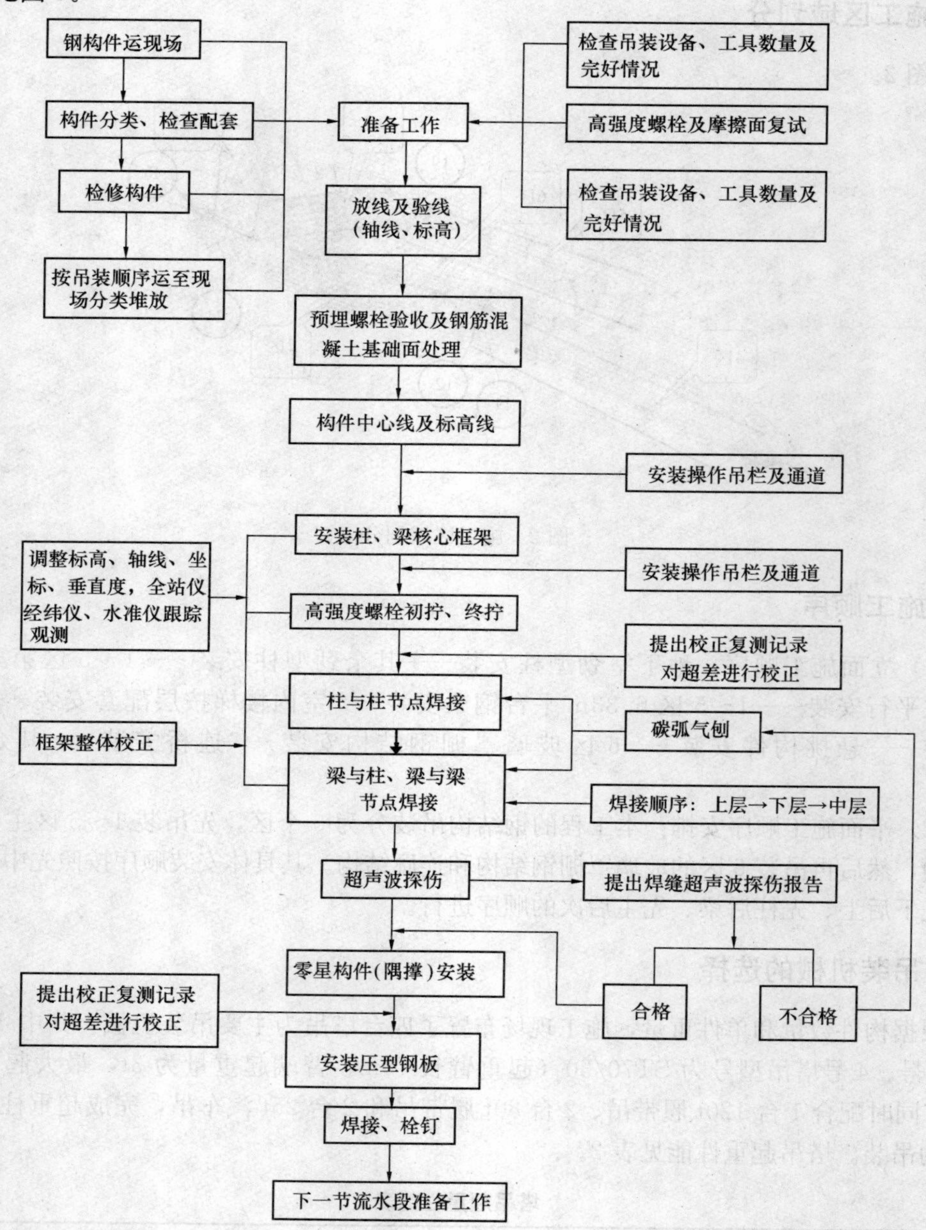

图 3 钢结构安装工艺流程

3.4.2 测量

在钢结构的安装测控技术的使用上，我们充分利用 BIM 技术，将模型中各主控点的控制数据从计算机中导出，形成控制数据库；安装过程中使用 GPS 来控制安装控制三维定位数据。如斜柱根部、层间及顶部柱中心点的标高、横纵坐标的三维控制数据、屋面檐口各斜梁与主梁连接点的三维数据等。该数据在安装过程中使用GPS来控制。通过GPS对各主控点导出数据的控制定位，配合塔吊及履带吊的机械吊装，顺利完成各个异型构件的定位安装及调节到位。从钢结构的模型上可以看出，该工程的特异形部分主要集中在建筑物东西四个端头斜柱以及屋面斜梁上。

3.4.3 异形斜钢柱安装

整个结构斜柱共有三个规格型号：ϕ1500×36（2根）和ϕ1200×35（6根）、ϕ1000×30（4根），材质为Q345B，经过吊装推算，将28/29-H轴线两根斜柱规格型号为ϕ1500×36分成斜柱三节，从柱底到地面以上1.3m为第一节，1.30～14.13m为第二节，总重约33t；14.13～28.537m为第三节，总重约36t，其余13根斜柱分为2节，从柱底到地面以上1.30m为第一节，1.30～18.271m为第二节，总重约23.11t。

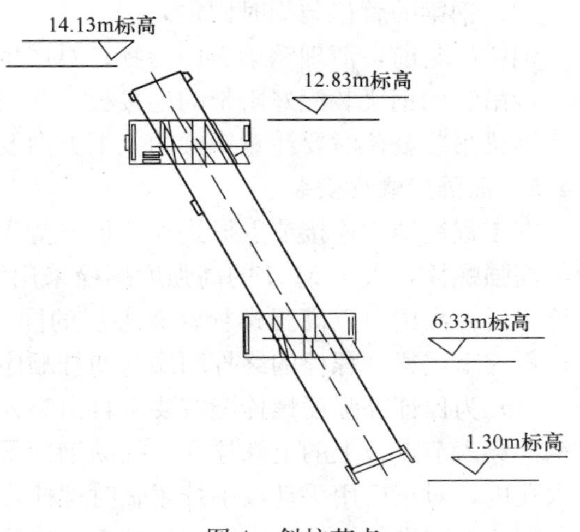

图4 斜柱节点

（1）斜柱节点形式。

斜柱的安装节点因楼层不同而不同，具体形式如图4所示。

（2）斜柱的吊装方法。

1）安装角度的调整

因斜柱的结构形式特异，给安装带来一定的困难，为了解决斜柱安装时的角度调节问题，在吊装前在索具上加倒链来调节斜柱的角度。

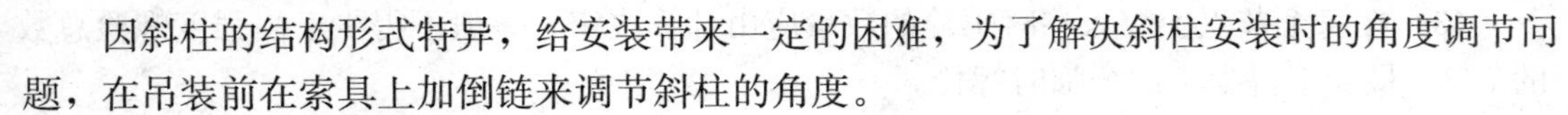

2）斜柱的临时支撑

考虑到柱子在安装后单靠连接耳板不能支撑整个斜柱的重量，这样需要做一定的临时固定支撑来加强钢柱的安装稳定性。做法如下：在安装前在钢柱上端2/3位置焊接两块连接耳板，吊装前在钢柱就位后，吊车不松勾，把柱两端连接耳板用高强螺栓临时固定好。

3.4.4 人字形屋面斜梁的安装

每节柱安装钢梁的数量约是钢柱的20倍，起重吊钩每次上下的时间随着建筑物的升高越来越长，所以选择安全快速的绑扎、提升、卸钩的方法直接提高吊装效率。钢梁吊装就位时先用安装螺栓进行临时连接，并在吊装机械的起重性能内才能对钢梁进行串吊。钢梁的连接形式为栓焊连接。钢梁安装时可先将腹板的连接板用临时螺栓进行临时固定即可，待调校完毕后，更换为高强螺栓并按设计和规范要求进行高强螺栓的初拧、终拧及焊接。

（1）钢梁安装顺序。

同平面钢构件吊装，采用由里向外、对称吊装的方法进行。

立面上钢构件吊装，采用由下至上，顺序安装的方法进行。

构件吊装分区进行，吊装顺序为柱、主梁、斜撑、次梁。吊装分区见分区图，吊装时两个区同时进行。

总体随钢柱的安装顺序进行，相邻钢柱安装完毕后，及时连接钢柱之间的钢梁，使安装的构件及时形成稳定的框架，并且每天安装完的钢柱必须用钢梁连接起来，不能及时连接的应拉设缆风绳进行临时稳固。先主梁后次梁，先下层后上层的安装顺序进行安装。

（2）钢梁吊点的设置。

本工程中将采用下列两种方法提高吊装工效：对于大跨度、大吨位的钢梁吊装可采用焊接吊耳的方法进行吊装，吊耳待钢梁安装就位完成后割除。如单根钢梁重量不大，满足一机多吊的要求时，可采用绑扎或通过吊装孔进行 2～4 件串吊。

（3）钢梁的就位与临时固定。

钢梁吊装前，清理钢梁表面污物；对产生浮锈的连接板和摩擦面进行除锈。

待吊装的钢梁装配好附带的连接板，并用工具包装好螺栓。

钢梁吊装就位时要注意钢梁的上下方向及水平方向位置正确。

3.4.5 高强度螺栓安装

本工程钢结构连接节点形式为“栓一焊”连接节点，小于 M24 的高强度螺栓采用扭剪型高强螺栓，大于 M24 的高强度螺栓采用大六角头螺栓。同一层梁先拧主梁节点高强螺栓，后拧次梁节点高强螺栓；有夹层的同一节柱的高强螺栓的拧紧顺序为：先拧夹层梁，再拧上层梁。螺栓的终拧顺序与初拧顺序相同。

（1）为保证高强度螺栓能按要求自由穿入孔内，在钢构件吊装就位后，每个接点用临时钢冲穿入节点板上的上螺栓孔，摇动钢冲子让上下孔重合，使上、下侧临时螺栓能自由穿入孔内，对正后用手动扳手拧紧临时螺栓，拔出过镗冲。

（2）随即进行钢柱垂直度测量校正合格后，立即进行高强螺栓安装。垫片、螺母的方向要一致。

（3）在每个节点上穿入临时螺栓的数量应由计算决定，一般不得少于高强度螺栓总数的 1/3，最少不得少于二个临时螺栓。

（4）同一节点穿入的高强螺栓方向要一致，便于操作。检查连接副正确后，对余下的螺栓孔可直接安装高强螺栓，用扳手拧紧后，换下临时螺栓，再进行该处高强螺栓的安装。

（5）高强螺栓应自由穿入孔内。如不能自由穿入，不得强行敲打，应采用铰刀或锉刀修整栓孔，修整后或扩孔的孔径不应超过 1.2 倍的螺栓直径，严禁采用火焰切割扩孔。

（6）不允许用高强螺栓兼临时螺栓，以防止损伤螺纹，引起扭矩系数的变化。

（7）高强螺栓安装完成后，随即进行钢柱垂直度复测，合格后，立即进行高强螺栓的拧紧。

3.4.6 钢结构焊接施工

焊接工艺评定试验的结果应作为焊接工艺编制的依据。

焊接方法：本工程钢结构焊接全部采用“先栓后焊”的原则，焊接量很大，除了角焊缝的立焊，坡口平焊外，还有大量的横焊。为了提高工效，保证工期和保证焊接质量，结合现场条件，确定钢结构安装焊接方法采用以 CO_2 气体保护焊为主，以焊条电弧焊为辅。

焊接顺序：钢梁的焊接按顺序是先焊下翼缘后焊上翼缘，条件许可应隔一根梁焊一根梁，尽可能避免一根梁两端同时施焊；钢柱的焊接应双人对焊，两边同时施焊；对于同一节点，首先对称立焊，再仰焊，最后平焊。

结构整体焊接顺序：立面顺序先焊接上层梁、再焊接下层梁、最后焊接中间层梁，最后焊接柱口；平面顺序由中间向四周放射形进行焊接。

按照焊接要点焊接完成后，按设计、规范对焊缝进行超声波无损检测。

3.4.7 屋面梁的安装

屋面梁的吊装主要采用现场的ST70/30塔吊完成，安装测量人员将采用BIM技术导出的三维控制数据，应用GPS定位技术指挥塔吊吊装高度及位置，落件后临时固定，根据数据进行调节安装就位。

4 结束语

该工程的结构特异，测量采用常规的测量全站仪无法实现，所以，充分利用BIM技术进行三维数据采集，安装过程中使用GPS来进行构件定位，并通过合理的吊装工艺进行施工，达到了较好的实施效果。

平顶山文化艺术中心工程大跨空间钢结构梁吊装施工技术

潘 峤 胡海宽 夏 洪 刘 坤

（北京建工集团总承包部）

【摘 要】 本文通过对无法直接起吊的楼宇内大跨空间钢结构梁吊装施工技术予以总结，希望能为此类工程提供实际借鉴。

【关键词】 大跨空间；混凝土框架；钢结构梁；吊装；施工技术

随着我国经济不断深入地蓬勃发展，建设投入力度逐年加大，国内建筑业越发兴旺起来，尤其是近些年来，大型公共建筑迅速崛起，这使得大跨空间结构愈加广泛地被予以使用。现今大跨空间结构设计所用方法，不外乎钢结构梁或者预应力混凝土梁两种方式，而公共建筑对工期要求相对紧凑，因此钢结构梁由于其施工简便、工期较短，更加受到推崇。

但是类似于平顶山文化艺术中心，主体结构仍以现浇混凝土框架结构为主，只是在大跨空间结构设置钢结构梁的工程，在现浇混凝土框架与钢结构梁的穿插施工上，技术尚不成熟。如何有机地将两种结构形式紧密结合，且尽可能地缩短工期，依然是一个亟待解决的技术课题。同时，本工程大跨空间于建筑平面居中布置，如何高效地完成钢结构梁的吊装工作，也是整个工程重中之重的施工难点。

解决和处理好上述技术课题及施工难点，恰恰为技术研究提供了一个难得的机遇。本着依托现场、降低成本、合理调配、减少交叉、科学分工、提高精度的总体思路，经过与结构设计、专业操作人员深入探讨，及电脑模拟推演论证，制定数项切实可行的综合措施，并组织实施，所获效果良好。

1 工程综述

平顶山文化艺术中心为平顶山市政府投资兴建的标志性建筑，是广大人民群众文化生活和社会主义精神文明建设的重要场所。本工程整体俯视效果如图1所示。

图1 平顶山文化艺术中心整体俯视效果图

该工程占地面积35238.48m²，总建筑面积27777.60m²。地下一层，地上四层；地下室局部设置，并延伸至南侧室外形成下沉庭院。地下室层高5.4m，首层层高7.2m，二、三层层高3.60m，四层层高4.20m。平面中部大跨空间越层布置，划为三层，一二越层剧场观众厅层高

8.700m，二三越层影厅层高 5.700m，三四越层排练厅层高 7.200m，剧场舞台直接通顶层高 21.600m。女儿墙顶标高 20.10m，局部最高点标高 23.00m。

整个结构体系为现浇钢筋混凝土框架结构，并有部分大跨空间钢结构承载梁。本工程轴线网分布为 1-10 轴 / A-L 轴，钢梁区域位于 4－8 轴交 1/D－2/F 轴间，居平面中部，共分三层。相关建筑布局及钢梁平、剖面的详尽位置如图 2～图 5 所示。

全部大跨空间钢结构梁均为 H 型钢，所用钢板强度等级 Q345，焊条采用 E50 型，焊缝质量等级一级。钢梁加工制作时，主梁跨中需起拱 30mm。钢梁具体技术参数如图 2 和表 1 所示。

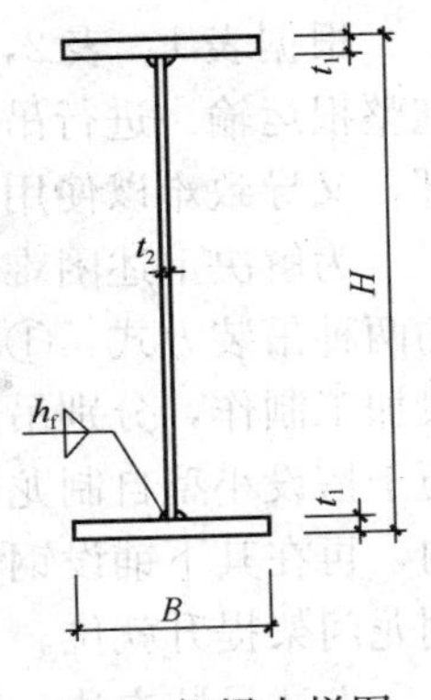

图 2 钢梁大样图

表 1

钢梁技术参数表

钢梁编号	数量	类型	梁顶标高	B	H	t_1	t_2	h_f	l	质量（约）
			m	mm						t
GL1-1	5 根	主梁	8.470	400	1100	34	18	18	19000	7.01
GL1-2	5 根	主梁	14.170	400	1000	34	18	18	19000	6.74
GL1-3	9 根	主梁	21.370	400	1000	34	18	18	19000	6.74
GL2-1～GL2-5	15 根	次梁	21.370	200	450	10	14	10	3000～4150	0.24～0.34

钢梁腹板与预埋件连接板安装前表面需经抛光除锈，达到 Sa2.5 级的要求，除高强螺栓接头处外，除锈后即喷涂环氧富锌底漆 80μm，环氧树脂封闭漆 50μm。钢梁腹板与预埋件连接板采用性能等级 10.9S 的摩擦型高强螺栓进行连接，接触面须喷砂后生赤锈，应使抗滑移系数达 0.50 以上，且严禁沾染油漆或油污。钢结构防火涂层耐火极限不应小于 2.0 小时。

2 钢梁的吊装

2.1 吊装方式分析

已知一般钢材密度 ρ 为 7.85g/cm^3，现根据钢梁几何尺寸的具体参数，按照下式计算钢梁大约质量，计算结果如表 1 所示。

$$m = V \times \rho = S \times l \times \rho = (2 \times B \times t_1 + H \times t_2) \times l \times \rho$$

施工现场布设有三台 QTZ5015 型塔式起重机，起重臂长 50m，额定起重力矩 63t·m，起重特性如表 2 所示。

表 2

QTZ5015 型塔式起重机起重特性参数表

项目	符号	单位	内容							
幅度	R	m	2.5～15.3	20	25	30	35	40	45	50
起重量	Q	kg	6000	4483	3465	2796	2322	1969	1700	1500

注：原作者不详，QTZ5015 自升塔式起重机使用说明书，P6，日期不详。

根据表 1、表 2，结合施工平面图，可见无法利用现场塔吊对任何一根钢结构主梁实施整根运输。进行吊装工作，必须另辟蹊径。然而，由于钢梁所处的部位居建筑平面中部，又导致难以使用汽车吊直接进行吊装。

为解决上述困难，在将安全、质量、进度、效益综合考虑后，提出针对现场实际情况的两种吊装方式：①塔吊可分段运输，且安装现场不便搭设小型自制龙门架的钢梁，按三段加工制作，分别吊送就位后，再将其拼接对焊成型；②塔吊分段运输困难，且安装现场便于搭设小型自制龙门架的钢梁，按整根加工制作，由汽车吊在室外起吊送至相应楼层内，再在其下铺设钢管，于室内已施完成的结构板面上，水平滚动拖送到安装地点，经自制龙门架提升就位。

上述吊装方法，契合施工条件，充分利用现场塔吊及各类简单资源，巧妙地化解了施工难点，

2.2 分段直接吊装

2.2.1 适用部位

虽然剧场观众厅上方钢梁（梁顶标高 8.470m），除 1/6 轴处钢梁外，均不利于塔吊分段吊装，但是由于吊装时其下方为老土层，不便使用小型自制龙门架就地提升。只得采取塔吊分段吊送到 1/6 轴处后，在满堂脚手架作业面层上，逐根进行平移，至各钢梁相应的轴线位置，再拼接对焊成型的方法。剧场舞台上方钢梁（梁顶标高 21.370m），离地净距过高，根本无法使用小型自制龙门架进行提升，且其距 1 号塔较近，完全满足塔吊分段吊装要求。

2.2.2 分段加工

经与结构设计及钢结构专业生产厂家沟通商榷后，以受剪力较小的跨中三分之一段的两侧附近为截点，将整根钢梁分三段加工制作。每段钢梁衔接端上下翼缘板及腹板拼口处相对错开 200mm 以上，以避免焊缝交叉和焊缝缺陷的集中。分段加工具体尺寸如图 3 所示。

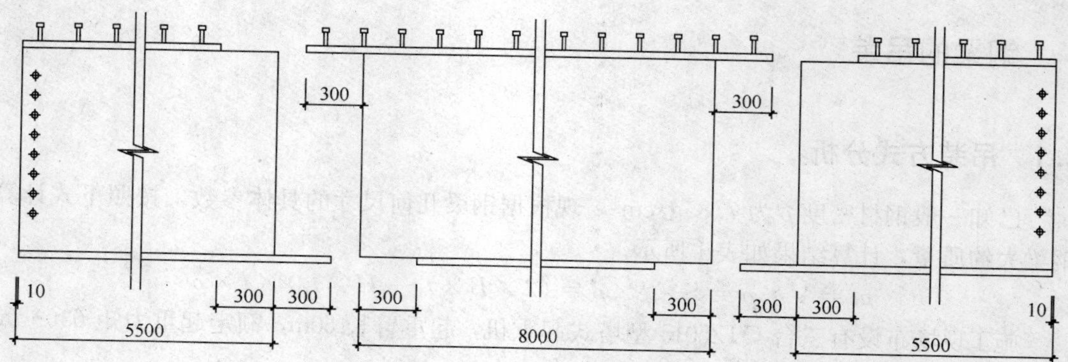

图 3 钢梁分段加工尺寸图

2.2.3 直接吊送

按公式计算，所分三段钢梁质量分别约为 2.03t、2.84t、2.03t，塔吊直接吊送各段钢梁时，应严格按照表 2 所规定的起重量对应幅度进行现场运输，且满足有关法规、标

准、规范和规定的要求。

2.2.4 拼接对焊

各段钢梁吊装就位满堂脚手架顶作业面后，按其上预先弹好的横竖向轴控制线，在确保跨中起拱条件下，使用千斤顶调整其拼接位置，对正后固定平稳，焊接组装成型。

2.3 整根分步吊装

2.3.1 适用部位

影厅和排练厅上方钢梁（梁顶标高 14.170m、21.370m），轴线部位与剧场观众厅相同，并不利于塔吊分段吊装，且吊装时其周边混凝土框架及下方梁板结构已施工完毕，便于整根钢梁在室内水平拖移，及采用小型自制龙门架原地提升，因此适宜采取整根分步吊装的方法。

2.3.2 室外吊送

使用两台最大起重量为 25t 的 QYT25 型汽车吊采取递送法，将整根钢梁输送至相应楼层内。该吊装过程重点在于两台汽车吊的协调配合，必须同步起吊和平移。待钢梁一端伸入楼内，立即使用手拉葫芦将钢梁迅速向室内拉入，同时近楼汽车吊逐步卸载。等钢梁大部进入，重心牢固作用于已施混凝土结构后，远楼汽车吊再逐步卸载，整根钢梁则全部拖入相应楼层。现场实操情况如图 4 所示。

图 4 钢梁室外整根吊送图（排练厅上方）

2.3.3 室内平移

在钢梁下，以间距 300～500mm，铺设长 2m、直径 48mm、厚度 3.5mm 的钢管，使钢梁借助钢管滚动，在手拉葫芦的拉动下，进行水平滑移，运抵最终安装地点。

室内平移大致操作方法如图 5 所示。

根据公式可知每根钢梁下至多铺设 64 根钢管。

$$n = l/s + 1 = 19000/300 + 1 \approx 64$$

再依据此种钢管每米长质量 g_g 为 3.84kg/m，按公式得出所铺钢管总质量 0.49t，加上所运钢梁质量 6.74t，合计全重 7.23t。

$$m = n \cdot g_g \cdot l = 64 \times 3.84 \times 10^{-3} \times 2 = 0.49\text{t}$$

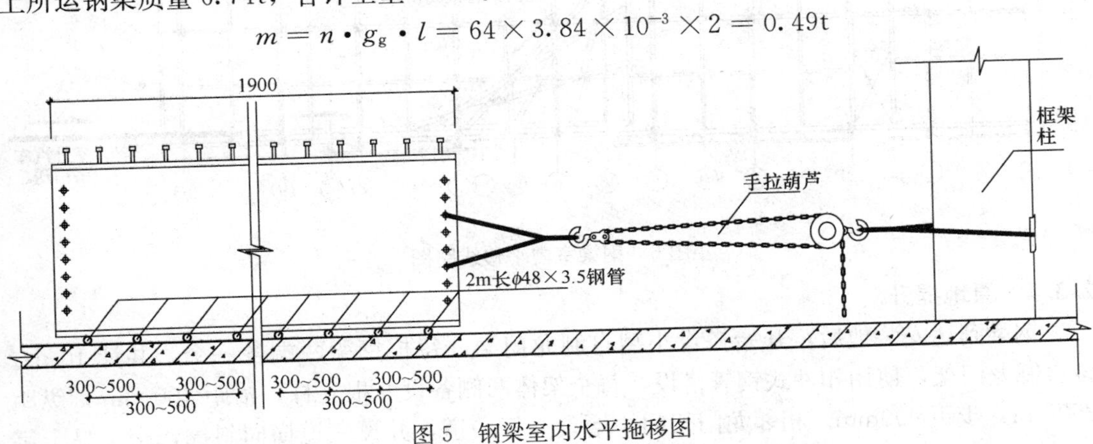

图 5 钢梁室内水平拖移图

由公式可求出钢梁在室内平移对楼板所施均布活荷载值约为 1.9kN/m²，图纸标明的设计采用均布活荷载标准值则从 2.5kN/m² 至 7 kN/m² 不等，可见梁板承载力满足要求。并在具体实施前，与结构设计者详细讨论，获其许可。

$$f_c=\frac{F}{A}=\frac{m\cdot g}{a\cdot b}=\frac{7.23\times10^3\times10\times10^{-3}}{19\times2}=1.9\ \text{kN/m}^2$$

在移动线路上，利用电脑模拟，进行多次推演，加强事前控制，将可能出现的各种突发不利情况提早预判，予以解决。

钢梁室内平移线路如图 6 所示。

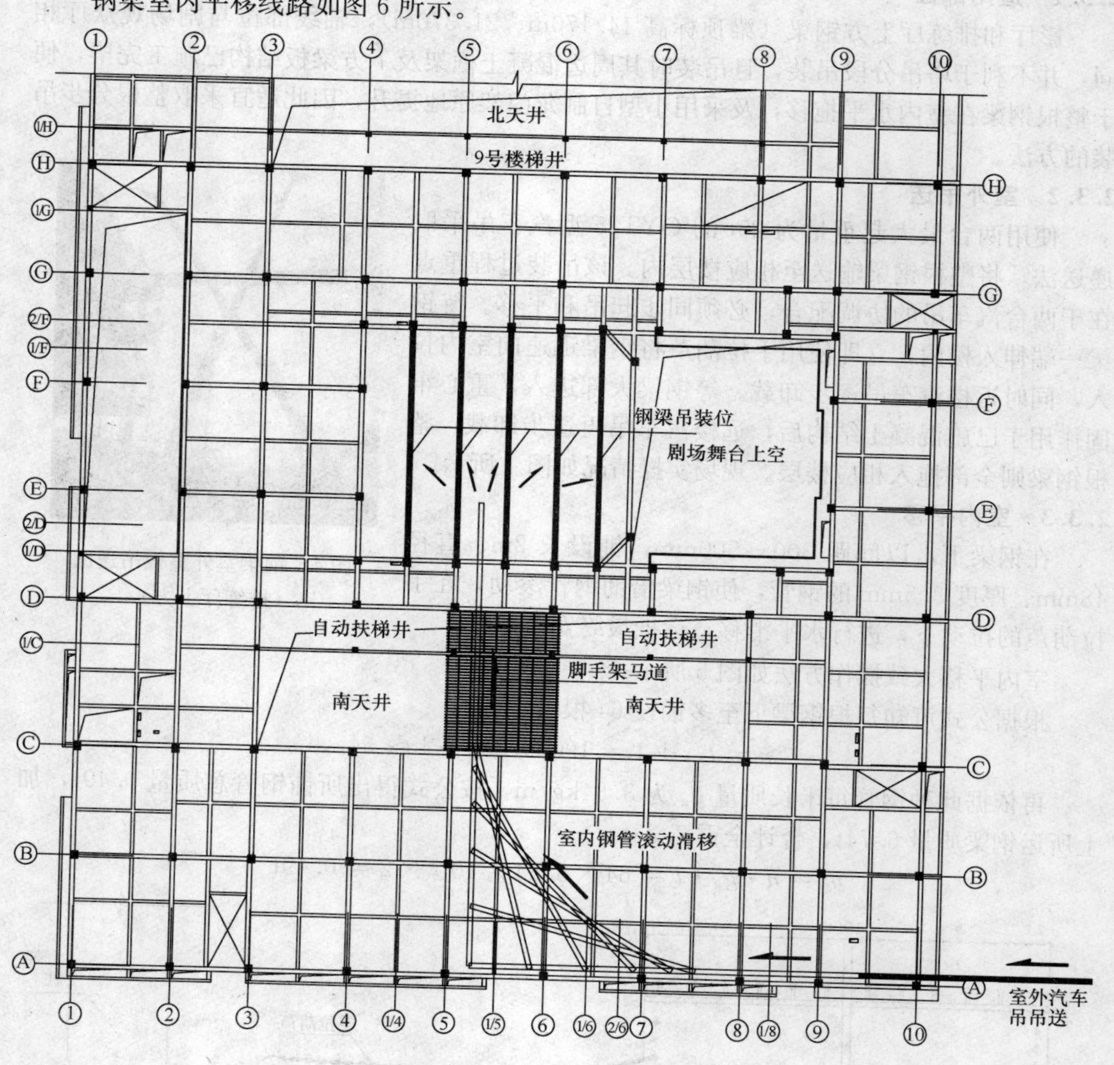

图 6　钢梁室内平移线路图

2.3.4　原地提升

钢梁到达安装地后，开始搭设小型自制龙门架，每根钢梁两端各一个，共计 10 个。该自制龙门架，使用扣件式钢管搭设，每个架体两侧各设 9 根立杆，横距 1000mm，纵距 250mm，步距 900mm。相邻龙门架间，增设立杆一道，并设三道横向斜撑，交叉呈十字型，与立杆和架间水平杆构成三角体系，且最上一道与架顶横向水平杆相交。架顶水平杆三层交叠搭接，以增强整体抗弯性能，承载其上吊杆所传压力；最下一层水平杆将每端5个龙门架贯穿串联，以提高架体整体稳定性。同时架体与周边满堂脚手架紧密相连形成一体。

由于篇幅限制，有关架体和钢梁受力验算此处不再赘述。

经验算，采用规格为5t的手拉葫芦可满足钢梁提升的动力及荷载要求。在龙门架顶安置由6根长2m的钢管所结成的钢管束，作为手拉葫芦的上端约束点。下挂两个手拉葫芦，一个提升，一个保护，以预防因受力手拉葫芦意外损坏而发生事故。

现场实操情况如图7、图8所示。

图7　钢梁原地整根提升过程图（排练厅上方）

图8　钢梁原地整根提升完成图（影厅上方）

当梁顶标高超出设计要求至少100mm后，即停止提升，由两端龙门架闭锁钢梁，开始搭设双排支撑脚手架。控制好架顶标高，须契合中段起拱要求，并给架顶承载自然下沉留出一定余量。搭好后，将钢梁落下，拆除龙门架。

3　施工缝的留置

本工程依据南北两侧所设后浇带的位置，粗分为三个施工流水段，钢梁所处的大跨空间恰位于第Ⅱ施工流水段中部。如果钢梁和混凝土框架同时施工，将加大两种结构间的交叉作业，那么两者必然相互制约，增加施工难度。因此，将钢梁所涉轴线部位连同周边跨从第Ⅱ施工流水段中分离出来，把钢梁所在楼层重新细分为四个施工流水段，便于消除穿插施工所带来的不利因素，将两种不同结构体系展开施工时的相互间影响降至最小，同时也利于组织流水施工，加快进度缩短工期。在按此原则分割第二施工流水段时，以钢梁周边跨混凝土梁剪力最小处，即梁跨度的中间三分之一范围内，留置施工缝。

4　预埋件的埋置

为满足钢梁吊装的高精度要求，就必须对钢梁预埋件的安装进行严格控制。预埋件的安装位置位于框架柱侧面顶端，其安装精度的控制要点在于框架柱的施工质量和预埋件的测量定位。

在图纸会审中，发现钢梁预埋件背向框架柱侧，所设抗剪小肋板和锚固钢筋均与框架柱纵筋发生空间位置冲突，如图 9 所示。在保证抗剪和锚固效果不变的前提下，提出修改意见，如图 10 所示，得到结构设计认可。此变更不但解决构造空间位置重叠问题，而且

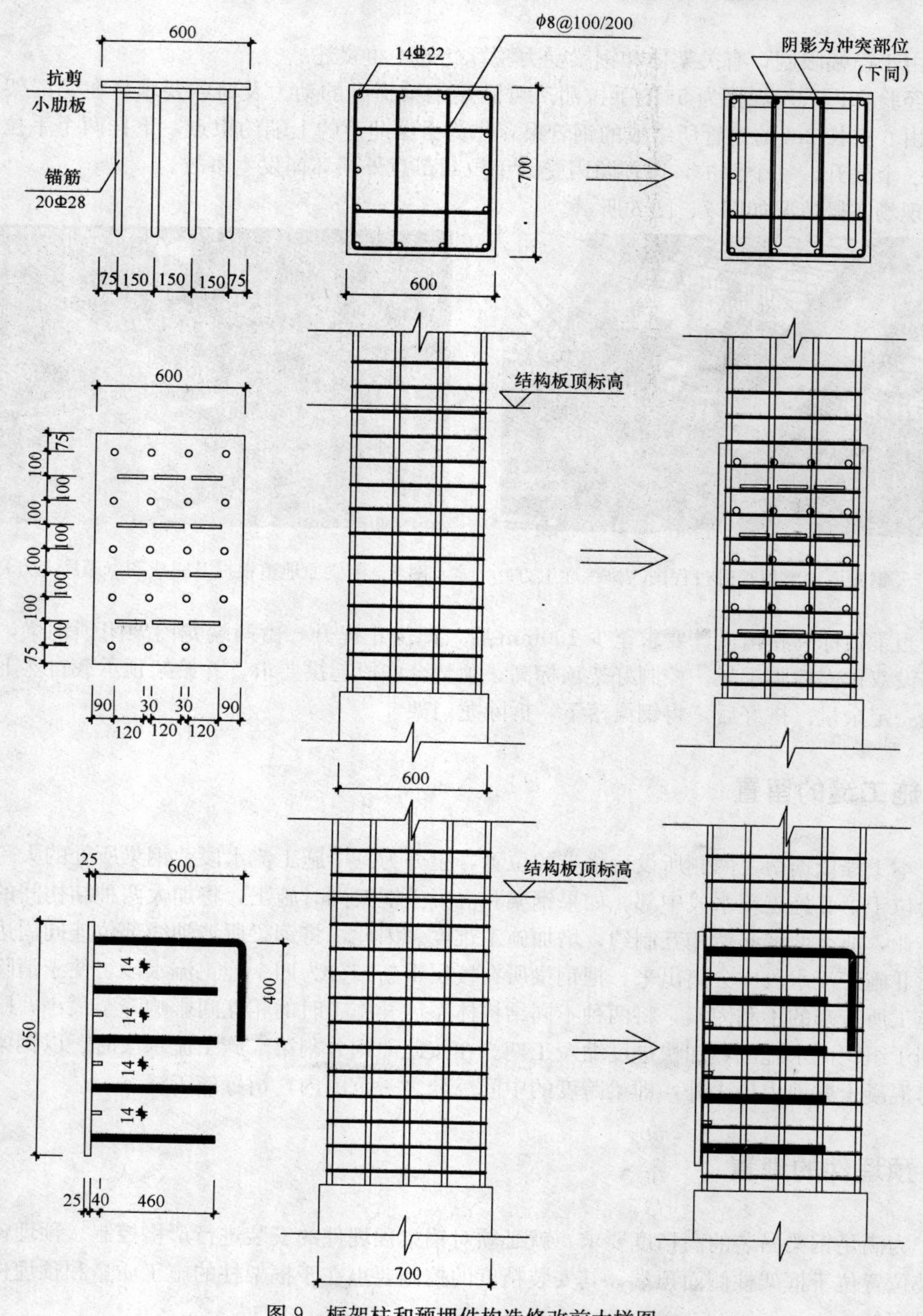

图 9　框架柱和预埋件构造修改前大样图

给施工精度控制带来便利，使构造间相对位置控制得以简单化。

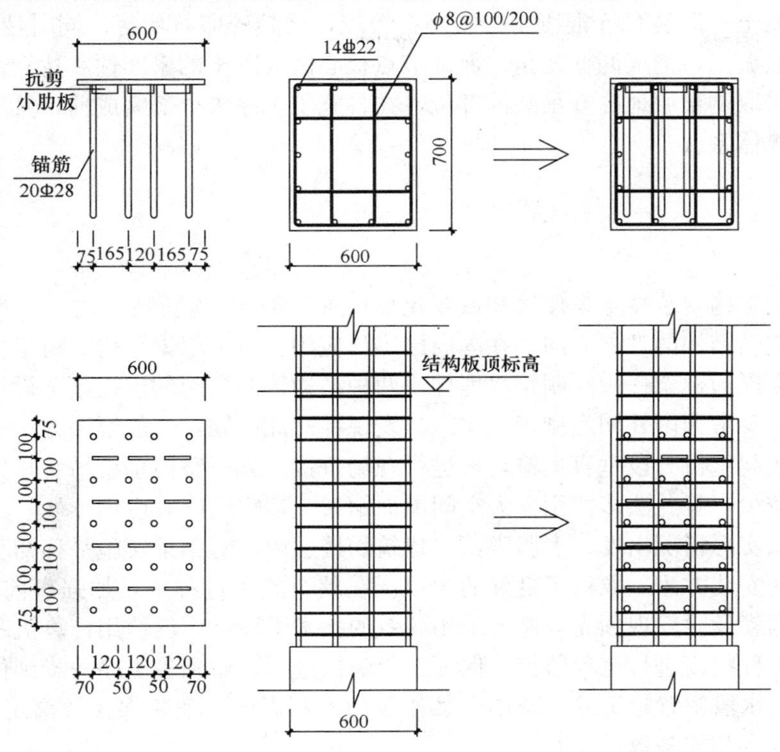

图10　框架柱和预埋件构造修改后大样图

修改后的预埋件，抗剪小肋板与锚固钢筋的横排间隔恰为框架柱主筋所处位置，余留空隙仅较框架柱纵筋直径宽11mm，正可使预埋件与框架柱钢筋契合组装。在预埋件加工阶段，严格控制其制作精度，要求各构件施焊拼接误差控制在±5mm以内。

在钢梁所接框架柱钢筋绑扎阶段后期，开始同步进行预埋件的初步安装，将其锚固钢筋与框架柱主筋绑扎简单固定。严格按钢筋分项工程要求使用柱纵筋定位箍，以保障框架柱纵筋位置准确，易于预埋件精度控制，使其可一步安装就位。

在预埋件安装前，应在其连接钢梁面上，弹画横竖向中线，以便吊装时控制其轴线位置。待框架柱钢筋绑扎及预埋件初装完成，测定精度验收合格后，再进行合模。然后先行浇筑框架柱混凝土，至预埋件下口标高以下100mm处，以增强架构整体稳定性，便于展开下步混凝土框架钢筋施工，并减小钢梁吊装对混凝土框架梁板柱造成的扰动。

5　混凝土的浇筑

将钢梁上端楼板、设有预埋件柱头及周边跨施工缝内侧梁板，作为一个整体，实施混凝土浇筑，确保结构密实。由于与钢梁连接的柱头钢筋密集，属节点核心区，因此必须要着重考虑，采取有效措施。

此部位混凝土浇筑涉及C30、C35两个强度，故在柱顶梁底处留置施工缝，以缩小节点核心区高强度等级混凝土的浇捣时间，避免高低强度等级混凝土的邻接面形成冷缝。经与结构设计协调，对钢梁和混凝土框架柱节点，钢筋过分密集的核心区，可浇筑同强度等级的细石混凝土，但是C35混凝土必须碎石级配，严禁碎卵石代替。同时使用小型30插入振捣器加强振捣，消灭漏振死角，保证节点核心区混凝土的密实性和达到设计强度。

此外，采取钢梁原地提升吊装的部位，在各施工工序未全部完成前，其下各层均不得拆除模板支撑体系。

6 结论

大跨度钢结构安装技术是住房和城乡建设部推广的10项新技术之一，是未来大型公共建筑大跨空间结构的发展方向，在国内已广泛应用。本工程钢结构大跨梁居建筑中部单独布置，并在周边框架柱头预制钢梁埋件，两种结构体系之间的连接施工设计成为了值得研究的难题。参考国内外同类型工程实践，发现针对此问题，一般解决方法多为将钢梁截断，通过塔式起重机分段垂直运输，再进行现场拼接。先行整体垂直吊装，然后平移就位的工程实例较少，且此法多使用于大空间屋面钢架，楼宇内鲜有应用。

本工程从实际情况出发，大胆尝试在建筑物楼层内，对钢梁实施平移初步就位后，再行低度提升的安装方法，取得了良好的效果。在整个施工过程中，加强事前和事中管理，将各种不利因素及时发现预先规避。采用高效的技术手段，广泛使用计算机和全站仪等新兴设备，对工程精度进行全程监控，保证工程顺畅进行，做到各工序一步到位。同时，合理划分施工流水段留置施工缝，减小交叉作业的不利影响。消除误工、窝工、返工现象，取得不错的社会和经济效益。

因地制宜利用楼宇内已施混凝土结构平移钢结构构件，将两种不同形式的垂直运输穿插联系起来，成功实现建筑物中部多层大跨钢梁的吊装工作，为现浇混凝土和钢结构组合框架的工程实践提供了一种新的思路，可供今后同类工程施工参考。此次技术实践，使得各类专业知识得以融会贯通综合应用，提升工程施工管理的专业实操能力。体现出沟通协调乃是技术工作极为重要的组成部分，有时甚至决定着事物的成败。

参考文献

[1] 江正荣，朱国梁. 简明施工计算手册. 3版. 北京：中国建筑工业出版社，2005：14.

[2] GB 50205—2001 钢结构工程施工质量验收规范. 北京：中国计划出版社，2002：29.

[3] JGJ 130—2011 建筑施工扣件式钢管脚手架安全技术规范. 北京：中国建筑工业出版社，2011.

[4] 江正荣，朱国梁. 简明施工计算手册. 3版. 北京：中国建筑工业出版社，2005：20.

[5] 编写组. 建筑施工手册. 缩印本4版. 北京：中国建筑工业出版社，2003：605.

装修工程

开放式陶土板幕墙防水问题研究

熊　健　王丽筠
（北京建工集团总承包部）

【摘　要】 开放式陶土板幕墙体系作为一种新型幕墙体系得到了很广泛的应用，其诸多优点将使其成为未来的趋势，但其防水问题并没有得到应有的重视。本人在国家钢铁及制品质量监督检验中心工程中针对陶土板幕墙安装中遇到的一些防水问题，研究了一些解决方案，旨在加强该体系防水的可靠性。本文结合实际工程案例对这些解决办法加以阐述，期望大家能一起讨论，共同完善。

【关键词】 开放式；防水问题

1　引言

时代在进步，科技在进步，人们的需求也在进步——随着人们对生活环境和生活质量的要求不断提高，大家的环保意识也在不断增强，陶土板作为一种新型幕墙材料日益得到重视。陶土板一般采用陶土和废料制作，制作过程中板中形成空腔，板面形成釉面。所以相对于玻璃、天然石材和金属材料，陶土板有低耗、低辐射、环保、节能、耐久、自洁、性价比高、色泽均匀等优点，现大量应用于建筑外墙装饰，并势必形成一种趋势，广泛应用于未来的建筑中。

当前介绍陶土板的论文也有不少，笔者曾经参与过陶土板幕墙工程的施工过程，就开放式陶土板干挂体系的防水问题纠结了很久，因此在这里结合范例工程对开放式陶土板干挂体系的防水问题进行讨论，期望此种新型材料能更完美、更广泛地应用于各种建筑。

2　工程简介

国家钢铁及制品质量监督检验中心工程位于马鞍山市经济开发区，建筑物高 50m，混凝土框架结构，内、外墙采用加气砌块隔断，外墙装饰采用灰黑色 TOB 开放式陶土板幕墙体系（见图 1）。幕墙做法采用：在主体承重结构上预埋钢板，以镀锌方钢与预埋件焊接形成竖向承重结构（竖龙骨），以镀锌角钢与镀锌方钢焊接形成横向承重结构（横龙骨），定制的铝合金型条与角钢以自攻螺钉固定，将挂件插入陶土板，最后将陶土板挂件安装在定制铝合金型条上。其做法类似干挂石材作业（见图 2）。

图 1　陶土板幕墙整体效果图

图 2　陶土板干挂幕墙

3　工法特点及施工工艺

3.1　工法特点

（1）结构合理，工艺简单，可单片更换，施工方便快捷，不受地域、气候诸条件影响。

（2）开放式的安装方式以及陶土板自身的空腔结构，使得面材跟墙体之间的空气层能够“自由呼吸”，可以散湿散热，防止背腔结露，具备外墙保护功能，提高建筑物自身的舒适度，延长建筑物的使用寿命，达到双重立体保温效果，满足《公共建筑节能设计标准》GB 50189—2005 要求。

（3）幕墙安装时采用柔性绝缘垫片将转接件与竖龙骨连接隔开，避免不同金属材质之间的电解腐蚀，使转接件与竖龙骨之间形成“断桥”，从而起到“断桥隔热”的作用，大大降低热能的传递速度，并提高幕墙系统的抗震、防水、防侧移、防撞性能。

3.2　施工工艺

（1）工艺原理：采用挂件式安装系统。即采用螺栓将角钢连接件连接在竖龙骨上，通过铝挂件把陶土板固定在角钢连接件上。陶土板有自带的安装槽口，将铝挂件滑入槽中，陶土板与铝挂件之间以不锈钢弹簧片分开，保证了陶土板安装后的稳定性。陶土板拼接的水平缝处于敞开状态，竖向缝安装有分缝胶条，它直接固定在竖龙骨上。通过调整与紧固角钢连接件及铝挂件螺栓，保证面板安装的整体平整度，达到施工质量验收要求。

（2）工艺流程：施工准备→定位放线→安装后置埋件与转接件→安装墙体保温系统→

竖向龙骨安装→横向龙骨安装→龙骨挂件和分缝胶条安装→安装陶土板及校正调平→收边收口处理→清理保洁→验收。

4 开放式陶土板的防水问题

4.1 原幕墙设计的防水措施

（1）水平缝防水措施：

水平缝主要依靠板与板搭接处的企口，来实现防水；利用重力原理，使水流不向内渗透（如图3所示）。

（2）竖向防水措施：

竖向拼缝采用T字形橡胶条，安装时板与板夹紧。

（3）阴阳角处理：

阴角直接板与板交接，阳角45°切割拼缝；水平的阴阳角缝隙都采取打胶处理；竖向的阴阳角，考虑重力作用，未采取防水处理。

图3 水平缝示意图

4.2 发生问题

以上施工方法，在4、5月的雨季中均未发现问题。但在随后7、8月，台风登陆，数日的大风大雨天气，大楼内发现多处渗漏。究其原因，是正向风压导致企口以及竖向阴阳角拼缝处渗水进入陶土板与结构空腔，在防火封堵处形成积水，向内渗漏。

4.3 解决办法

上述问题，使我们必须考虑：在大风多雨地区或高层建筑上，现有的防水措施能否满足使用的需要。我们考虑首先要尽量使水在板外侧流淌，即使有部分渗水，也使其沿板内壁流淌，不要造成飘雨现象。这样水还是能沿板背面流至建筑底层，沿散水自然流淌。

（1）水平防水措施：

解决水平防水措施，我们不妨使用双企口设计。在风压比较大的极限情况下，即使雨水越过使水流越过第一道企口，在第一道企口与第二道企口之间的凹槽内，雨水受风压可以向两边分流，无法越过第二道企口，这样应该可以降低风压渗水的影响。假设更极端的情况，在风压作用下，雨水会越过第二道企口，我们认为雨水也会沿板背面流淌，不会有飘雨现象。之所以把第一个企口设计比较小，而且成圆弧状，一方面是为了便于陶土板的安装和调平，同时易于陶土板制作，也不易损坏（见图4）。建议陶土板生产厂家考虑改进陶土板的细部节点。

（2）竖向防水措施：

以T形橡胶止水条，保证水路在板外或缝间流淌，即使有风压也是沿板背面流淌。在本工程中沿板背面的渗水也造成了很大麻烦，因结构与陶土板之间有空腔，依据消防要求，每隔 4 层必须设置防火封堵。本工程采取的是厚度 1mm 的 L 形镀锌钢板加防火棉的防火封堵处理办法（如图 5 所示）。这样的处理方式，若有水渗入板背面，依然有可能沿钢板进入防火棉，进入结构。我们考虑如果 L 形钢板上加折边，则可保证即使板背面渗水依然不会进入室内。只要无风压造成的飘雨，雨水就不会进入防火棉。横向防水措施和竖向防水措施均不会出现飘雨现象，那么剩下的处理好阴阳角，整个陶土板幕墙体系抗极限风雨天气的性能就改善很多（图 6 所示）。

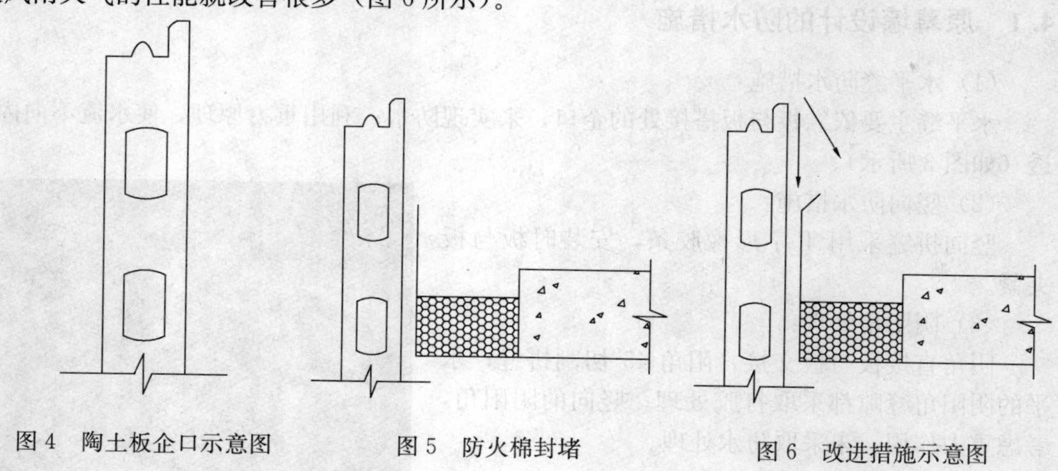

图 4　陶土板企口示意图　　图 5　防火棉封堵　　图 6　改进措施示意图

（3）竖向阴阳角防水措施：

考虑到美观，阴阳角处若采取防水胶条，一来不好施工，二来阴阳角不容易做直，不利于美观。要达到既能防水，又美观，而且还施工便捷，建议阴阳角处还是打结构胶处理，这也是传统处理方法，至于原理就不再啰嗦了。

在实际工程施工过程中，双企口因涉及产品设计生产问题，无法实现；L 形板加折边，因工期和返工成本问题，仅以手钳弯折了一下，与陶土板背面分离即可，在美观上留下了遗憾；阴阳角处打结构胶处理。最终防水效果还是不错，近期几次风雨天气，未出现渗水现象。

5　结语

以上便是本人结合实际工程就开放式陶土板幕墙体系防水问题的一点建议，目的在于抛砖引玉，使大家能重视开放式陶土板幕墙体系的防水功能问题。新型材料或体系必然有其优点，但还要满足功能需求，这是一个完善过程，需要大家群策群力。本文比较简单，必然存在不足，希望大家指正。让我们共同为打造精品工程而努力。

浅谈异形幕墙钢结构施工技术

邓一页　姚付猛　黄云刚　张小俊　沈忠云
（中国建筑第五工程局有限公司）

【摘　要】 随着时代的发展，人们对文化的需求和品味越来越高。许多建筑为了与当地的地方文化相协调，建筑外观造型随之向多样化、特色化发展，而满足这些外观造型的需求往往是利用钢结构来完成。下面以大同市图书馆的晶体形幕墙为例来谈谈钢结构施工技术在异形幕墙施工中的应用。

【关键词】 幕墙钢结构；安装单元；钢结构施工技术

1　工程概况

大同市图书馆项目位于大同市御东新区。地下一层，地上四层，建筑面积 22197.66m²。地上主体结构采用钢框架—混凝土筒体结构，楼盖为组合楼板，地下一层采用钢筋混凝土结构，无地下室部分框架柱和地下室部分在地面以下通过拉梁连为整体，所有钢柱柱脚均采用埋入式钢柱脚（即钢柱锚入基础梁）。建筑总高度 26.60m，建筑物造型新颖，建成后将成为大同市新的地标建筑（见图 1）。

图 1　大同市图书馆项目鸟瞰图

2　施工难点

本工程幕墙外立面成晶体形，幕墙立面钢结构网架主要由三角形网格面组成，任何两个网格面都不在同一平面内且不与地面垂直，多杆件通过球形或鼓形节点连接在一起，交汇点杆件最多14根。以三角形网格面为最小单元，单元间以球形节点连接，自地面起，依附主体钢结构外围分布（见图2）。幕墙钢结构网架主要构件有：（1）抗震支座：弹簧支座、滑动支座、固定支座；（2）底部球支座；（3）连接节点：球；（4）杆件：圆管、箱形杆。

图2　项目幕墙钢结构模型

3　流水段划分

平面上以东、南、西、北四面划分为四个大流水段，每个大流水段从立面上根据各段的高度划分若干小流水段（例如南立面），见图3。

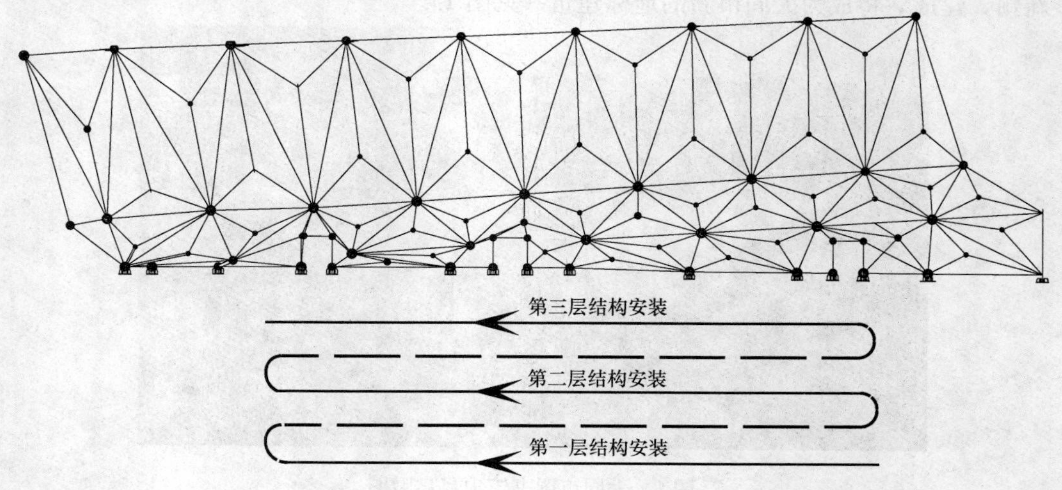

图3　南立面施工顺序

它既具有总体设计的各项结构上的要求，又有其固有的单体特征。由于塔吊不能全范围覆盖，在塔吊覆盖范围外辅助履带吊。构件在工厂加工时，每一构件的重量不得超过现场吊装设备的相应起重量，每一构件的长度不得超过运输和堆放条件。

4　安装方法

4.1　安装方法分析

本幕墙钢构由三角形网格面组成。根据幕墙结构的布置，底部球节点杆件垂直于 Z 轴，可直接安装。三角形网格在地面组装成片，拼装成三角状单元，然后整片吊装。其余各主结构球节点均采用钢柱支撑架支撑，采用吊装机械原位拼装。

4.2　安装工艺

（1）底部球支座安装：底部球节点垂直于三维坐标的 Z 轴，在支座预埋件上弹出控制线，可直接安装（见图 4、图 5）。

图 4　底部支座安装示意图

(1)

(2)

图 5　抗震球形支座实物图

（2）现场拼装小单元，搭设支撑柱：把球节点的大地坐标换算成现场的三维坐标，按换算值在现场搭设胎架拼装小单元（见图 6），同时在小单元的结构实体安装位置搭设支撑柱（见图 7）。

（3）安装小单元：小单元的顶部球节点搁置在支撑柱上，在底部球支座上标识出小单元的杆件焊接位置，将小单元的杆件搁置在底部球支座上，调节并观测小单元的顶部球节点，顶部球节点调节就位后将小单元的杆件与底部

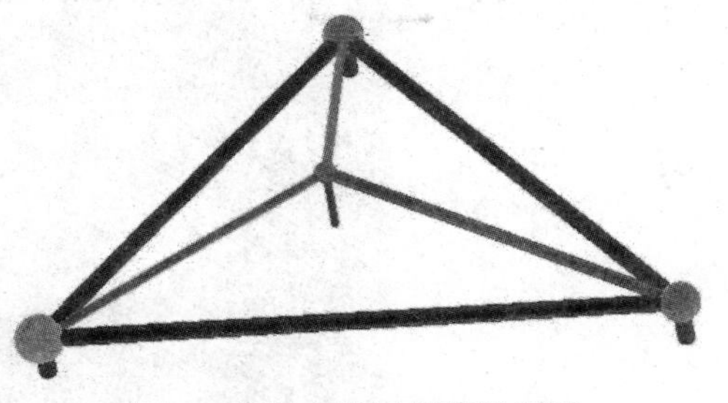

图 6　现场小单元拼装示意图

图 7　现场杆件拼装实物图

球支座点焊（见图 8）。

（4）校正小单元：小单元与底部球支座点焊后，及时将小单元的顶部球节点或小单元中的杆件与主体结构点焊连接（见图 9），再次观测节点与杆件位置是否准确，合格后将小单元均匀焊接固定。

（5）安装下一小单元：待前一个小单元校正固定后，同样进行下一小单元安装（见图 10）。

（6）几何尺寸检查，校正：在后一个小单元安装时，同步检查前面已安装单元的几何尺寸，若有变化，要及时校正、调整。

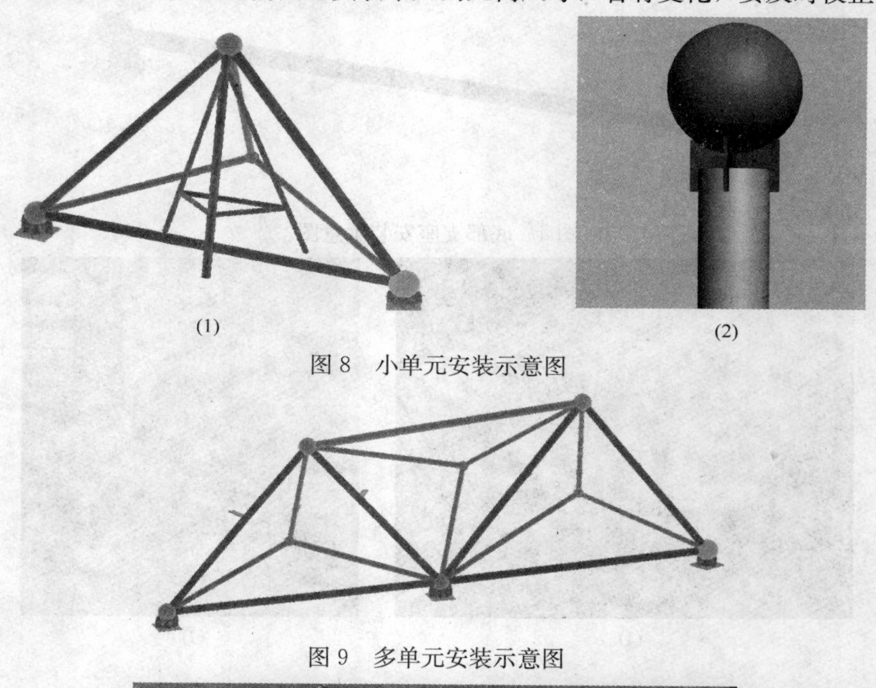

图 8　小单元安装示意图

图 9　多单元安装示意图

图 10　幕墙立面球形节点钢结构安装实物图

5　施工安全措施

（1）在幕墙钢结构的内侧搭设双排脚手架，设置水平通道和操作平台。

（2）对于小单元安装拆除吊索等施工方面，采取安装前在地面捆扎固定的方法将工具式爬梯临时固定在杆件侧面，使用完毕再行拆除。

（3）节点焊接时，施工人员配备安全带固定于脚手架上，确保安全。

6　结语

由于本工程的复杂异型结构要求，决定了钢结构安装的难度很高。但通过钢结构安装技术的运用，很大程度上降低了安装施工难度，节约了工期，降低了成本，为工程的顺利进展提供了良好的先决条件。

参考文献

［1］ 上海宝山钢铁集团有限公司．YB 9254—95 钢结构制作安装施工规程［S］．北京：冶金工业出版社，1996．

［2］ 冶金工业部建筑研究总院．GB 50205—2001 钢结构工程施工质量验收规范［S］．北京：中国计划出版社，2001．

长乐宝苑二期工程 GRC 施工应用技术研究

刘占业　王丽筠
（北京建工集团总承包部）

【摘　要】现在建筑欧式装饰风格越来越多，用 GRC 构件能轻而易举地完成欧式外墙装饰，而且 GRC 构件体薄、质量轻、强度高、韧性高、抗冲击性能好、防裂性好，会在越来越多的工程中得到广泛的应用，因此，要有一套好的施工方法，完善 GRC 构件的安装工艺，弥补施工中的不足，使 GRC 构件能更好地为工程服务。
【关键词】GRC 安装工艺；防水措施；GRC 的改进

1　工程概况

北京长乐二期 B 区及宝苑一期 A 区开放区项目位于北京市顺义区天竺镇花园别墅开发区长乐地块内，首都机场附近，总建筑面积 74886.59m²，其中地上面积 45443.34m²，地下建筑面积 29442.251m²，建筑物的高度 12.9m（见图 1）；本工程分为大独栋和小独栋两种户型，地下一层，地上三层，结构形式为现浇钢筋混凝土剪力墙结构，基础采用钢

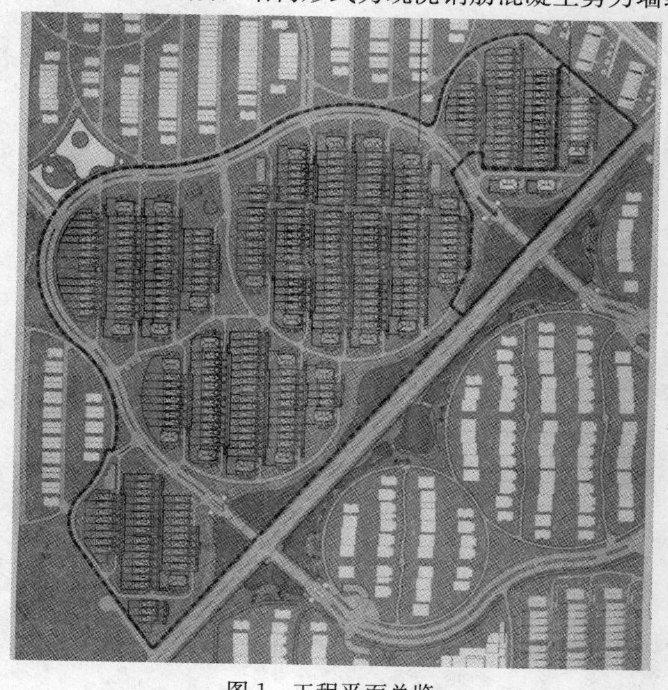

图 1　工程平面总览

筋混凝土条形基础，小区属于欧式花园装饰风格，本工程的外装修，地下一层及一层墙体大部分采用简易干挂石材，其余采用仿石涂料和外墙高弹性涂料，装饰线脚及门套采用GRC装饰构件，轻而易举地完成了欧式外装饰。本工程施工现场分布大，建筑物数量较多，楼层数量较少，高程控制比较复杂，给施工带来了不小的困难（见图2）。

图2　建筑外观效果图

2　GRC材料

2.1　GRC的主要的组成材料、性能

组成材料包括普通硅酸盐水泥、耐碱玻璃纤维、黄砂、镀锌扁钢、丙烯酸乳液，GRC的中文意思是玻璃纤维增强水泥，GRC的外墙装饰构件与混凝土装饰构件相比较，GRC构件体薄、质量轻、强度高、韧性高、抗冲击性能好、防裂性好。采用GRC外墙装饰构件可以弥补混凝土和石材外墙装饰构件自重大，抗拉强度低，耐冲击性能不足，它具备了混凝土和水泥砂浆制品所无法具备的优良特性（见图3）。

图3　GRC外墙装饰构件

2.2　产品的相关要求

所有的GRC构件必须为防水产品，一般产品厚度不小于12mm，所有压顶GRC制品

厚度必须在 20～25mm 范围之内，铁艺门 GRC 柱墩及其他 GRC 柱墩内需浇筑混凝土的部位必须满足浇筑混凝土时 GRC 作为模板的强度要求。GRC 线脚在设计、生产时均有泄水坡度（1%～3%），在安装过程中如有结构或其他因素导致产生偏差时应作相应调整，保留其泄水坡度。预埋件均为 30mm×30mm 热镀锌扁钢，安装膨胀螺栓入墙深度必须达到 55mm 以上。

对照图纸核实构件的型号及尺寸，要求表面平整，边缘整齐，无明显裂纹和断裂，注意构件的体量和重量（便于人工的运输及安装）及编号；构件滴水线设置正确并通畅顺直。

3 GRC 深化设计计算的依据

3.1 M10 膨胀螺栓相关数据如下

根据《膨胀螺栓规格及性能》（JB/ZQ 4763—2006）M10 膨胀螺栓锚固在 C15 混凝土上（在本工程中，地下室外墙使用的混凝土强度等级为 C30，地上外墙使用的混凝土强度等级为 C25，混凝土强度等级越高，其相应物理性能就越大，膨胀螺栓的抗拉及抗剪承载力就越大）且埋深不小于 55mm 时其允许拉力为 940kg/支；允许剪力为 235kg/支，从 GRC 的安装节点可以看到，作用在膨胀螺栓上的力基本上没有向外的拉力，而是向下的重力，即对膨胀螺栓的剪力。我们仍按两个方向的全额拉力及剪力计算。一般安全率为吊装件重量的 4～5 倍，动荷载为吊装件重量的 2 倍，原则上 GRC 材料上不允许承受其他外加重力，即综合安全率为吊装件重量的 8～10 倍，我们按最大安全率 10 倍计算。

3.2 GRC 质量计算的方法

GRC 密度 2200kg/m^3（检测值），厚度一般为 12mm，加上预埋件的重量，根据以上参数来设计每个 GRC 构件所需预埋件及膨胀螺栓的数量（见图 4）。

图 4 GRC 构件螺栓孔位置示意图

4 施工过程中的难点

4.1 门窗部位如何增强防水措施

在门窗套部位 GRC 的安装过程中，由于用膨胀螺栓固定门窗套的 GRC，膨胀螺栓会破坏主体结构，有可能导致雨水顺着膨胀螺栓破坏的部位进入室内——如何保证外窗以及外窗挑檐等部位不渗漏水；露台、屋面女儿墙部位的 GRC 压顶处，怎么做才能防止雨水通过 GRC 进入女儿墙里，造成屋面的渗漏？如何使 GRC 和防水工序搭接好，成为施工过程中控制的难点。

4.2 GRC 与保温层施工工序的先后

由于 GRC 的安装，在挤塑聚苯板保温层施工后，这样就存在了两个问题：一是 GRC 不是直接安装在结构主体上，会对 GRC 的牢固性有一定的影响；二是在 GRC 安装时会破坏挤塑板保温层。在安装过程中既能解决 GRC 直接安装在结构主体上，又要保证挤塑聚苯板保温层的性能，以上问题，是我们施工过程中思考和改进的重点。

5 施工方案的确定

根据设计人员意图，全面熟悉施工用结构图纸、建筑图纸，掌握建筑外立面变化的位置、特点及变化的特征。针对 GRC 线脚窗户的防水问题，以及 GRC 安装在主体结构上不影响挤塑聚苯板保温层性能的问题，施工方进行了重点考虑、重点设计，并结合现场实际对外墙 GRC 进行了二次深化设计。经过与设计、甲方及 GRC 供应商多次碰头协商，最终确定了施工方案。

6 主要施工方案

6.1 施工顺序

正常情况下从上往下安装，工期十分紧张时可上下两层同时安装，但工作面不允许在同一垂直线上。现场安装时，要先分清编号，确定无误后再进行调运安装；各分项小组在同时施工作业时要相互配合，共同做好衔接处的处理工作。

6.2 施工工艺流程

放线→确定固定点并固定两端构件→拉通线→安装固定→防腐→接缝处打胶处理→整体表面处理

6.2.1 放线

按设计要求，结合现场实际，确定高程、中心线、弹出构件相应水平线、垂直线。

6.2.2 确定固定点

根据 GRC 构件预留连接点，在墙体上确定相对应构件连接点位置，GRC 构件安装时，先在构件下口相应位置打 2 根 ϕ10mm 钢筋，支撑构件，以方便固定和校正。

6.2.3 拉通线

线条先安装两端阴阳角，安装好并检查位置准确后进行固定，在两端角的适当位置拉紧 2 根通线，确保线条横平竖直。

6.2.4 固定

构件校正至要求后用膨胀螺栓穿过构件预埋镀锌扁铁预留孔或构件加强预留孔与墙体固定，构件固定后与墙面紧贴无缝隙。

6.2.5 防腐

所有焊接加固的钢筋均须涂刷两遍防锈漆。固定用的膨胀螺栓均为镀锌材质，本身具备防腐。

6.2.6 接缝处理

本工程所有 GRC 构件拼接处均预留约 8～10mm 缝隙；构件固定，经检验达到合格标准后即可进行补缝工序（如图 5、图 6 所示）。

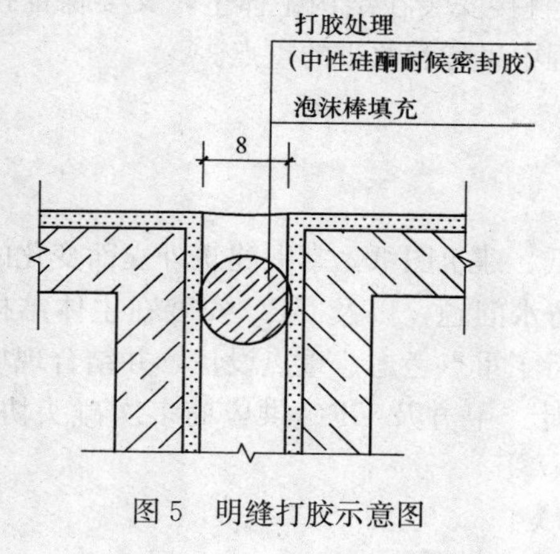

图 5 明缝打胶示意图

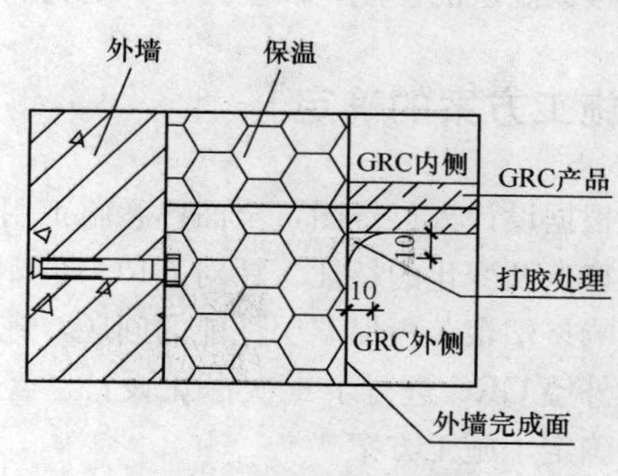

图 6 阴角打胶示意图

6.3 施工方法

6.3.1 定位放线

根据图纸设计，标定 GRC 构件安装部位线，确保所需要安装 GRC 构件多高程位置与图纸尺寸要求完全一致。

6.3.2 GRC 构件的运输安装

根据 GRC 各安装部位的要求，将所需构件运至安装层面，运输时注意产品保护，避免磕碰造成损坏，同时注意产品放置要安全。

6.3.3 GRC 构件安装

GRC 构件安装前，应先根据深化图中的“留缝示意图”排布每根 GRC 线脚，确保每个明缝间隙在 8～10mm 之间。构件与墙体的连接点必须离开墙体边缘 100mm，以防止墙体局部劈裂或锚固长度不够。GRC 构件安装：第一种方法先在构件下口位置打 2 根 ϕ10 钢筋作为支撑，方便固定和校正，待 GRC 构件调整到位后，在构件预留扁铁处用膨胀螺栓将构件固定在墙体上；第二种方法是构件加强预留孔位置用冲击钻在主体上打眼，用膨胀螺栓将构件固定在墙体上。GRC 构件安装时是先固定墙面的两端点（或阳角），拉上通线后，依次进行安装固定，确保构件安装后横平竖直，同时要使构件与墙体螺栓紧贴无缝隙，用螺栓固定时螺栓打入结构墙体深度在 55mm 以上，螺栓要拧紧压实，需电焊固定的地方构件与结构间用 $\phi 6$ 热镀锌圆钢（按深化节点图要求）焊接牢固。焊缝要求饱满，无假焊、漏焊现象，所有焊接部位均要做防锈、防腐处理。GRC 构件安装过程中，如有镀锌扁铁穿破保温与结构固定时，先在相应保温部位掏 40mm×60mm 洞，待安装完成后，切割相同大小保温块塞入洞中，外墙保温砂浆补平。

6.3.4　接缝处理

明缝的处理：所有直段线型安装留明缝部位均预留 8～10mm 缝隙，待整段线脚安装无误，验收合格后进行打胶处理，打胶部位完成面与 GRC 成品完成面下凹成弧形，低 1～2mm，阴角部位暗缝的处理：所有阴角接缝处安装时均预留 5～10mm 缝隙，待整段线脚安装无误，验收合格后进行打胶处理，打胶部位完成面与 GRC 成品完成面成弧形倒角（见图 7）。

图 7　接缝处理

6.3.5　有线脚窗户处的防水处理

在安装窗户的 GRC 线脚时，为了防止窗户因安装 GRC 遭到破坏渗漏，采取以下的措施：

在安装窗户的 GRC 线脚前，先在 GRC 底部，用电钻钻直径 10mm 的圆孔，如果有水进入 GRC 构件里边，能从构件底部把雨水排出，保证 GRC 构件里面不存水，GRC 的底部做好滴水线，防止雨水沿着 GRC 底部进入窗户，在窗户的四周在从窗户的副框边，分别向窗户四周做 200mm 的涂膜防水涂料，待其硬化后，安装 GRC 线脚，在 GRC 线脚与结构墙体的缝隙处用硅酮胶封闭，然后从窗户的副框开始向 GRC 线脚上涂刷涂膜防水涂料，加强防水措施，以保证不因为安装 GRC 而造成外窗或结构的渗漏（见图 8、图 9）。

对于露台、屋面女儿墙部位，屋面的防水材料是 SBS 防水卷材，上卷 250mm，卷材以上是 JS 防水涂料，防水涂料涂刷到女儿墙顶部，安装好 GRC 压顶的构建后，在 GRC 构件的空隙处填细石混凝土，这样就能防止雨水顺着安装 GRC 构件时对墙体破坏的地方进入防水卷材，进而使露台和屋面渗漏雨水（见图 10）。

6.3.6　GRC 与保温层施工工序的先后

为了能使 GRC 更好的直接固定在结构墙体上，又不破坏外墙的保温效果，经过我们认真商讨，研究出一套切实可行的方案，并提前和设计单位进行沟通，征得设计单位的同

图 8　涂刷防水涂料

图 9　GRC 底部的滴水线

图 10　GRC 构件在女儿墙部位防水构造

意后又同 GRC 加工厂家协商，要求在加工 GRC 构件的时，提前在 GRC 构件里边预埋同外墙保温材料一样的挤塑保温板，这样就能在施工外墙保温层挤塑聚苯板以前，先安装 GRC 构件，避免对外墙保温层的破坏，同时还能使 GRC 构件直接安装在结构主体上；而且由于 GRC 构件里边的挤塑聚苯板是在厂家进行的，GRC 材料进场以后就是成品，直接就可以安装，能提高施工进度，GRC 构件直接安装在主体结构上，增强了 GRC 与主体结构之间的连接强度，此种方法取得了不错的成效，可以在以后涉及 GRC 安装的项目施工中进行推广。

7 验收标准

GRC 安装允许偏差值：水平偏移不大于 5mm（3m 长度）；
垂直偏移不大于 6mm（3m 长度）；
构件接缝处水平高低差不大于 1mm。

检测方法：尺量检查。

GRC 外墙装饰件的立面设计必须满足建筑物的实用功能，同时美观、和谐、统一。

GRC 外墙装饰构件安装应做到尺寸到位、焊接牢固、立面平直、线条通顺。

8 效益分析

GRC 外墙装饰构件优于其他建筑材料，国内早期外墙装饰材料多采用石头雕塑，生产时间长，而且花色单一，将天然石材雕塑成外装修构件，生产复杂，价格高，一般业主难以承受，市场难普及，GRC 外墙装饰构件的优越性决定了该产品的先进性、设计合理性、技术标准性、产品可行性，也决定了 GRC 外装构件取代同类其他建筑装饰材料的必然性。GRC 外墙装饰构件符合现代社会发展的需要，前景广阔，如今时髦的欧式外装强烈地吸引着人们，许多城市出现了欧式街，欧式别墅等建筑，造价不高，外观漂亮的 GRC 外装饰构件正好满足发展的需要。新型材料 GRC 外墙装饰构件加快了建筑材料向科学、美观、实用方向发展的步伐。

9 结论

通过采取在 GRC 底部钻孔、做滴水线，并在窗户的四周 200mm 范围内做涂膜防水涂料，GRC 线脚与结构墙体的接缝处用硅酮胶封闭，线脚安装完后，再往窗户和 GRC 构件的连接处做涂膜防水，增强连接处的防水措施。在加工 GRC 构件时在构件里边预埋保温板，这样就可以先施工 GRC 构件，不用等到保温层施工完毕后再安装，这样既能提高施工进度，又能增强 GRC 与主体结构之间的连接强度，并取得了不错的成效，会在以后 GRC 安装的施工项目中进行推广。

参考文献

[1] 崔王忠. JG/T 1057—2007 玻璃纤维增强水泥外墙板［S］. 北京：中国建材工业出版社，2008.

浅析给水厂站现浇构筑物及设备安装施工关键技术

沈　培[1]　杨发兵[2]　杨国富[2]
（1. 中国建筑一局(集团)有限公司；2. 中建二局第三建筑工程有限公司）

【摘　要】 给水厂站工程施工的主要内容是现浇构筑物及设备安装。现浇构筑物的施工关键技术主要包括根据闭水区间和结构特征设置施工缝等止水措施保证水工构筑物闭水效果，溢流堰口高程和设备基础高程控制，合理预留洞口、预埋套管，控制水池墙体裂缝。设备安装的施工关键技术主要包括与其他专业交叉施工组织，泵类、阀门类、搅拌设备、滤板、滤头、工艺管道的安装及试验、试车等。运用这些施工关键技术，做好现浇构筑物及设备安装施工工作，对于保证给水厂站类工程施工质量有重要作用。
【关键词】 给水厂站；现浇构筑物；设备安装；施工关键技术

1　前言

现浇构筑物及设备安装是给水厂站工程施工的核心内容。现浇构筑物大多为钢筋混凝土结构的水工构筑物，构筑物内部有很多预埋止水钢套管、塑料套管、预埋铁件、大量的预留洞口、溢流堰、滤梁等，结构复杂，对防水性能的要求高。水处理设备数量多、类型复杂，安装的精度要求很高，试车及联合试车的协调难度大，管道立体交叉布置，连接、防腐、涂装、强度试验等关键环节质量不易掌握。如对这些施工重点、难点不采取有针对性的措施，就有可能造成质量隐患，影响使用功能。我们通过在宝鸡水厂等项目施工过程中将现浇构筑物和设备安装的施工技术做出分析并进行总结，形成施工关键技术，对于给水厂站类工程的施工具有指导和借鉴意义。

2　给水厂站处理方法与工艺

给水厂站以天然淡水水源为处理对象，去除或降低原水中悬浮物质、胶体、细菌、有害的生物及杂质等，使水质满足用户的需求。给水厂站的处理方法有自然沉淀、混凝沉淀以及过滤、消毒、软化、除铁锰等。给水厂站基本的生产工艺根据原水水质的不同有所区别。

宝鸡水厂项目分为九公里水厂（图 1）和冯家山水厂（图 2）两个水厂，水处理的核心技术由法国威立雅水务公司提供。工程的主要内容有土建工程、机电安装工程、电气工程等，包括清水池、砂滤池、沉淀池、细格栅站、活性炭间、检漏沟、流量计井等新建、改建的构筑物和隔栅机、刮泥机、搅拌器、鼓风机系统、反冲洗系统、大袋系统等机械设备，以及厂区道路、绿化、围墙等工程。宝鸡水厂水处理的工艺是：原水→混凝→沉淀→过滤→消毒。

图 1　宝鸡九公里水厂全景

图 2　宝鸡冯家山水厂沉淀池、砂滤池

3　给水厂站工程特点

给水厂站主要构筑物有：配水井、加药间、混凝池、沉淀池、砂滤池、反应池、清水池、二级泵站等。工艺辅助构筑物有：导流墙、溢流堰、设备基础、走道平台、工艺井、管廊、检漏沟等。水工构筑物多数采用地下或半地下的现浇钢筋混凝土结构，其断面较薄、配筋率高，具有较高抗渗性和良好的整体性，结构尺寸要求精确。

给水厂站工艺管线及设备安装、调试的工程量大、施工复杂、安装精度高，是实现水处理工艺效果的关键。

4 现浇构筑物施工关键技术

4.1 主体结构

水工构筑物按规范的规定，须作闭水试验，严禁有抗渗要求的墙体出现渗水、阴湿，如果出现则必须修补。因此池体混凝土的密实程度、施工缝的处理质量、对拉螺栓的止水效果是质量控制的关键。

（1）施工缝的设置

一般的施工缝应根据闭水区间和结构特征来进行设置，施工缝应避开水平结构构件、安装洞口等。施工缝应使用钢板止水带、膨胀止水条止水。

在宝鸡水厂工程施工中，为确保池体混凝土施工缝不渗水，水平缝采取预留凹槽，内加膨胀止水条的方法，竖缝则预埋 1.5mm 厚、400mm 宽止水钢板。从不少案例分析，混凝土施工缝的处理非常关键。要保证闭水试验成功，必须把施工缝处混凝土浮渣剔干净，露出密实部分，尤其是安装 2cm 宽 4cm 宽的膨胀止水条的槽，一定要剔够深度，并且在封闭模板前，用空压机彻底吹洗干净（见图 3）。

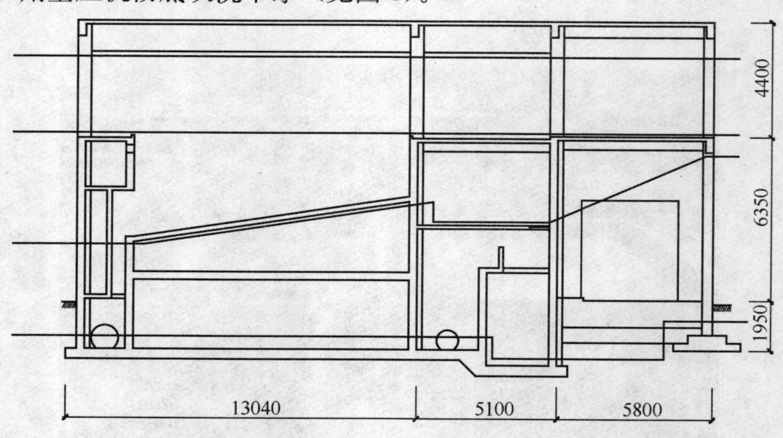

图 3 宝鸡水厂砂滤池水平施工缝的竖向布置图

（2）止水对拉螺栓

根据水工构筑物的闭水要求，须在对拉螺栓的中间位置设止水片。止水片采用 7cm×7cm 的规格，如果小于此尺寸，就有可能在螺栓根部出现渗漏。在螺栓两端头的挡片位置向里微调 1cm，空隙加 1cm 厚多层板块，既能固定模板，又能保证构件的厚度。

（3）为防止扰动混凝土，在脱模时采取的措施

松开扣件卸下大模板时，不要硬拽或用手锤敲击螺栓，更不能蹬踏。要用角磨机切割，这样做的目的是防止螺栓产生扰动，产生止水片与混凝土的分离，对闭水不利。切除螺栓后，剔出墙体表面的 1cm 厚的层板后进行二次切割。然后用普通水泥砂浆分两层压实抹平。实践证明这样做效果很好。

（4）溢流堰口标高控制

水工构筑物对洞口、堰口等部位高程的控制严格，有的要求偏差在 2mm 以内。其原

因在于必须满足水量均匀分配，这直接牵扯到工艺上是否达到设计要求、最终出水是否合格。有些质量标准由于土建工艺的要求和材料本身的限制，必须采取措施才能满足要求，否则影响水厂的调试。采取的措施有：

1）土建和设备安装技术人员审核图纸，需特别留心预留洞口、预埋件、设备基础和溢流堰口的长、宽、高、厚、高程、相对位置，要一一核对并经设计方确认。

2）土建、安装交接工作面时进行交接检查，避免出现错误。

3）对要求混凝土溢流堰以及需在上面安装滤板的斜板高程误差在2mm以内的，要在脱模后及时打磨，为后期安装做准备。

（5）清水混凝土

主体结构为清水混凝土，特别是水池迎水面不加装饰，一次成型，对模板要求高，对混凝土施工要求高，混凝土的浇筑至关重要，对成品保护要求高。混凝土如不密实，很容易形成洇湿、渗漏，主要原因有：

1）对拉螺栓松动，止水片与混凝土间有裂纹。

2）施工缝处理不当，振捣不密实。

3）由于各种原因致使浇筑不连续，混凝土形成冷缝。

解决办法是：制定合理的浇筑方案，避免设竖向施工缝；适当调整配合比，延长混凝土的初凝时间；浇筑混凝土的高度应与浇筑及振捣工具相匹配；选择适宜浇筑的起始点位置；混凝土浇筑施工人员数量要满足施工需要。

（6）预留洞口、预埋套管

结构上有大量的预埋套管、预留洞口、设备基础等，一般情况下设计方对这些结构面的平整度、垂直度、尺寸偏差等要求严格，故需采取加固及固定措施。

（7）钢筋锚固、预留洞口加固筋的调整

在柱内，墙体水平锚固筋、构造筋、洞口加强筋等加上柱本身所配的钢筋交错在有限的空间，从封模前的外观来看，钢筋间距很小，给浇筑混凝土带来很大困难。应采取的措施有：

1）竖向钢筋定位必须准确，严格控制钢筋的保护层厚度，以达到控制双排筋净空尺寸的问题。

2）对来自相邻不同方向的水平筋，要错开1个钢筋的净距离，防止叠加，以达到尽可能增大柱内净空的目的。

3）管道洞口加固筋。受预埋套管的止水钢片影响，内外环筋上的放射箍筋，很难安装，甚至安不上。应变更加固方式。

4）钢筋密集区浇筑混凝土，石子粒径应在5～25mm之间，坍落度在180～200mm之间。根据柱内钢筋间距选择合适的振动棒。

（8）水池墙体的裂缝控制

一般的水池墙体均有不同程度的裂缝，产生的原因很多。可采取的措施有：墙体配置相对细而密的钢筋、合理划分施工段和设置后浇带、延长养护时间、优化混凝土配合比，根据水质合理选用混凝土外加剂等。

（9）材料采用绿色环保的产品

4.2 闭水试验

（1）混凝土结构达到设计强度后，应进行闭水试验。闭水试验的用水量最低是容积的1.5～2倍，如果闭水效果不好，则需要反复试验直到合格，用水量相当大。因此提前处理防水的薄弱环节显得很重要。

（2）在需要的洞口采取封堵措施，避免在试验过程中渗漏水。

（3）一部分设备（例如闸板阀）安装完成后，需做闭水试验，检查闭水效果。

4.3 装饰工程

（1）内墙面

给水厂站的构筑物内空气湿度大，有的管道表面不断滴淌凝结水，这对有吸声的墙面造成威胁。如采用石膏板，发霉变黑的可能性很大，需要更换材料。墙面使用的腻子应为耐水腻子，涂料也应为防水涂料。

（2）环氧自流平地面

有个别存放化学药品的房间，地面是环氧自流平地面。主要是保证耐酸碱、抗冲击的性能。

（3）外墙面

给水厂站大部分构筑物的结构为清水混凝土面，因此在抹灰前应将基层清理干净，并采用喷甩界面剂的方式进行拉毛，然后再抹灰，保证抹灰层不脱落。

4.4 构配件

水池上有大量的不锈钢格栅、盖板、钢爬梯、栏杆扶手等，加工周期长、安装影响装饰施工。做好材料的订货较为关键，安装施工与其他工种施工的交叉作业相当重要。

5 设备安装工程施工关键技术

5.1 总述

在构筑物的主体结构施工阶段，机电安装工程的工作主要是预留预埋，交叉作业较易处理。在主体结构完成后进入装饰施工时，机电安装工程立即大面积展开，布设管线、安装设备、定时调试等工作不是占用空间，就是占用时间，与土建工程交叉配合施工的难度很大，工程量也大，工期较长。

5.2 设备安装与其他专业交叉施工组织

5.2.1 土方施工阶段

有很多室外管线的埋深大，土方开挖量大，需要根据具体的位置和高程，结合建筑物基槽开挖穿插进行施工，统筹安排，可以避免土方重复挖填作业。

厂区大量的电缆沟、管沟，应安排在基槽土方回填前后施工，避免管沟地基沉降过大引起开裂。

5.2.2 管道与结构施工交叉

穿过结构（墙体）的位置均有防水套管，防水套管的安装要与钢筋安装配合施工，必须保证套管的位置，钢筋安装可采取变通的方式加强处理。确保套管周围不出现渗漏。

5.2.3 设备安装与装饰施工的交叉

主体结构工程完工后，二次结构、装饰和设备管道安装展开平行施工，各班组穿插进行作业。这就涉及工序、工作面的交接和成品保护的问题，处理不好，会造成返工，浪费材料，消耗时间。因此，该阶段工程的重点是以安装工程为主，土建配合。只有这样才可避免因为安装的工作量大、工作面多加上人为的因素使得土建已完工程被破坏的情况发生。

机电工程的进出水管、电缆桥架、设备安装等与装饰工程系平行施工，且均为关键工作，是需要解决的主要矛盾。分述如下：

（1）装饰完成面最后做的原则

吊顶、墙面与输水管道、电缆桥架、设备安装等施工的空间交叉。在这些部位，腻子、涂料的表面层施工应在相关管道安装完毕并压力试验合格之后。

地面砖在设备安装完成后铺设。

设备基础的平整度要精确，否则应打磨或重做。在设备安装完成后，如需要，可进行混凝土二次浇筑。

（2）成品保护的原则

室内施工所采用的措施（例如架子、倒链、支撑等）以不妨碍其他施工和损坏成品为原则。土建与机电相互占用工作面，应做好工作面交接，本道工序施工应保护好上道工序的成果。

合理布置各工种的施工先后顺序。

围绕数次闭水试验和最后调试，做好各系统的进度目标控制和质量控制。

采取防护措施，例如设备就位后，应用彩条布覆盖，操作平台上的水平洞口很多，应及时封闭。

（3）辅助工作

为配合机电安装工作顺利进行，有必要专派出普通劳力负责剔、凿、磨、补等工作，这些工作量较多，很难突击完成，本工作应贯穿整个施工过程。

5.3 设备安装

5.3.1 泵类设备安装

基础施工完毕，养护期满达到设计要求，可进行土建与安装专业的工序交接。验收合格后，进行基础表面的处理工作。

设备的开箱检验应在供货商、业主、施工单位的有关人员共同参与下进行。检验后，要提交有签证的检验记录。按照装箱清单核对设备名称、型号、规格、包装箱数，并检查包装状况。对设备和零部件的外观进行检查，并核对数量。检查随机技术资料和专用工具是否齐全。

设备吊装按起重操作规程进行。吊装设备要用设备上的专用吊耳。必须捆绑设备时，应用专门吊装带进行，或在绳索上套防护品。吊运设备应在排子上进行，严禁直接撬别、

图 4　潜污泵（离心泵）

捶击、牵拉设备。设备吊装顺序应先高后低，先大后小，先里后外。

安装潜污泵出口管时，要找正找平，泵体与出口管为自动对接。出口管安装允许偏差如下：高程允许偏差±5mm，中心线偏差 5mm，法兰面垂直长偏差不大于 0.5mm/m（见图 4）。

安装计量泵和螺杆泵，纵向水平在轴的延伸端测量，横向水平在机加工面上或进、出口法兰面上测量。位置和高程偏差要求同上。水平度偏差：纵向不大于 0.10mm/m，横向不大于 0.20mm/m。计量泵和螺杆泵安装，针对每台设备的联轴器形式，按随机技术文件或规范要求在工程质量单上给出找正对中数据。设备的所有管口均应加盲板封闭，管道吹扫干净后正式连接时方可拆除盲板。

安装好的设备进出口要加临时盲板。与其他专业交叉作业时，设备应搭防护棚，防止弄脏表面，可能的话应恢复原包装箱。长时间外露的设备应有防雨、雪措施。不锈钢设备在安装过程中和安装后，尽量避免与碳钢直接接触。设备上的压力表，油杯等易损坏应卸下保存，防止碰坏和丢失。敞开的管口要包好。通电的设备要挂牌提示，防止误操作损坏设备（见图 5、图 6）。

图 5　计量投加泵

图 6　螺杆泵

5.3.2　闸门、闸板阀安装

电动闸板阀主要由阀门和提升两大部分组成（见图 7）。其结构形式为方形，采用同种材质的不锈钢膨胀螺栓固定，设备本身对基础墙面的平整度（不大于 3mm/m）要求极高。在基础验收通过后，将固定的位置定位画线，用电钻打孔注意钻孔要打正打直。栽好螺栓后用吊带将已贴好密封条的闸板阀就位，紧固螺栓。安装试运行，闸门关闭 5min，检查泄漏量。启动开闸按钮，检验闸门从全闭到全开过程中运行是否平稳，有无卡涩、振动现象。当开度达到 100%时，自动停车。若以上检验过程均符合要求，则此闸门试运行合格。试运行用水排净，用电源断开。

阀门安装前应进行清洗，清除污垢和锈蚀。阀门与管道连接时，其中至少一端与管道连接法兰可自由伸缩，以方便管道系统安装后，阀门可在不拆除管道的情况下进行装卸。阀门安装时与侧面墙距离应保持300mm以上，其阀底座与基础应接触良好。阀门安装标高偏差应控制在±10mm范围内，位置偏移应小于±10mm，阀门水平度偏差应小于0.5/1000，垂直度偏差应小于0.5/1000。阀门与管道法兰调整在同一平面上，其平行度偏差应小于1/1000，阀门与管道法兰连接处应无渗漏。阀门操作机构的旋转方向应与阀门指示方向一致，如指示有误，应在安装前重新标识。检查阀门的密封垫料，应密封良好，垫料压盖螺栓有足够的调节余量。手动（或电动）操作机构应能顺利地进行阀板的升降，上下位置准确，限位可靠及时。

图7　电动蝶阀

5.3.3　搅拌器、刮泥机安装

给水厂站设备的安装精度要求很高，例如搅拌器、刮泥机等，其基础平整度是所有设备基础中平整度要求最严的。宝鸡水厂施工中，这些设备的厂家要求基础平整度达到0.02mm/m，轴的垂直度达到2 mm/m。如此高的标准主要是防止搅拌器轴在运行时发生偏心转动，使刮泥机桨片或机臂碰壁刮蹭，造成无法正常运转。这就要求施工务必精细操作，应采取以下措施：

(1) 对施工人员进行技术培训，详细交底，使施工人员熟悉并重视。

(2) 定位放线必须准确，应经放线、验线等必要环节。

(3) 局部不足处采取打磨、抛光的办法解决。

5.3.4　滤板、滤头安装

滤池完工后，对滤池几何尺寸进行认真检查，主要检查池宽、池长、滤梁支撑牛腿等，这是安装工程最为重要的一环，若此环节出现错误，必然对今后造成无法安装和不能正常运转的损失。所以必须对滤池的几何尺寸按设计误差进行检查和验收，若不符合图纸工艺要求，必须采取措施进行修补。

为保证今后滤头的运行安全，清扫滤池应贯穿于施工过程的全部。所以在进行施工过程中应派专人用空压机等工具除尘。

图8　安装滤头

将滤板从滤池的一角沿着边线逐排安装。按照标好的轴线安装滤板，尺寸误差不得超过2mm。为了方便以后的工作，如果在滤板下没有人孔，不安装最后的滤板。当所有的滤板就位后，拧紧螺栓但是不要过紧（见图8）。在滤板间和滤池的周边使用SIKA LATEX型无收缩树脂砂浆。滤板边缘和滤池周边的缝隙表面应粗糙，以便于密封。

5.4 工艺管道安装

5.4.1 管道试压

铺设暗装给水管道在隐蔽前做好单项水压试验。管道系统安装完后进行综合水压试验。水压试验时应在管道系统最高点安装排气阀，充满水后进行加压，当压力升到1.0MPa时停止加压，稳压10min后进行检查，如各焊口和阀门均无渗漏，持续到规定时间，观察其压力下降是否在允许范围内，通知监理进行验收，办理交接手续。然后把水泄净。

5.4.2 管道冲洗

给水管道的冲洗工序是管道工程竣工验收前的一项重要工作。冲洗管内污泥、脏水及杂物，保证水流速不小于1.0m/s，时间安排在消毒前，且城市管网用水量小、水压偏高的时段进行。

开闸放水时，应先开出水闸门，再开来水阀门，进行支管冲洗；检查沿线有无异常声响、冒水或设备故障等现象。冲洗时应连续冲洗，直至出水口处浊度、色度与入水口处冲洗水浊度、色度相同时为止。冲洗应用自来水连续进行，保证有充足的流量。

5.4.3 管道消毒

管道冲洗结束后要进行消毒，消毒用氯离子浓度为20mg/L，将一定量的漂白粉溶解后，漂白粉含氯量以25%为标准，高于或低于25%时，应按实际纯度折合漂白粉使用量。取配制好的药剂投加入管道系统，同时打开管道系统中阀门少许，使漂白粉流经全部需消毒的管道。当这部分水自末端流出时，检验出水口出水含氯量不低于20mg/L时才可以停止加药，关闭出水阀门，然后关闭所有阀门，记下时间，浸泡24h。24h后取样送到水质检测部门进行化验，然后把水泄净。

5.4.4 管道防腐

内壁采用机械喷砂除锈，等级达到Sa2.5级，机械刷涂防腐涂料，干膜厚度不小于0.4mm。内壁喷砂除锈经检验合格后，立即涂刷一道涂料，不得隔夜刷涂或在雨天刷涂，第一道刷涂要均匀、无漏刷、无流挂。钢管两端预留150～250mm不刷留待焊接，第一道涂料实干固化前约4h，刷涂第二道涂料。依次刷完其余四道。涂料的配置要严格按照产品说明书要求的方法和比例进行，并且要有充分的熟化时间（约30min）。

外壁采用干式机械喷砂除锈，磨料采用石英砂过筛，石英砂1～3mm，除锈时出口压力不小于0.6MPa，除锈后其质量等级应达到Sa2.5级，即完全除去金属表面的油脂、污垢、浮锈、氧化皮等附着物，所有残留的痕迹所引起的轻微变色只能是点状或线状分布并且单位面积上不能超过5%。外壁采用环氧煤沥青防腐层特加强级（底漆—面漆—面漆，玻璃丝布，面漆—面漆，玻璃丝布，面漆—面漆），干膜厚度不小于0.6mm。

施工环境温度在15℃以上时，选用常温型环氧煤沥青，环境温度在（－8℃～＋15℃)时，选用低温型。底漆实干后，刷涂两道面漆同时缠绕玻璃丝布，然后再刷涂两道面漆同时缠绕玻璃丝布，待其实干后涂刷最后两道面漆。缠绕用的玻璃丝布必须干燥、清洁。缠绕时玻璃丝布应拉紧，表面应平整，无褶皱和鼓包，压边宽度为20～25mm，布头搭接长度为100～150mm。涂敷好的防腐管，宜静止自然固化。堆放时应采用宽度不小于150mm的垫木和软质隔离垫将防腐管和地面隔开。

对防腐层外观进行100%检查，要求表面平整，无空鼓和褶皱，压边和搭边粘结紧密，玻璃布网眼应灌满面漆。对防腐层的空鼓和褶皱应铲平，并按相应防腐层要求，补偿面漆和缠绕玻璃丝布至符合要求。测管子两段和中间共三个截面，每个截面测上、下、左、右共四个点，每个点厚度都不应小于0.4mm，对不合格的防腐层，可在防腐层固化前刷涂面漆至合格。用电火花检漏仪对防腐管逐根进行检查，检漏电压为10000V。检查时，探头应接触防腐层表面，对漏点部位进行标示，将漏点周围50mm范围内的防腐层用砂轮机或砂纸打毛，然后刷涂面漆至合格，固化后再进行漏点检查。用锋利的刀刃垂直划破防腐层，形成边长约100mm、夹角45°～60°的切口，从切口尖端撕开玻璃布。符合下列条件之一的为合格：实干的防腐层，撕开面积约50cm²，撕开处应不漏铁，底漆和面漆应普遍粘结。固化后的防腐层，只能撕裂，且破坏处不能漏铁，底漆和面漆应普遍粘结，粘结力不合格的防腐管，不能作补涂处理，应铲除全部防腐层并重作。

5.4.5 管道涂漆

涂漆施工一般应在管道试水合格后进行，未经试压的大直径钢板卷管如需涂漆，应留出焊缝位置及有关标记；管道安装后不易涂漆的部位，应预先涂漆。

涂料施工前，管道进行喷砂除锈，滚涂两道环氧煤底漆。焊缝处不得有焊渣、毛刺；表面个别部分凹凸不平的长度不得超过5mm；对于焊缝及个别锈层处理采用手工处理的方法清除，用刮刀、锉刀、钢丝刷或砂纸将金属表面的锈层、氧化皮、铸砂等除掉。涂漆前，保证被涂的管材表面必须清理干净，做到无锈、无油、无酸碱、无水、无灰尘等。使用前必须熟悉涂料的性能、用途、技术条件等；涂料不可乱混合，否则会产生不良现象；色漆开桶后必须搅拌才能使用，如搅拌不均匀，对色漆的遮盖力和漆膜性能都有影响；漆中如有漆皮或粒状物，要用120目钢丝网过滤后使用；采用与涂料配套的固化剂混合比为用中文标点主漆：固化剂＝4：1（重量比）。施工的环境温度宜在15～35℃之间，相对湿度在70%以下。涂漆的环境空气必须清洁，无煤烟、灰尘及水汽。

涂漆的方法采用手工滚涂涂刷，室内管道先涂刷一道环氧底漆和一道面漆，接着进行面漆的涂刷。一道漆涂装完毕后，在进行下道漆涂装之前，一定要确认是否已达到了规定的涂装间隔时间，否则就不能进行涂装。涂刷的环氧底漆和面漆都应保证第二层的颜色最好与第一层颜色略有区别，以便检查第二层是否有漏涂现象；每层漆膜厚度一般不宜超过30～40μm（见图9）。

图9 管道涂装

5.5 试验、试车

5.5.1 曝气试验

在反冲洗系统、滤板安装完毕并且嵌缝材料达到设计强度后，在填砂前进行曝气试验，目的是检验滤板间接缝的密闭性（见图11）。

试验步骤如下（见图 10）。

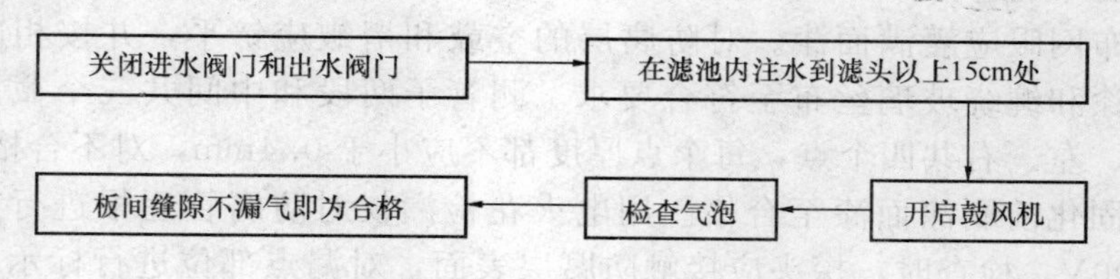

图 10　试验步骤流程图

当以上的检查通过后，经过许可注入砂子。任何在分流时的偏差的都应更正，并重新试验。

5.5.2　过滤及反冲洗试验

滤池净化的主要作用是接触凝聚作用，水中经过絮凝的杂质截留在滤池之中，或者有接触絮凝作用的滤料表面粘附水中的杂质。随着过滤时间的增加，滤层截留杂质的增多，滤层的水头损失也随之增大，其增长速度随滤速大小、滤料颗粒的大小和形状，过滤进水中悬浮物含量及截留杂质在垂直方向的分布而定。

反冲洗的目的是清除滤层中的污物，使滤池恢复过滤能力（见图 12）。反冲洗采用自下而上的水流进行。滤料层在反冲洗时，当膨胀率一定，滤料颗粒越大，所需的冲洗强度便越大；水温越高（水的黏滞系数越小），所需冲洗强度也越大。对于不同材质同样颗粒的滤料，当比重大的与比重小的膨胀率相同时，比重越大所需的冲洗强度就越大。

图 11　曝气试验

图 12　反冲洗试验

5.5.3　设备试车

需要试车的设备有：泵类设备单体、计量泵、潜水泵、涡轮泵、刮泥机、空压机，以及鼓风机开车、试车等。

试车前应做好准备工作，按规定加注合格的润滑油（脂），电机的转向应正确，旋转部件加装防护网。盘车检查应灵活、无卡涩现象。泵类设备安装后应进行负荷试车，可利用现有贮池或接临时管线形成循环回路；不能单试的，待系统联动试车时进行。螺旋输送机、刮泥机、空压机和鼓风机进行无负荷试车，待联动试车时进行负荷试车。

6　结语

宝鸡水厂工程施工前明确了水处理工艺流程及各环节之间的关系，分析现浇构筑物和设备安装的施工技术措施，制定有针对性的现浇构筑物及设备安装施工方案并付诸实施。从实践效果看：节约了工期，降低了成本，确保了工程质量，为工程的交付使用提供了良好的条件，并最终实现了良好的经济效益和社会效益。

钢索吊架在灯具安装工程中的应用

杨　斌[1]　于海峰[2]　李海兵[3]
（1. 中建一局华江建设有限公司；2. 深圳三鑫幕墙工程有限公司；
3. 中建一局（集团）有限公司）

【摘　要】 大跨度、大空间建筑物内，尤其是钢结构厂房，管线交错排布，密度大，交叉多，灯具安装施工困难，针对此情况，在不影响结构、美观牢固、节约材料的前提下，提出采用钢索吊架对机电安装工程进行固定的新施工工艺。

【关键词】 钢索吊架；施工工艺；机电安装；钢结构厂房

1　引言

近年来，随着工业自动化生产的发展，大型自动化生产线对厂房的空间要求越来越大，钢结构厂房钢柱间隔多在 6m 以上，特殊要求的达到 10～20m，建筑物层高也达到 10～20m。传统机电设计各系统管线集中敷设在管井、管廊、吊顶中，但现在已经被在大空间内多层次敷设的错综复杂的管线所取代。对于这类较复杂的管线，多采用联合支吊架进行安装，而翻看各类标准图集，支吊架的制作材料不外乎槽钢、角钢、吊杆几种；不过钢结构厂房的梁柱一般是严禁焊接的，若采用联合支吊架这种传统形式，会因为生根点过少而造成支吊架过于巨大，这对工程造价和钢结构荷载都很不利。

2　施工工艺

2.1　安装工艺原理

2.1.1　悬索计算

见表 1：

悬索计算表　　**表 1**

序号	项　目	内　容
1	悬索拉力	1）悬索拉力 悬索最大拉力发生在截面倾角 φ_1 最大的地方，即两端的支座处，按下列公式计算： S_1——支座处悬索处最大总拉力； H——悬索截面的水平分力，计算如下： $$S_1=\frac{H}{\cos\varphi_1}$$

续表

序号	项　目	内　容
1	悬索拉力	$$H=\frac{M_L}{f}=\frac{ql^2}{8f}$$ M_L——中点C处的弯矩值，按简支梁计算； f——中点C处的悬索垂度； l——悬索的计算跨度； q——沿悬索跨度的均布荷载设计值，当有风荷载时，为垂直荷载 $q_{垂}$ 与风荷载 $q_{风}$ 的矢量和，计算表达式为 $$q=\sqrt{q_{垂}^2+q_{风}^2}$$ φ_l——悬索在支座处的最大倾角，当两端支点在同一水平面时，计算表达式为 $$\varphi_l=\arctan\{\frac{4f}{l}\}$$ 2）悬索截面计算 悬索均成对出现，每根悬索截面，按下列公式计算：$$\frac{N_K}{0.5S_1}\geqslant 2$$ 式中　N_K——悬索的拉断力。

2.1.2　灯具的固定

利用钢结构厂房内原有钢结构柱，在柱间增加轻型方钢作为灯具吊索的固定点，对悬吊灯具的水平钢索进行固定，再利用固定在钢索上的通丝吊杆对水平的小型桥架进行调直，然后在小型桥架下进行灯具的安装。纵向采用钢柱之间方钢连接，横向采用钢索连接，灯具固定在钢索下的线槽上的方法，具体情况如图1及图2所示。

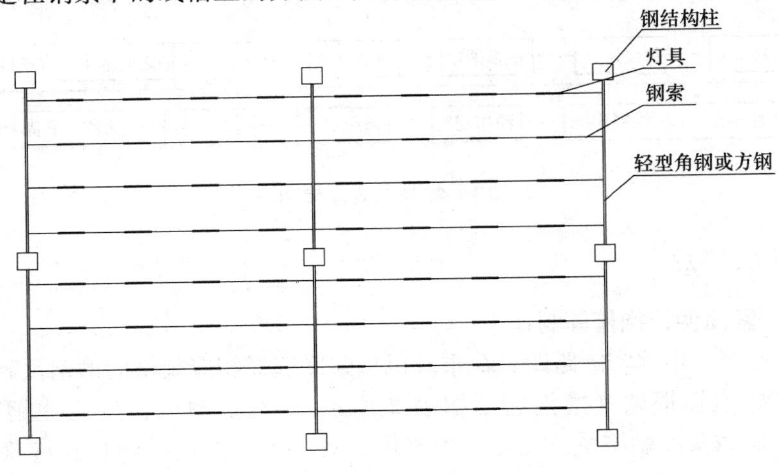

图1　轴间灯具布置图

2.1.3　灯具安装钢索的连接方式

钢柱与钢柱之间采用抱箍方式增加一道轻型方钢横梁，两道方钢之间采用镀锌钢索缠绕绑扎式连接，用钢索卡子绑扎固定。为便于调整钢索的长度，在钢索的一端安装花篮螺栓。为增加钢索的耐磨性能，在钢索穿耳环端加装心形环（具体花篮螺栓钢索连接见图3）。

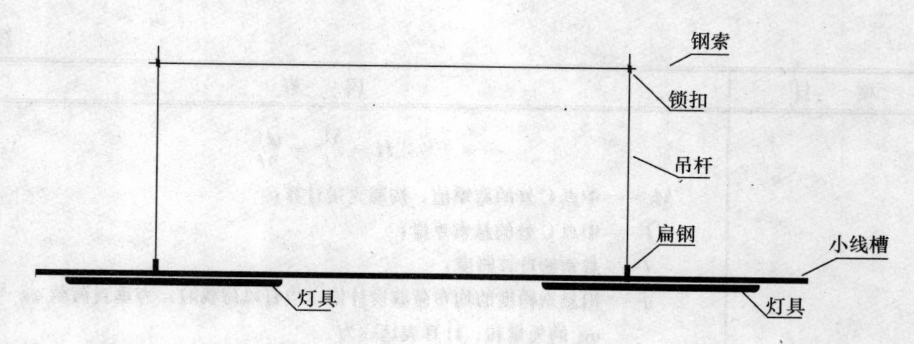

图 2　灯具安装正视图

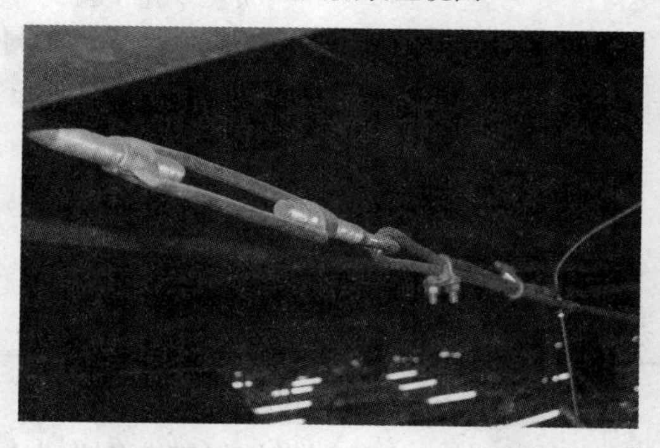

图 3　花篮钢索连接图

2.2　灯具安装工艺流程

见图 4。

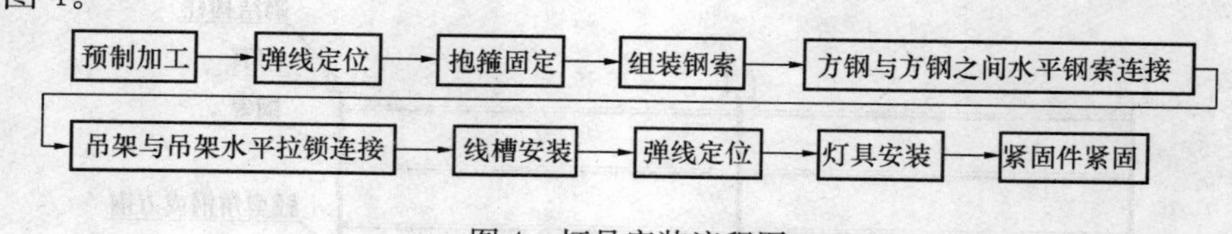

图 4　灯具安装流程图

2.3　灯具安装要点

2.3.1　吊架、紧固件、抱箍等制作

（1）抱箍预制：根据实际跨距、荷重及机械强度选择相应规格的槽钢预制抱箍；根据钢柱尺寸加工好抱箍框架（槽钢选用如表 2 所示）；抱箍槽钢长度应比钢梁宽度延长 10cm，并做好除锈及涂刷防锈漆工作，为整体美观，可根据钢柱颜色在抱箍上涂刷颜色相近的面漆。

槽钢及钢索经验选用表　　**表 2**

钢梁跨距/m	抱箍槽钢规格	钢索规格/公称直径 mm
6	≥5 号	≥8
9	≥6.3 号	≥8
12	≥8 号	≥10
15	≥8 号	≥12

续表

钢梁跨距/m	抱箍槽钢规格	钢索规格/公称直径 mm
18	≥10 号	≥12
24	≥12 号	≥14

（2）方钢预制：根据灯具、钢索荷载选择相应规格的方钢；根据钢柱与钢柱之间的距离尺寸确定方钢的长度。

（3）配件预制：加工好 U 形卡子、钢索紧固件、花篮螺丝等镀锌配件；非镀锌铁件应先除锈再刷防锈漆。

（4）钢索预制：钢索，应按实际所需长度剪断，擦去表面的油污，预先将其抻直，以减少其伸长率。

水平拉索与斜拉索计算及选用与风管计算及选用相同，在此不做重复。

2.3.2 弹线定位

根据设计图纸确定出灯线的位置，弹出底线，均匀分出档距，并用色漆做出明显标记。依据灯线位置选定方钢钢梁上连接位置并做好标记。

2.3.3 抱箍安装

将已经加工好的抱箍支架固定在钢柱上，槽钢抱箍采用 U 形卡子及垫铁紧固在钢柱侧翼上，用螺栓紧固。槽钢支架需要延长出柱边 10cm。

2.3.4 方钢钢梁安装及钢索连接

将方钢钢梁与钢柱槽钢抱箍之间采用 U 形卡子紧固，并做好调直（具体情况如图 5 所示）。

钢索连接时，根据需吊装灯具的吊杆数量将连接钢索与吊杆的紧定螺栓预先穿插在钢索中，并留有 2～3 个备用量；将预先抻好的钢索一端缠绕在方钢钢梁上，再用两只钢索卡固定二道。为了防止钢索尾端松散，可用铁丝将其绑紧；将花篮螺栓两端的螺杆均旋进螺母，使其保持最大距离，以备继续调整钢索的松紧度；将绑在钢索尾端的铁丝拆去，将钢索穿过花篮螺栓和吊环，折回后嵌进心形环，再用两只钢索卡固定两道。

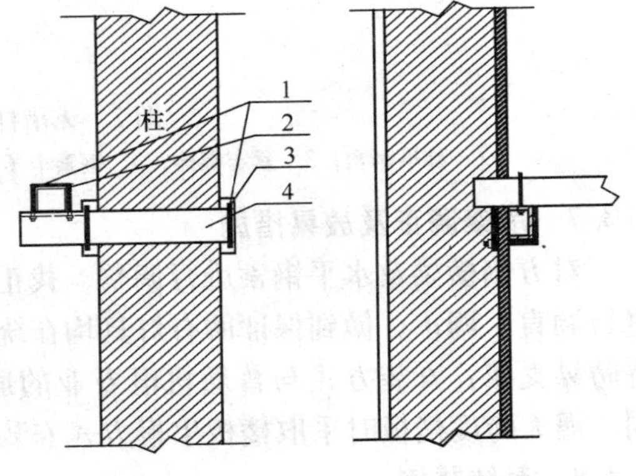

图 5 钢柱抱箍及轻型方钢安装图

1—“U”形圆钢抱箍；2—轻型方钢；3—钢板；4—槽钢

2.3.5 线槽安装

根据预留在钢索上吊杆位置，在线槽上相应的位置钻出合适的螺孔，螺孔不易过大；组装线槽，并将线槽与吊杆进行分段固定，线槽连接处的缝隙控制在 2mm 以内；线槽全部安装完成待钢索完成自然下垂后再次对线槽进行调直，以便灯具安装。

具体安装效果如图 6 所示。

2.3.6 灯具安装

根据设计图，在线槽上准确地量出灯位、通丝吊杆的位置及固定卡子之间的间距，要用色漆做出明显标记；将灯具用紧定螺丝在线槽上相应的设计位置进行固定；将连接线槽与灯具之间的紧定螺丝按既定位置进行固定连接；通过调节通丝螺母的位置来将线槽位置找平（具体情况如图 7 所示）。

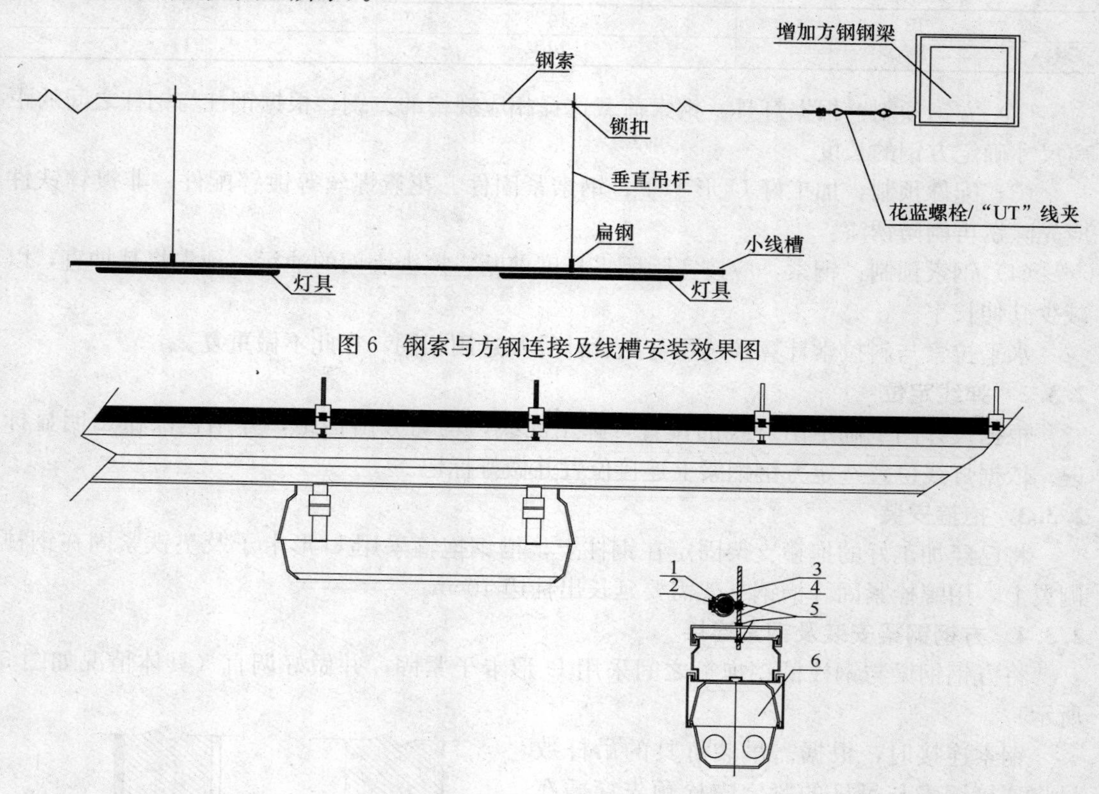

图 6　钢索与方钢连接及线槽安装效果图

图 7　无吊杆灯具钢索悬吊图

1—悬吊钢索；2—紧定螺栓；3—钢索卡子；4—高程调整通丝吊杆；5—螺母；6—线槽灯

2.3.7　吊架调正及放晃措施

对方钢横梁及水平钢索进行调整、找正，在线槽与灯具连接完成后，对整套吊架系统进行调直、调正。做到保证所有灯具均在统一设计高程及设计轴线处。在过梁处按规范设置防晃支架，安装方式与普通机电专业的通风、给排水、电气管道防晃支架安装方式相同。遇大跨度楼板时采取楼板生根方式安装。

2.3.8　系统紧固

在整个系统调直、调正后，对钢柱上的槽钢抱箍及方钢钢梁进行螺栓紧固，通过调整花篮螺栓做好钢索紧固，并紧固通丝螺栓上的螺母，保证钢索上的吊架不应有歪斜和松动现象。

3　质量控制

（1）钢索吊架材料预制过程中，操作工人须是经过培训的熟练工，在选用符合设计要求的原材。

（2）抱箍槽钢做好除锈及涂刷防锈漆工作。

(3) 钢索在拉接前要做好尺寸核定，以避免钢索过长材料浪费以及长度过短无法使用的现象。

(4) 槽钢抱箍的螺孔应采用机械加工。不得用气割开孔；吊杆应平直，螺纹完整、光洁。吊杆拼接宜采用搭接，搭接长度不应少于吊杆直径的6倍，并应在两侧焊接。

(5) 灯具安装完成后应高程一致，并且横向、纵向均在同一中心线上。

(6) 钢索与方钢之间的连接应牢固可靠，固定钢索的线卡不应少于2个，钢索端头应用镀锌钢丝绑扎紧密。

(7) 连接方钢与槽钢抱箍的通丝应均匀拧紧，其螺母宜在同侧。

(8) 灯具与线槽之间的连接应牢固可靠，紧定螺栓及通丝螺母均匀拧紧。

(9) 通过花篮螺栓的紧固程度来调节每根钢索的受力均匀，保证灯具的高程统一。

4 安全环保措施

(1) 建立安全生产的组织保证体系，建立安全生产责任制和安全生产奖惩制度，并设立专职安全管理人员，从组织体系上保证安全生产。

(2) 对施工人员进行国家的安全生产和劳动保护方针、法令、法规制度的教育，使他们树立安全生产意识，增强安全生产的自觉性。

(3) 针对现场施工所用机械设备，制作安全操作规程，并实时进行维护保养和检修，确保其处于良好的工作状态。

(4) 高空作业时不准往下乱抛材料。

(5) 临时用电线路选用五芯电缆，供电系统做到“三级配电，两级保护”，施工机具严格执行“一机、一箱、一闸、一漏”标准要求。

(6) 设备搬运和吊装过程中，设专人统一指挥和调度。

(7) 施工中必须按规范要求支搭脚手架或采用活动平台，施工现场的开关箱、配电箱、开关插座、配电线路必须按规程、规范要求架设；使用手持电动工具必须按规定选接漏电保护装置和安全电压，移动式照明器具及接线必须符合安全规范，二次线路不应超长、老化，使用结束后，应务必切断电源。

(8) 制订环境保护方针：遵纪守法，增强环境意识；节能降耗，做好污染防治；持续改进，创建绿色工程。

(9) 详细调查施工中可能存在的影响环境的因素，有针对性地制定切实可行的保护措施。

(10) 制定现场文明施工管理制度，检查制度和奖罚制度，制成广告牌置于现场，以利广大职工严格执行。

(11) 夜间施工严禁大声喧哗，装卸物料及码放时轻拿轻放，最大限度地减少噪声扰民。

(12) 夜施光源（如汽车灯光及照明灯）不直接打向居民房，采取有效措施避免直接照射。

(13) 在施工过程中产生的废料，要及时清理。

5 应用实例

5.1 工程概况

福田康明斯发动机联合厂房工程建筑总面积 92104.5m^2，其中车间部分建筑面积为 73876m^2，车间主体建筑一层，建筑高度 12.35m^2，结构形式为轻钢结构，钢柱间隔为 12m 和 24m。

5.2 工程应用

此工程机电各系统及工艺管线、设备在地面至屋顶彩钢整个空间上交错排布，密度大、交叉多，机电安装工程如果使用传统支吊架，需要近千吨的槽钢角钢，这对厂房整体负载和工程整体造价的压力都是巨大的。通过前期的综合分析并联合设计院对现场主体结构进行复核，决定采用"型钢＋钢索吊架"模式作为机电工程的吊架，钢柱间采用钢梁连接，这样，仅钢材材料费一项就可节约 70%，并且施工便利、快捷，大幅地降低了施工成本。到目前为止，福田康明斯项目使用状况良好。

6 结论

通过上述施工工艺的介绍以及实例的分析，采用"型钢＋钢索吊架"安装机电工程，相较于传统工艺其优势在于：（1）解决了在大空间厂房或机房内，制作支吊架的问题；（2）解决了大空间钢结构厂房内安装支吊架固定点困难的施工难题；（3）解决了大量使用葡萄架式支架而造成的建筑物荷载增大的问题；（4）形式简单，使大空间建筑物内机电安装工程的造价大大降低。

参考文献

[1] 中国建筑科学研究院. GB 50009—2001 建筑结构荷载规范[S]. 北京：中国建筑工业出版社，2002.
[2] 天津建工集团总公司. JGJ 59—99 建筑施工安全检查标准[S]. 北京：中国建筑工业出版社，1999.
[3] 北京钢铁设计研究总院. GB 50017—2003 钢结构设计规范[S]. 北京：中国计划出版社，2003.
[4] 刘保林. 钢索吊架在无吊点钢结构厂房中的应用[J]. 建筑科技情报，2005，(02)：11-16.
[5] 浙江省开元安装集团有限公司. GB 50303—2002 建筑电气工程施工质量验收规范[S]. 北京：中国计划出版社 2002.

空调水系统节能运行的保障

——论水力平衡调节的必要性

段雪松
（北京建工集团总承包部）

【摘　要】 本文从设计、施工、运行方面分析水力失调的原因，陈述水力失调引发的能源损耗。结合水力平衡调试的实践，阐述了暖通空调水系统中选用水力平衡阀的原因，并介绍了水力平衡阀的特性，以及应用水力平衡阀对水系统进行水力平衡调节的步骤、方法，特别是结合工程实际的水利平衡调试过程详细阐述了系统联调的要求、过程和评价。同时阐述了暖通空调压力循环水系统共同的能耗原因和特点。结合水泵工作原理、特性，通过水力平衡调试，在循环水系统中达到按照负荷需要合理分配水量，满足用户需要的作用，从而说明其在建筑节能方面的意义。

【关键词】 水力失调；水力平衡调试；节能；循环水系统

1 引言

我国在“十一五”计划中，提出建筑行业节能减排的指导思想。核心是降低单位产值所消耗的能源数量。实际上是要求提高能源的利用率。建筑能耗通常是指建筑物使用过程中所消耗的能源，其中以采暖空调能耗为主。

在建筑物暖通空调水系统中，水力失调是最常见的问题，由于水力失调导致系统流量分配不合理，某些区域流量过剩，某些区域流量不足，并引起某些区域冬天不热、夏天不冷的情况。系统输送冷、热量不合理，会使部分热用户达不到供暖温度的同时，另一部分热用户则发生供热过量，不得不开窗放热，造成了供热质量下降。单纯提高水泵扬程无法彻底解决问题，仍会产生热（冷）不均及更大的电能浪费。

从供热系统的角度看，提高热源的热效率，改善供热系统运行状况，加强供热管道保温，供热管网水力平衡调试等方法都是节能、提高系统效率的途径。

水力平衡调试就是在目前管网供热能力条件下，实现各个用户流量按需分配，达到各自的设计流量，满足采暖要求的手段。在现有设备管线效率已定的条件下，水力平衡调试决定着整个系统运行效果，也是节能运行的前提，通过调试能达到节能建筑真正节能的目的。而从压力循环水系统的角度看，水力平衡调试也是保证效率的前提，它能降低系统循环过程中对电、煤、气等资源的消耗。因此，必须采用相应的调节阀门对系统流量分配进行调节。

2　水力失调的原因

水力失调的原因可以从以下 3 个方面进行分析。

2.1　设计方面

水力失调有两方面原因：

一方面是系统设计时虽然经过水力平衡计算，并达到规定的要求，但各支路间计算压力损失会有一定差额。以供暖系统为例运行时，各用户的实际流量供热管网一般都是异程系统，在异程管网中各个环路的路程不同、阻力不同。在同一系统中，各个环路的阻力和流量不同，就会形成最有利环路近端过流、最不利环路远端少流的现象。

另一方面由于管径系列的限制，设计管径适用流速范围可以满足设计的要求，现实中在同样管径、不同流速的管段以及分、合流变径前后的流速、阻力变化，不可能达到设计假定的理想状态。

因此，水系统设计本身存在难以避免的水力平衡失调因素。在实际运行过程中达到系统设计的要求，就需要经过水力平衡调试，调整系统由各支路阀门来实现。

2.2　施工方面

大型公共建筑，由于施工过程中建筑自身的工艺要求、施工水平和设计缺陷，以及因设计变更而引起的原设计适用性降低和施工过程中发生的其他缺陷都会影响系统的水力平衡。

目前，中央空调工程已被广泛应用到各种功能的建筑之中。最普及的是采用风机盘管加新风系统及冷热换用的双管水系统，此系统简单方便，冬季供送 50～60℃的热水以供暖，夏季供送－7℃的冷冻水以供冷。但在安装过程中，如果没有按照图纸、规范标准及工艺施工，就会产生许多质量问题，导致在冬夏两季系统运行中，不仅达不到应有的使用效果，甚至还会严重影响使用部门的效益。现对空调水系统在施工过程中存在的问题及解决方法阐述如下：

2.2.1　管内污物堵塞

施工过程中，由于施工人员预先未对管内进行认真清理，管内存有砂土；对预留和未装完的空管头未作临时管堵；焊接时管内遗留的焊渣未清除等。这些污物主要沉积在系统支干管的末端和风机盘管进水管上过滤器的滤网处，在拆修时放出的水为黑色带砂、铁锈、焊渣和麻丝的污水。凡被堵塞的机组和管道，作为热媒的水便会失去其热媒的作用，从而严重影响设备的使用效果。

因此，为防止管内污物堵塞，施工人员在安装前必须对管内进行清理；对空管头随时加设临时管堵或管帽，谨防污物掉入管内；管道安装完毕必须用清水中洗管内。此外，在系统的总管上必须设置过滤器及排污阀，以便进行定期排污和清洗。

2.2.2　管内存气

施工过程中，配管时为绕过障碍物形成上下方向“U”形弯，使顶部存气；水平供回水干管反坡或配管不直，使空气不能顺坡、顺流排至立管顶部的排气装置中；系统中漏装排气阀或虽有排气装置，但所设位置欠妥等。

在空调工程水系统中，冷热量的传送完全是依靠输送冷热水来实现的。管内如果存气，轻则减少过流面积，重则形成气塞，阻碍正常循环。支管产生气塞，则一组盘管失效；水平干管产生气塞，则会导致多组盘管失效。

为防止管内存气采取的措施有：凡系统的顶部、干管的顶部、尤其是同程式立管的顶端，上下方向“U”形弯的最高点以及系统的末端，即凡是会存气而不易排出的地方，均需设排气装置如：自动排气阀、集气罐、排气管和手动放气阀等。排气装置的安置位置应正确，即设在可能存气段的最高点。在管道安装过程中常常会受到建筑结构大梁的限制，从而无法按要求做出水平管道需要的坡度，应在设计图中用注明预埋钢套管的方法来实现，施工中必须按规定的高程、位置事先做好此项预埋或预留工作。

2.2.3 冷桥的产生

把冷媒水管道按照普通水管方法敷设，致使管壁直接与金属支架和建筑物等相接触。这样就会产生冷桥。冷桥即意味着冷量和能量的损失，所以，杜绝冷桥是一项节能的措施。此外，更严重的是产生冷桥的地方，必然会有结露现象发生，从而锈蚀管道与支架，污染内装修，霉烂木结构，影响室内环境美观，因而是不能允许的。

为了防止冷桥的产生，对冷冻管道的支吊架必须按有关国标图采用木垫式管支架，木垫应选用硬质木材，施工前应严格进行全面防腐处理。木垫的厚度应与管道的保温厚度相对应，不得小于保温厚度。

2.2.4 管壁的结露

在冷水管和凝结水管的外表面未做保温层和保温不当的情况下，由于其与空气直接接触，且表明温度低于周围空气的露点温度，所以必然会产生结露现象。将水管与支吊架保温在一起，使水管与支吊架直接接触形成冷桥而导致支吊架温度较低，支吊架附近水蒸气达到饱和状态而结露滴水。

结露现象的产生会造成能量的消耗，装饰表面的损坏。因此，为防止结露，应选用性能好（吸湿性小，导热系数低）、结构合理、可靠的保温材料。其次，保温时应做到粘结密实，使冷水表面与周围湿空气隔绝。除此之外，阀门滴水的现象也较为普遍。为了调节方便，阀门的调节手柄不能保温，这就导致空调系统运行时阀门的调节手柄以低温状态暴露在外，水蒸气在手柄部位达到饱和状态而结露滴水。这个问题几乎在所有工程中都存在，一直没有很好的解决方法。现在常用的做法是用同样材质的保温材料做成手柄帽，避免手柄直接暴露在空气中，尽量减少手柄处的结露现象，起到一定程度的保温隔热作用。但是空调系统经常需要调节、维修、清洗，不可能一次对空调系统全部调节到位然后将管道阀门全部保温。

2.3 运行方面

日常运行中通常表现为运行工况变化和系统老化引起水力失调。运行工况变化，民用建筑采暖中热用户的自主调节，引发水力失调，且具有很大的随机性。大型公建或使用同一供暖、冷系统的建筑群落，由于各部分在使用功能、工艺和设备及控制的差别等因素，也可引发水力失调。

系统中设备包括相应自控模块的故障；阀件、管线的锈蚀堵塞引起阀件失效；控制失灵等导致水力失调；旧有建筑年代较长，缺乏相应自控设备。

水力失调是压力循环水系统中存在的自然现象。不能以是否满足用户的采暖空调需求来确定是否存在。而空调系统因温度由末端温控控制，或全空气系统应用于大空间、人流密集的环境，其矛盾在用户侧显得相对隐蔽；但在机组侧，由于设备效率低带来冷冻水温差偏低、制冷机组效率低、系统循环电耗大等特点也同样存在。类似于冬季采暖采用设备供暖的情况。

空调系统采用四管制水系统的建筑，集中空调系统的高档住宅，其运行情况与集中供暖非常类似。为达到节能目的，需要进行水力平衡调试的必要性、迫切性也比较突出。

这些例子说明水力失调常常是造成供热、冷系统效率低下，能耗增加的客观原因。

3 水力失调引起的能源损耗

3.1 运行电耗过大

供热系统由于水利平衡失调，造成了近端用户过热，甚至开窗放热；远端用户不热投诉的情况。用户因各自取暖情况不同，对末端的流量进行随机的调节。致使水利失调的更加富于变化，难于调控。为了缓解水力失调造成的用户冷热不均，供热单位通常采取大流量、小温差的运行方式。这样一次热网和二次供热回路水泵运行效率低、量大、电耗过大。

3.2 热源、冷源供热能力下降

非标准工况下锅炉达不到额定出力，实际运行台数超过按负荷要求的台数。资料表明，当锅炉效率55%，管网效率85%时，由于失调造成的热量浪费达20%～30%。冷热源设备在此运行工况下，造成了煤耗、电耗和气耗过大，增加了运行成本。

3.3 运行维护费用增加和经济损失

热网供热因水力失调而带来的受理投诉等人力、物力的投入和供热费损失，表现直接、显而易见。然而，从采暖空调系统运行来看，设备大负荷运行导致的系统运行和维护费用的增加只是冰山一角。系统运行相关的电、煤、气等能源和资源的浪费带来的损失更大。

4 水力平衡调试方法

系统的水力平衡调试的基本方法是按照一定的调试方案，使用超声波流量仪等仪器，对水系统的各并联环路进行准确测量。通过计算流量、温差等参数，采用相应的调节阀门对系统流量分配进行调节，使各并联环路之间的压力损失相对差额符合规范的有关规定。水系统水力平衡调节的实质就是将系统中所有水力平衡阀的测量流量同时调至设计流量。

虽然某些通用阀门如截止阀、球阀等也具有一定的调节能力，但由于其调节性能不好以及无法对调节后的流量进行测量，因此这种调节只能说是定性的和不准确的，常常给工程安装完毕后的调试工作和运行管理带来极大的不便。因此近些年来，在越来越多的暖通空调工程水系统的关键部位（如集水器）、特别是在一些国外设计公司设计的工程项目中，均大量地选用水力平衡阀来对系统的流量分配进行调节。

水力平衡阀有两个特性：一是具有良好的调节特性。一般质量较好的水力平衡阀都具有直线流量特性，即在阀二端压差不变时，其流量与开度呈线性关系。二是流量实时可测性。通过专用的流量测量仪表可以在现场对流过水力平衡阀的流量进行实测。

4.1 单个水力平衡阀调节

单个水力平衡阀的调节是简单的，只需连接专用的流量测量仪表，将阀门口径及设计流量输入仪表，根据仪表显示的开度值，旋转水力平衡阀手轮，直至测量流量等于设计流量即可。

4.2 已有精确计算的水力平衡阀的调节

对于某些水系统，在设计时已对系统进行了精确的水力平衡计算，系统中每个水力平衡阀的流量和所分担的设计压降是已知的。这时水力平衡阀的调节步骤如下：

（1）在设计资料中查出水力平衡阀的设计压降；

（2）根据设计图纸，查出（或计算出）水力平衡阀的设计流量；

（3）根据设计压降和设计流量以及阀口径，查水力平衡阀压损列线图，找出这时水力平衡阀所对应的设计开度；

（4）旋转水力平衡阀手轮，将其开度旋至设计开度即可。

4.3 一般系统水力平衡阀的联调

对于目前绝大部分的暖通空调水系统，其设计只有水力平衡阀的设计流量，而不知道压差，而且系统中包含多个水力平衡阀，在调节时这些阀的流量变化会互相干扰。这时如何对系统进行调节，使所有的水力平衡阀同时达到设计流量呢，做法如下：

4.3.1 系统水力平衡调节的分析

（1）并联水系统流量分配的特点：并联系统各个水力平衡阀的流量与其流量系数 K_V 值成正比（由于管道中水流速度较低，假定各并联支路上平衡阀两端的压差相等），如图1所示，调节阀 V1、V2、V3 组成的并联系统，则 $Q_{V1}:Q_{V2}:Q_{V3}=K_{V1}:K_{V2}:K_{V3}$（$Q$ 为流量，KV 为流量系数）。当调节阀 V1、V2、V3 调定后，K_{V1}、K_{V2}、K_{V3} 保持不变，则调节阀 V1、V2、V3 的流量 Q_{V1}、Q_{V2}、Q_{V3} 的比值保持不变。如果将调节阀 V1、V2、V3 流量的比值调至与设计流量的比值一致，则当其中任何一个平衡阀的流量达到设计流量时，其余平衡阀的流量也同时达到设计流量。

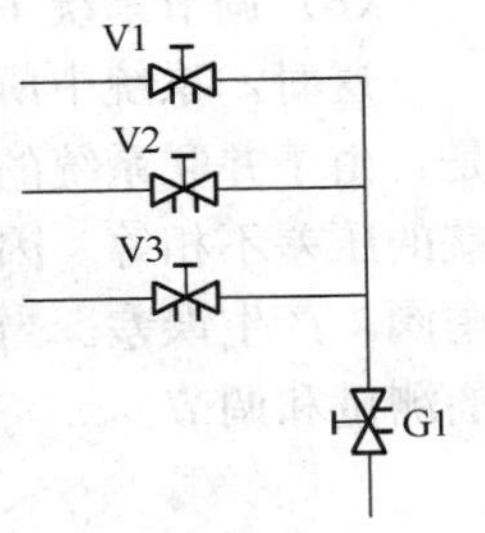

图1 系统示意图

（2）串联水系统流量分配的特点：串联系统中各个平衡阀的流量是相同的，如图1所示，调节阀 G1 和调节阀 V1、V2、V3 组成一串联系统，则 $Q_{G1}=Q_{V1}+Q_{V2}+Q_{V3}$。

（3）串并联组合系统流量分配的特点：如图1所示，实际上是一个串并联组合系统。其中平衡阀 V1、V2、V3 组成一并联系统，平衡阀 V1、V2、V3 又与平衡阀 G1 组成一串联系统。

根据串并联系统流量分配的特点，实现水力平衡的方式如下：

首先将平衡阀组 V1、V2、V3 的流量比值调至与设计流量比值一致；再将调节阀 G1 的流量调至设计流量。这时，平衡阀 V1、V2、V3、G1 的流量同时达到设计流量，系统实现水力平衡。

实际上，所有暖通空调水系统均可分解为多级串、并联组合系统。

4.3.2　水力平衡联调的步骤

如图 2 所示，该系统为一个二级并联和二级串联的组合系统，（V1～V3、V4～V6、…V16～V18）为一级并联系统，又分别与阀组 I（G1、G2…G6）组成一级串联系统；阀组 I 为二级并联系统，又与系统主阀 G 组成为二级串联系统。该系统水力平衡联调的具体步骤如下：

（1）将系统中的断流阀（图中未表示）和水力平衡阀全部调至全开位置，对于其他的动态阀门也将其调至最大位置，例如，对于散热器温控阀必须将温控头卸下或将其设定为最大开度位置；

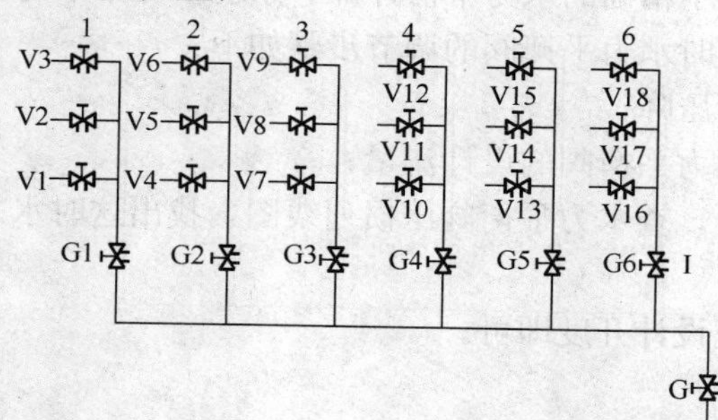

图 2　串、并联系统示意图

（2）对水力平衡阀进行分组及编号：按一级并联阀组 1～6、二级并联阀组 I、系统主阀 G 顺序进行（见图 2）；

（3）测量水力平衡阀 V1～V18 的实际流量 $Q_{实}$，并计算出流量比 $q=Q_{实}/Q_{设计}$；

（4）对每一个并联阀组内的水力平衡阀的流量比进行分析，例如，对一级并联阀组 1 的水力平衡阀 V1～V3 的流量比进行分析，假设 $q_1<q_2<q_3$，则取水力平衡阀 V1 为基准阀，先调节 V2，使 $q_1=q_2$，再调节 V3，使 $q_1=q_3$，则 $q_1=q_2=q_3$；

（5）按步骤（4）对一级并联阀组 2～6 分别进行调节，从而使各一级并联阀组内的水力平衡阀的流量比均相等；

（6）测量二级并联阀组 I 内水力平衡阀 G1～G6 的实际流量，并计算出流量比 q_1-q_6；

（7）对二级并联阀组的流量比 $Q_1\sim Q_6$ 进行分析，假设 $Q_1<Q_2<Q_3<Q_4<Q_5<Q_6$，将水力平衡阀 G1 设为基准阀，对 G2～G6 依次进行调节，直至调至 $Q_1=Q_2=Q_3=Q_4=Q_5=Q_6$，即二级并联阀组内的水力平衡阀的流量比均相等；

（8）调节系统主阀 G，使 G 的实际流量等于设计流量。

这时，系统中所有的水力平衡阀的实际流量均等于设计流量，系统实现水力平衡。但是，由于并联系统的每个分支的管道流程和阀门弯头等配件有差异，造成各并联平衡阀两端的压差不相等。因此，当进行后一个平衡阀的调节时，将会影响到前面已经调节过的平衡阀，产生误差。当这种误差超过工程允许范围时（如实例中的 5%），则需进行再一次的测量和调节。

5 水力平衡调试的目的

水泵工作于性能曲线的哪一点，取决于所连接的管路特性。采暖空调系统末端通过开大或关小管路上的阀门开度，来改变管路的阻抗系数，达到调节流量的目的，因为增加了额外阻力，故不太节能；当改变电机转数时，电机效率基本不变，因此，结合变频调速可进一步减少水泵耗电，并在压差阀、平衡阀等阀件的反馈和调节下，实现较理想的变流量运行。通过水力平衡调试，可使管路特性达到或接近于设计时的较为理想状态，并减少因阀门调节带来的过多的额外耗能。

调试后系统各部分水量符合实际需求，达到流量与负荷良好的匹配，并使冷热源与二次循环水间，获得更合适的换热温差，提高冷热源的换热效率，从而综合减少电、煤、气源的消耗，进而完善系统中数据的采集、自控和反馈，实现系统在负荷变化情况下，更加合理、经济的运行状态。当系统高效、节能的变流量质调节运行时不仅能提高电、煤、气源的利用率，还能实现节能减排的目的，由此可见水力平衡调试是建筑节能中，保证采暖空调系统节能运行的前提条件和重要手段。

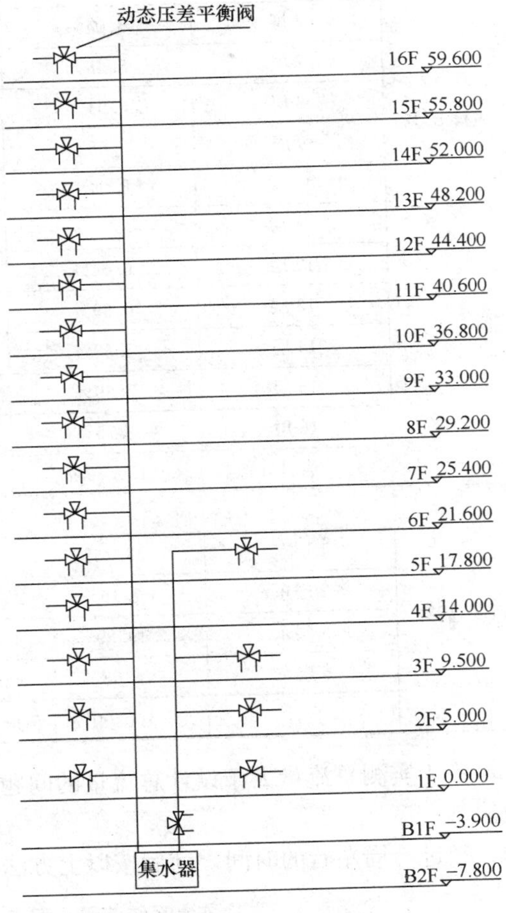

6 工程实例

以下是北京石景山区八大处电子科学院联试楼空调冷冻水系统水力平衡调试的实例。

本工程空调区域共16层，不分高低区但分主楼和东配楼两部分。各层水平支干管回水处设置动态流量平衡阀，末端风机盘管处回水管安装电动二通阀。图3是动态平衡阀安装的系统示意图。

图3 动态平衡阀安装示意图

初步对各层平衡阀实测流量数据见表1。

虽然主楼部分楼层的流量比看似很接近设计要求的流量值，但经过分析发现，主楼与东区立管间存在严重的水力失调。

主楼以16层平衡阀流量比为基准，按流量比由低至高的顺序依次调节各层平衡阀，使其与16层平衡阀的流量比相等。同理调节东区各层平衡阀。

以上工作完成后，调节东区立管集水器出口处的平衡阀，使其与主楼立管的流量比相等。

经计算后各平衡阀设计流量分配及实测冷冻水系统流量分配表（设计总流量 580.5m³/h）　表 1

分区	楼层	各层流量分配比例	设计流量/ m^3/h	实际流量/ m^3/h	流量比/实/设
	主楼设计总流量为 487.9m³/h 计算				
主楼 84%	1 层西	9.47%	46.21	60.54	1.31
	2 层西	9.65%	47.06	60.24	1.28
	3 层西	8.76%	42.73	52.55	1.23
	4 层	6.04%	29.46	34.47	1.17
	5 层西	3.46%	16.90	19.10	1.13
	6 层	6.04%	29.46	34.17	1.16
	7 层	5.68%	27.73	29.94	1.08
	8 层	6.04%	29.46	28.28	0.96
	9 层	5.68%	27.73	28.28	1.02
	10 层	6.04%	29.46	27.10	0.92
	11 层	5.68%	27.73	29.11	1.05
	12 层	6.04%	29.46	26.22	0.89
	13 层	6.39%	31.19	25.89	0.83
	14 层	5.68%	27.73	25.23	0.91
	15 层	7.59%	37.04	29.63	0.8
	16 层	1.75%	8.55	5.65	0.66
	合计	100.00%	487.90	516.42	1.06
	东区设计总流量为 92.6m³/h 计算				
东区 16%	1 层东	38.26%	35.43	54.21	1.53
	2 层东	7.16%	6.63	9.15	1.38
	3 层东	49.89%	46.20	57.75	1.25
	5 层东	4.68%	4.33	4.77	1.1
	合计	100.00%	92.60	125.88	1.36

鉴于实测总流量大于设计总流量的问题，我们采取了适当关小冷冻循环泵出口阀门的做法。

经过一周左右的时间，前后按以上方法调节了三次，最终得到表 2 的调试结果。

冷冻水系统流量分配表（设计总流量 580.5m³/h）　表 2

分区	楼层	各层流量分配比例	设计流量/ m^3/h	实际流量/ m^3/h	流量比/实/设
	主楼设计总流量为 487.9m³/h 计算				
主楼 84%	1 层西	9.47%	46.21	48.06	1.04
	2 层西	9.65%	47.06	49.88	1.06
	3 层西	8.76%	42.73	41.87	0.98

续表

分区	楼层	各层流量分配比例	设计流量/m^3/h	实际流量/m^3/h	流量比/实/设
主楼设计总流量为487.9m^3/h计算					
主楼84%	4层	6.04%	29.46	28.28	0.96
	5层西	3.46%	16.90	17.07	1.01
	6层	6.04%	29.46	30.05	1.02
	7层	5.68%	27.73	28.84	1.04
	8层	6.04%	29.46	28.87	0.98
	9层	5.68%	27.73	27.17	0.98
	10层	6.04%	29.46	29.46	1.00
	11层	5.68%	27.73	29.11	1.05
	12层	6.04%	29.46	28.58	0.97
	13层	6.39%	31.19	30.88	0.99
	14层	5.68%	27.73	28.56	1.03
	15层	7.59%	37.04	37.41	1.01
	16层	1.75%	8.55	8.21	0.96
	合计	100.00%	487.90	492.31	1.01
东区设计总流量为92.6m^3/h计算					
东区16%	1层东	38.26%	35.43	36.85	1.04
	2层东	7.16%	6.63	6.96	1.05
	3层东	49.89%	46.20	47.13	1.02
	5层东	4.68%	4.33	4.25	0.98
	合计	100.00%	92.60	95.19	1.03

7 结论

本文总结了以往水力平衡调试、空调节能诊断中所积累的经验和数据。通过以上论述及工程调试实例，我们可以得出结论，在暖通空调水系统中，合理地安装水力平衡阀以及采用正确的方法进行系统联调，能够极大地改善系统的水力特性，使系统接近或达到水力平衡，从而既为系统的正常运行提供保证，又节省了能源，使系统经济高效地运行。水力平衡的调试是发现问题、完善系统、保证采暖空调系统节能运行的有效措施。

参考文献

[1] 陆耀庆等. 供暖通风设计手册[M]. 北京：中国建筑工业出版社，1987.

[2] 贺平. 孙刚. 供热工程[M]. 北京：中国建筑工业出版社，1990.

[3] 江忆. 从大型公共建筑节能诊断谈改进暖通空调系统设计[R]，2006.

浅谈地铁隧道工程控制测量技术

赵　强
（北京城乡建设集团紫荆市政分公司）

【摘　要】 地铁地下的控制测量，是控制地铁隧道开挖方向的重要手段。隧道控制测量精度的高低，直接影响两个相邻合同段的贯通误差的精度，为了保证贯通误差满足设计及规范要求，即暗挖隧道横向贯通误差中误差应在±50mm之内，高程贯通误差中误差应在±25mm之内。从地面控制测量到洞内控制测量的每一个测量环节都要采取一定的测量方法，分析每一个环节产生的误差对最后的贯通误差的影响。

【关键词】 地铁隧道；控制测量；观测方法；误差分析；精度估算

1　引言

随着我国城市公共交通建设的快速发展，三维立体交通模式已经成为城市交通设施的一种主要建设模式，这种模式一般是由地上、地下两部分所组成，其中地下交通部分由于经常要在建筑物密集、地下管网繁多的地段进行施工建设，因此对施工过程中测量作业的精度提出了较高的要求，如何能够保证地下交通工程施工测量的安全准确，成为目前施工单位所普遍关心的一个问题。本文主要针对这一问题，对地下交通工程施工测量中可能产生的误差以及如何提高测量的平面精度进行了分析和探讨。隧道测量的主要任务是保证隧道相向开挖的工作面能按规定的精度正确贯通并使各项建筑物按设计位置和几何形状修建，不侵入设计限界，符合验收精度。

2　工程概况

2.1　角门北路车站工程概况

本站位于马家堡西路下，马草河以南，沿马家堡西路布置。马家堡西路为规划城市主干道，道路红线宽50m，该路段及配套设施已开工建设。路西为未来明珠小区和66号高层住宅，路东为66路公交总站及马家堡西里居民楼，该地段已经兴建一定规模的生活、生产、商业、服务设施。

本站为地下两层单柱双跨（局部为双柱三跨）框架结构，明挖法施工。基坑长236.6m，宽19m，深16.95m，采用钻孔灌注桩加钢管内支撑的支护形式。

车站所在位置在马家堡西路中偏东，施工期间采用ϕ800间隔钻孔灌注桩作为围护结构，桩间采用 C20 早强挂网喷射混凝土。在冠梁到地面的范围内施作挡墙，保证路面的稳定。本站支撑系统采用 ϕ600 钢管支撑，壁厚 12mm；钻孔桩和支撑间距根据基坑位置不同，基坑标准段分别为 1400mm 和 4000mm。

2.2 角门北路区间工程环境

本段区间左线里程为 K1＋617.550～K2＋255.718，短链 0.045m，全长 638.123m。右线里程为 K1＋617.500～K2＋255.718，全长 638.168m。

本区间线路沿线地形较平坦，地表高程约 39.11～40.55m。地貌属于古渭水河河道及古河漫滩地貌。拟建场地现状为 50m 宽的马家堡西路，原计划于 2003 年 10 月建成通车，现因地铁施工需要，部分路段已封闭。路旁主要为住宅小区和商铺。区间线路沿马家堡西路下方布设，南起石榴庄路路口的石榴庄路站，下穿北人行天桥，旁邻嘉丽园、嘉园二里，穿晨光路路口，到达马草河南的角门北路站。

本区间隧道平面由直线和三段圆曲线组成，线路最大半径为 3000m，最小半径为 2000m，线间距 13～15m。

在区间隧道中部右线里程 K1＋964.600 处设联络通道，与线路正交。联络通道由施工时的左右线间施工通道改造而成。

在区间靠近两端车站附近各设一处迂回风道，其对应的右线中心里程分别为：右 K1＋635.000、右 K2＋237.800。

本区间隧道在靠近石榴庄路站北端设人防段一处，其对应中心里程为：右 K1＋676.620。

3 地面控制网复测

工程开工前，由轨道公司委托北京城建勘察设计研究院对整条线路布设控制网。平面控制网由两个等级组成，一等为卫星定位控制网，二等为精密导线网，并分级布设。城市轨道交通工程高程控制网为水准网，分两个等级布设：一等水准网是与城市二等水准精度一致的水准网，二等水准网是加密的水准网。

3.1 平面控制网复测

接桩以后，施工方马上组织精密导线网的复测，精密导线网是城市轨道交通工程平面控制网的二等网，其技术要求与国家和城市现行规范中的四等导线基本一致，主要是缩短了导线总长度与导线边长，提高了点位精度（见表 1）。

精密导线网测量的主要技术要求 表 1

平均边长/m	闭合环或附合导线总长度/km	每边测距中误差/mm	测距相对中误差	测角中误差/″	水平角测回数		边长测回数	方位角闭合差/″	全长相对闭合差	相邻点的相对点位中误差/mm
					Ⅰ级全站仪	Ⅱ级全站仪	Ⅰ、Ⅱ级全站仪			
350	3～4	±4	1/60000	±2.5	4	6	往返距各两测回	$\pm5\sqrt{n}$	1/35000	±8

注：1. n 为导线的角度个数，一般不超过 12；
2. 附合导线路线超长时，宜布设结点导线网，结点间角度个数不超过 8 个；
3. 全站仪的分级标准执行相应规定。

3.1.1 二等精密导线的布设方法

二等精密导线网沿城市轨道交通线路方向布设，根据导线点与首级 GPS 点的空间分布，通常布设成附合导线、闭合导线或多个结点的导线网。

3.1.2 选择精密导线点时应符合下列要求

无论采用何种施工方法，在城市轨道交通施工测量时使用最多的还是二等精密导线点，所以二等精密导线点的选点一定要保证易于观测、便于施工使用、易于保存而且稳定。具体而言，选点时要注意以下几点：

(1) 为施测方便，在车站、洞口附近，宜多布设导线点，且保证能够至少两个方向通视，为了减少地面导线测量的误差影响，最好确保二等精密导线点能够与洞口通视；

(2) 附合导线的边数宜少于 12 个，相邻边的短边不宜小于长边的 1/2，个别短边的边长不应小于 100m；

(3) 导线点的位置应选在施工变形影响范围以外稳定的地方，并应避开地下构筑物、地下管线等；

(4) 楼顶上的导线点宜选在靠近并能俯视线路、车站、车辆段一侧稳固的建筑上；

(5) 相邻导线点间以及导线点与其相连的卫星定位点之间的垂直角不应大于 30°，视线离障碍物的距离不应小于 1.5m，避免旁折光的影响；

(6) 在线路交叉及前、后期工程衔接的地方应布设适量的共用导线点。

3.1.3 仪器检查、校正

导线测量前应对仪器进行常规检查与校正，同时记录检校结果。

3.1.4 导线点水平角观测

导线点上只有两个方向时，其水平角观测应符合以下要求：

(1) 应采用左、右角观测，左、右角平均值之和与 360°的较差应小于 4″；

(2) 前后视边长相差较大，观测需调焦时，宜采用同一方向正倒镜同时观测法，此时一个测回中不同方向可不考虑 2C 较差的限差；

(3) 水平角观测一测回内 2C 较差，Ⅰ级全站仪为 9″，Ⅱ级全站仪为 13″。同一方向值各测回较差，Ⅰ级全站仪为 6″，Ⅱ级全站仪为 9″。

3.1.5 导线网结点或 GPS 点上观测水平角

在精密导线网结点或卫星定位控制点上观测水平角时应符合以下要求：

(1) 在附合导线两端的卫星定位控制点上观测时，宜联测两个卫星定位控制点方向，夹角的平均观测值与卫星定位控制点坐标反算夹角之差应小于 6″；

(2) 方向数超过 3 个时宜采用方向观测法，方向数不多于 3 个时可不归零；

(3) 方向观测法水平角观测的技术要求应符合表 2 的规定。

方向观测法水平角观测技术要求 **表 2**

全站仪的等级	半测回归零差	一测回内 2c 较差	同一方向值各测回较差
Ⅰ级	6″	9″	6″
Ⅱ级	8″	13″	9″

3.1.6 方位角闭合差

附合精密导线或闭合精密导线环的方位角闭合差（ω_β），不应大于下式计算的值

$$\omega_{\beta} = \pm 2m_{\beta}\sqrt{n}$$

式中　m_{β}——表1中的测角中误差（″）；

n——附合导线或导线环的角度个数。

3.1.7　测角中误差

精密导线网测角中误差（M_0）应按下式计算：

$$M_0 = \pm\sqrt{\frac{1}{N}\left[\frac{f_{\beta}\cdot f_{\beta}}{n}\right]}$$

式中　f_{β}——附合导线或闭合导线环的方位角闭合差；

n——附合导线或导线环的角度个数；

N——附合导线环或闭合导线环的个数。

3.1.8　边长测量

精密导线网测距时应符合下列要求：

（1）距离测量除符合表1的要求外，还应符合表3的规定。

距离测量限差技术要求/mm　　**表3**

全站仪的等级	一测回中度数间较差	单程各测回间较差	往返测或不同时段结果较差
Ⅰ级	3	4	2×（$a+bD$）
Ⅱ级	4	6	

注：1　（$a+bD$）为仪器标称精度，a为固定误差，b为比例误差系数，D为距离测量值（以千米计）；

2　一测回指照准目标一次读数4次；

（2）测距时读取温度和气压，测前、测后各读取一次，取平均值作为测站的气象数据，温度读至0.2℃，气压读至50Pa。

3.2　水准网复测

地面高程控制测量在城市轨道交通建设中与地面平面控制测量具有同等重要的作用，是城市轨道交通工程全线线路和结构高程贯通的保障，是一项很重要的先行基础工作。所以导线网复测完以后，马上复测水准网。

3.2.1　仪器检查、校正

作业前，应对所使用的水准测量仪器和标尺进行常规检查与校正。水准仪i角检查，在作业第一周内应每天1次，稳定后可半月1次。一等水准测量仪器i角应小于或等于15″；二等水准测量仪器i角应小于或等于20″。

3.2.2　水准网测量的观测方法

一等及二等水准网测量的观测方法应符合下列规定：

（1）往测　奇数站上：后一前一前一后；

偶数站上：前一后一后一前。

（2）返测　奇数站上：前一后一后一前；

偶数站上：后一前一前一后。

（3）使用数字水准仪，应将有关参数、限差预先输入并选择自动观测模式，水准路线应避开强电磁场的干扰；

(4) 一等水准每一测段的往测和返测，宜分别在上午和、下午进行，也可在夜间观测；

(5) 由往测转向返测时，两根水准尺必须互换位置，并应重新整置仪器。

3.2.3 水准测量观测的技术要求

水准测量观测的视线长度、视距差、视线高度应符合表4的规定。

水准测量观测的视线长度、视距差、视线高度的要求/m **表4**

等级	视线长度		前后视距差	前后视距累计差	视线高度	
	仪器等级	视距			视线长度20m以上	视线长度20m以下
一等	DS_1	≤50	≤1.0	≤3.0	≥0.5	≥0.3
二等	DS_1	≤60	≤2.0	≤4.0	≥0.4	≥0.3

3.2.4 水准测量测站观测限差

见表5。

水准测量的测站观测限差/mm **表5**

等级	上下丝读数平均值与中丝读数之差	基、辅分划读数之差	基、辅分划所测高差之差	检测间歇点高差之差
一等	3.0	0.4	0.6	1.0
二等	3.0	0.5	0.7	2.0

注：使用数字水准仪观测时，同一测站两次测量高差较差应满足基、辅分划所测高差较差的要求。

3.2.5 测量高差处理

往返两次测量高差超限时应重测。重测后，一等水准应选取两次异向观测的合格成果，二等水准则应将重测成果与原测成果比较，其较差合格时，取其平均值。

3.2.6 水准测量的内业计算

计算取位，高差中数取至0.1mm；最后成果，一等水准取至0.1mm，二等水准取至1.0mm。

4 联系测量

联系测量是将地面的平面坐标系统和高程系统通过施工竖井传递到地下，使地上、地下坐标系统相一致的测量工作。要使地上、地下坐标系统相一致，需要采取适当的方法将地面上的测量坐标系统传递到地下，作为地下隧道测量的起算依据。

4.1 定向测量宜采用下列方法

(1) 铅垂仪，陀螺经纬仪联合定向；
(2) 联系三角形定向；
(3) 导线定向测量；
(4) 钻孔投点定向。

在本次工程中，主要采取了联系三角形定向，在这里主要介绍该方法。

4.2 联系三角形定向测量的方法

地下工程各开挖面正确贯通要求地下测量基面与地面控制测量相统一。将地面控制网中的坐标，方向角以及高程传递到地下这一测量过程称之为联系测量，通常采用的方法是三角联系定向测量（见图 1）。

4.3 联系三角形的布置原则

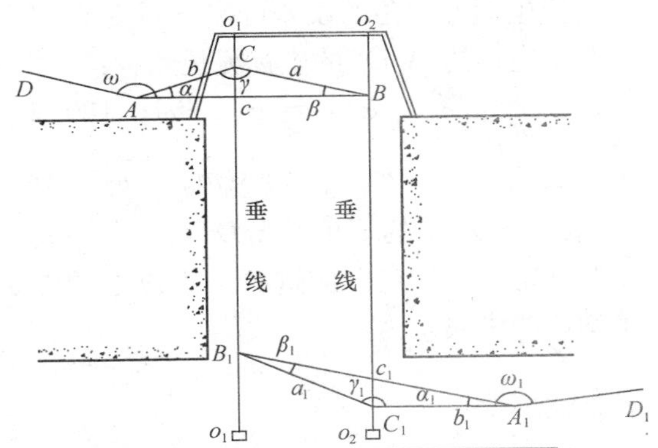

图 1 竖井联系三角形定向测量

联系三角形定向的主要任务是精确地确定地下导线第一边的方位角，为了使测算具有必要的精度，必须依据以下几点布置点位以使角度与边长测量的误差对地下导线起始边 A_1D_1 边的方位角影响最小。

（1）联系三角形是狭长形，角度越小越好，最大不应超过 1°。

（2）b/a 的数值应尽可能小，但考虑到如果仪器距悬锤太近，由于望远镜对光的变化大，会降低角度的观测精度，因此 b/a 要小于 1.5 倍。

（3）悬锤间的距离即 a 边尽可能长些，两悬吊钢丝不小于 5m。

（4）减小风速、风流对垂线的偏斜影响——定向投点时停止风机运转增设风门以减小风速，否则采取隔离或降低风流的措施。

（5）采用直径小、拉力强，强度高的钢丝，适当加重悬锤的重量。

4.4 联系三角形观测方法

提高联系三角形观测精度是提高地下导线起始边方位角精度的保证，为此应做到：

（1）角度观测采用 2″级全站仪或 DJ2 级光学经纬仪，用全圆测回法观测六测回，使其测角中误差在±2.5″之内。

（2）联系三角形的边长采用检定过的钢尺，并估读到 0.1mm。每次应独立测量三测回，每测回往返三次读数，各测回较差小于 1.0mm。地上地下测量同一边的较差应小于 2.0mm。

（3）为了提高定向精度，要对两吊锤的三个位置进行观测，求得地下导线起始边 A_1D_1 的方位角三个数值，取其平均值作为最后结果。

（4）各测回测定的地下起始边方位角较差小于 12″，方位角平均值中误差在±8″之内。

（5）有条件时可采用两井定向等方法，地下起始边方位角较差小于 12″，方位角平均值中误差在±8″之内。

4.5 定向误差的估算

隧道两开挖洞口间长度小于 4km。增设竖井时，可按表 6 考虑竖井定向精度的要求。表中所列定向中误差为两组以上的测量结果。

竖井定向中误差　　表 6

井下基点至贯通面距离	50m	100m	200m	300m	400m	1000m
井下定向边定向中误差	1′40″	50″	26″	17″	13″	5″

4.6 估算坐标方位角的误差

估算坐标方位角的误差可按下列关系计算，由图 1 所示

井下定向边 A_1D_1 的坐标方位角为：

$$\varphi_{A_1D_1}=\varphi_{AD}+\omega+180°+\beta+180°-\beta_1+180°+\omega_1$$

$$m_{\varphi_{A_1D_1}}=\pm\sqrt{m_{\omega}^2+m_{\beta}^2+m_{\beta1}^2+m_{\omega1}^2}$$

（表示 φ 为 m 的下角，A_1D_1 为 φ 的下角）。

井下定向边的定向应进行三组以上的测量，每组将两垂线位置稍加变动，则 φA_1D_1 之平均值的中误差为：

$$\frac{m_{\varphi_{A_1D_1}}}{\sqrt{n}}$$

5 高程的传递

地面高程控制网复测合格后，在城市二等水准点下布设精密水准网。精密水准网沿工程线路布设成附合路线，闭合路线或结点网。隧道洞口或竖井口设置 3 个以上水准点。

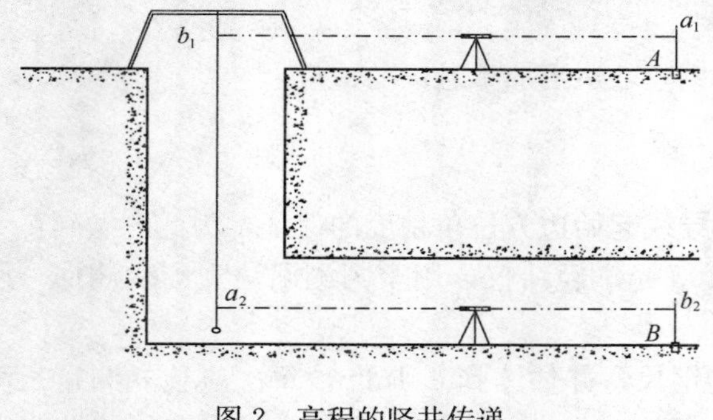

图 2　高程的竖井传递

5.1 高程的竖井传递方法

如图 2 所示，地面近井点 A 的高程 H_A 已知，现拟求出井下所埋设的水准点 B 的高程 H_B。具体做法是：在井口摆一个架子，在架子上悬挂一根钢尺，钢尺下挂 5kg 重锤，并放入机油桶中，井上和井下各安置一台水准仪。同时对钢尺进行观测地上水准仪读出 a_1 和 b_1，地下水准仪读出 a_2 和 b_2。从图中可以看出，B 点的高程为：

$$\begin{aligned}H_B&=H_A+(a_1-b_1)\\&=H_A+(a_1-b_2)+(a_2-b_1)\end{aligned}$$

5.2 提高高程传递精度的方法

（1）要提高高程的传递精度，必须提高水准仪观测的精度，保持钢尺的竖直和稳定，注意消除外界的不得影响等。高程传递两次的较差不超过 5mm。

（2）为了检查水准点的稳定性，一般一次测量 3 个水准点，以便在施工中相互校核。

（3）传递高程时，每次应独立观测三测回，每测回变动仪器高度，三测回测得的地上、地下水准点的高差较差小于 3mm。

（4）三测回测定的高差进行温度、尺长改正。

6 隧道内导线的布设

6.1 隧道内导线测量的特点

（1）导线自洞口向洞内是分期，逐次测量建立，并最后贯通的。

（2）洞内测量是在施工条件下进行的，因此防水排水，通风排烟和照明因素对测量的影响十分重要。

（3）仪器进洞后为适应洞内的温度和湿度必须晾露 30～40min 后才能正常使用，并擦干仪器和反射镜面的水汽后才宜观测。

（4）地下导线随开挖向前延伸，属于支导线形式，建立双支导线形成附和导线进行校核。

（5）导线需联测必要的施工点，以及及时检查和定正中线。

（6）每次建立新点，必须检测前面一个已测点是否发生位移。

6.2 隧道导线的种类

地下导线分为施工导线，基本导线，导线网和附合导线。

施工导线

（1）在开挖面向前推进时，用以进行放样，指导开挖的导线。如图 3 所示，边长为 25～50m，角度观测中误差应在±6″之内，边长测距中误差应在±10mm 之内。曲线隧道开挖时，施工导线点宜选在曲线的元素点和整里程点上。

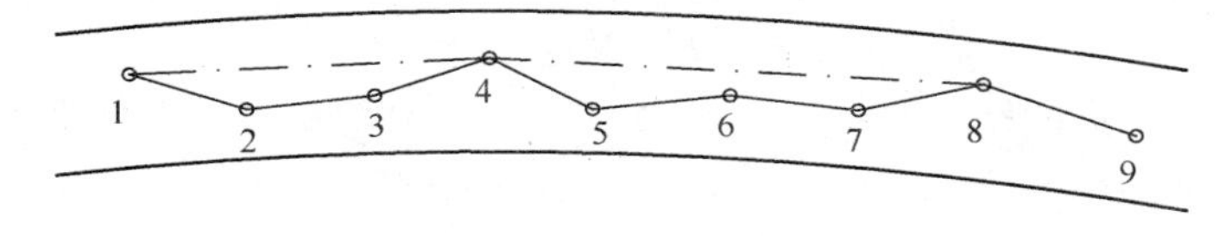

图 3 单导线图

（2）基本导线

当掘进 100～300m 时，为了检查方向选择部分施工导线组成边长为 50～100m 的精度较高的施工导线（如图 3 中的 1、4、8 等）。

（3）限于洞内场地条件，导线网一般形成若干个被此相连的带状闭合导线环。如图 4 所示。

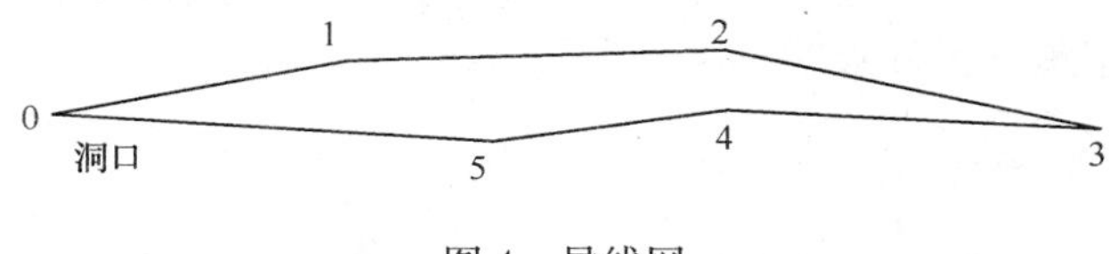

图 4 导线网

（4）施工控制导线测量采用 2″级全站仪施测，左、右角各测二测回，左、右角平均值之和与 360°较差小于 4″，边长往返观测各二测回，往返观测平均值较差应小于 4mm。

（5）施工控制导线最远点点位横向中误差在±25mm 之内。

(6) 每次延伸施工控制导线测量前，对已有的施工控制导线前三个点进行检测。检测点如有变动，选择另外稳定的施工控制导线点进行施工控制导线延伸测量。

(7) 施工控制导线在隧道贯通前应测量三次，其测量时间与竖井定向同步。重合点重复测量的坐标值与原测量的坐标值较差小于 10mm 时，采用逐次的加权平均值作为施工控制导线延伸测量的起算值。

(8) 附合导线。隧道贯通后，使坐标车站导线点与上一标段车站导线点之间形成附合导线，在计算实际贯通误差后，按附合导线进行平差，使贯通误差得到调整。如果贯通误差达到或超过限差时，则不宜首先按附合导线直接处理贯通误差，而首先顾及中线的实际情况，研究调整方法。

6.3 观测精度评定

(1) 单导线

可按各测站两次测角中误差。左右角观测时，按各测站左、右角平均值的差值评定测角中误差。均可用下式计算：

$$m_3 = \pm\sqrt{\frac{[d_\beta^2]}{4n}}$$

式中 d_β——导线角两次测量或左、右角的差值。

n——导线角的测站数。

(2) 导线网

角度闭合差：按下式计算

$$f_\beta = \Sigma\beta - (n-2)\cdot 180^\circ$$

角度闭合差的限差：按下计算：

$$f_{\beta限} = \pm 2m_\beta \cdot \sqrt{n}$$

测角中误差按下式计算：

$$m_\beta = \pm\sqrt{\frac{1}{N}\left[\frac{f_\beta^2}{n}\right]}$$

7 隧道内高程控制测量

7.1 隧道高程控制测量的种类

地下高程测量应包括地下控制水准测量和地下施工水准测量。地下高程测量采用水准测量方法，并起算于地下近井水准点。

7.2 隧道高程控制测量的特殊性

(1) 洞内高程点布设密度大，为满足洞内衬砌施工的需要，高程点的密度基本上要达到置镜后，既可直接后视水准点又能测设施工放样的位置，而且不需要转站。这样水准点的密度一般小于 200m。

(2) 洞内高程点由于受不良地质及施工条件的影响，高程可能发生变化，尤其软弱围岩，膨胀上等施工后可能发生较大变化，因此洞内高程的定期检测和衬砌检测十分重要。引测新的高程点时，必须对已知的起算高程点检测合格。

（3）地下控制测量的方法和精度，要符合二等水准测量要求，水准线路往返较差、附合或环线闭合差为$\pm 8\sqrt{L}$mm（L以千米计）；地下施工水准测量可采用S3水准仪和3m木制板尺进行往返观测，其闭合差在$\pm 20\sqrt{L}$mm（L以千米计）之内。

（4）地下控制水准测量在隧道贯通前独立进行三次，并与地面向地下传递高程同步。重复测量的高程点与原测点的高程较差应小于5mm，并采用逐次水准测量的加权平均值作为下次控制水准测量的起算值。地下控制水准测量的方法和精度要求同地面精密水准测量。

7.3 高程贯通误差的调整

实际高程贯通误差的调整方法如下：由竖井洞内高程点和第二合同段高程点分别引测在贯通点附近的高程贯通点上，求得一个高程点的两个高程值，$H_{进}$ 和 $H_{出}$，其高差（$H_{出}-H_{进}$）即为实际高程贯通误差。当贯通误差符合规范要求时，按附合水准线路进行平差。

8 结语

本文结合角门北路车站和石榴庄区间隧道的工艺和施工情况谈了地下洞内控制测量的几种方法并对这些方法的运用有以下几点体会：

（1）由地面测量控制系统转入地下控制系统，联系测量应根据施工工艺和方法结合现场情况使用合理的方法。

（2）地下平面控制测量须分级布设分级控制。施工导线边长的选取需要考虑地下基线边长。基本导线点应选择施工导线中的点位，以便校核。

（3）地下导线点及水准点定期检测，有条件时做附合线路校测。

（4）把测设的百米桩及曲线要素点纳入导线测量。

（5）只有控制好测量精度，才能更好地为施工服务。

地下工程在不断向前发展，地下测量技术也在不断提高，相信这些新的技术在今后地下工程施工中将更好地指导和服务于地下工程。

参考文献

[1] 铁道部第二勘测设计院. 铁路测量手册［M］. 北京：中国铁道出版社，1998.

[2] 文孔越，高德慈. 土木工程测量［M］. 第2版. 北京：北京工业大学出版社，2002.

[3] 北京城建勘测设计研究院有限公司. GB 50308—2008 城市轨道交通工程测量规范［S］. 北京：中国建筑工业出版社，2008.

[4] 北京市测绘设计研究院. CJJ 8—1999 城市测量规范［S］. 北京：中国建筑工业出版社，1999.

[5] 秦长利. 城市轨道交通测量［M］. 北京：中国建筑工业出版社，2008.

全圆一次浇筑针梁台车构造改进分析

郭文娟
（北京金河水务建设有限公司）

【摘　要】 浅埋暗挖输水隧洞采用复合式衬砌，二衬混凝土结构采用全圆针梁台车一次浇筑成型，根据以往工程施工经验，针梁台车结构的整体性和抗浮性能需要加强，因此在南水北调南干渠配套工程的施工中，加强了台车结构抗浮性能的研究，增加了必要的抗浮支撑；南干渠工程二衬断面尺寸小，台车内操作空间变小，台车设计过程中，加强了空间研究，在满足施工要求的前提下，尽可能减少了不必要的支撑，最大限度方便现场施工。经过施工检验，台车的各项性能指标均满足规范要求且有提高。

【关键词】 全圆；针梁；框架；模板；抗浮

1　概述

北京市南水北调配套工程南干渠工程浅埋暗挖段隧洞一衬衬砌完成后洞径 4.1m，二衬衬砌厚度 35cm，二衬衬砌完成后的洞径 3.4m。与西四环暗涵工程比较，衬砌洞径变小，造成台车内空间狭小，加上框梁两侧丝杠和液压撑杆繁多，给施工造成诸多不便；另外台车上浮问题在以往工程没有得到很好解决；因此，在台车设计制作过程中，重点针对台车上浮控制、快速拆装和增大台车内操作空间的问题进行了研究，在设计和台车结构比选时，尽可能增加针梁模板的整体性能，增强模板刚度，减少附加支撑，以达到良好的使用效果。

2　台车总体构造简述

2.1　台车总体构造

针梁钢模台车是一种全断面衬砌隧洞的模板，其突出特点是：全断面一次浇筑成型，支模、脱模速度快，可高效率进行直段隧洞施工。

南干渠工程第四合同段 6 号竖井工区的针梁钢模台车由模板、针梁、框梁、抗浮体系、液压机械和卷扬机等主要部分组成。模板长 10000mm（其中钢模板 9900mm，柔性搭接模板 200mm，与前一仓搭接 100mm），框梁长 11300mm，针梁长 24500mm。台车以液压油缸支模、脱模，前后移动为电力驱动，钢丝绳牵引。

2.2　台车基本工作原理

针梁钢模台车的基本工作原理是：底拱、边顶拱模板闭合承受混凝土压力，混凝土浮托力由模板传递到框梁抗浮支杆，从两端支撑在隧道顶拱。模板与针梁相对运动，完成移动任务：浇筑完成后不拆模，此时模板固定，收支撑靴移动针梁向前，针梁移动到位后，支好支撑靴，拆模后向前移动模板，完成下一组就位。如此拆装倒运模板，循序渐进施工。

2.3　各部分具体构造

（1）针梁为桁架式结构，由 6 节桁架拼装而成，标准节长度为 4375mm，端头节长度为 3500mm。每节桁架中的直杆和斜杆均用两个槽钢焊接而成，上下弦杆采用 H 型钢，并在型钢腹板两侧焊接钢板做加强。每节针梁之间用 8.8 级高强螺栓连接。

（2）框梁为桁架式结构，由 3 节桁架拼装而成，中间节长度 3500mm，两端节长度 3900mm。结构形式与针梁相同，由上下弦杆、直杆、斜杆组成。每节框梁之间用 8.8 级高强螺栓连接。

（3）模板包括底拱模板、边顶拱模板和堵头模板。每节边顶拱模板由一片顶拱模板和两片边拱模板，用铰链连接而成。边顶拱模板和底拱模板通过卡板和螺栓连接。每套模板由 3 节模板加柔性搭接模板组成。每节模板长度分别为 3200mm＋3500mm＋3200mm。为了使每仓混凝土的接缝处平滑、自然、避免产生错台和漏浆现象，台车增加了 200mm 的柔性搭接设计，可以高效、快速的解决混凝土接缝问题。

（4）抗浮体系主要是指框梁两端的支撑体系和模板中部两个抗浮撑杆。模板支撑就位后，框梁两端的抗浮支撑靴平稳牢固的支撑在一衬的顶部和底部，两侧抗倾覆丝杠与一衬侧壁紧密结合，模板顶部利用混凝土灌注口将 2 个抗浮撑杆支撑在一衬顶部，这样，在三种装置的共同作用下，台车框梁与模板稳固支撑在隧洞内，可以有效抵抗混凝土浇筑过程中产生的上浮力（见图 1）。

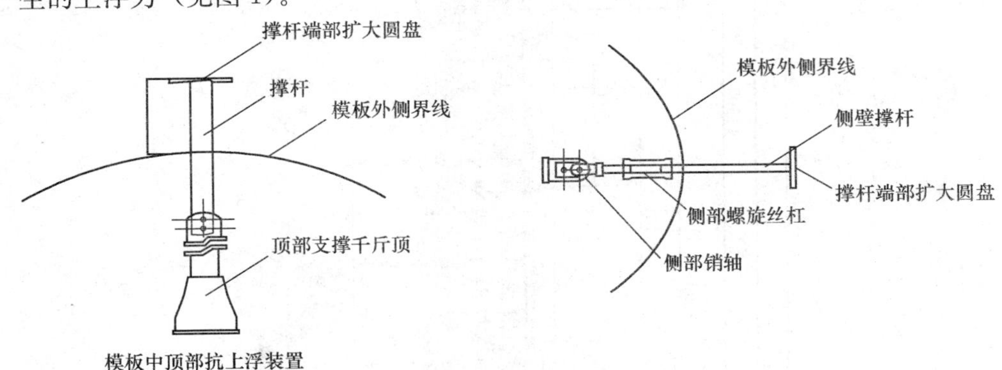

图 1　抗浮体系示意图

（5）卷扬驱动系统是台车针梁与框梁相对运动的驱动系统。利用钢丝绳的牵引，将框梁与模板从一个仓牵引到下一个作业面（见图 2）。

（6）液压系统是台车模板收、支时的动力来源，它由泵站、阀组、油管、油缸及附件组成（见图 3）。

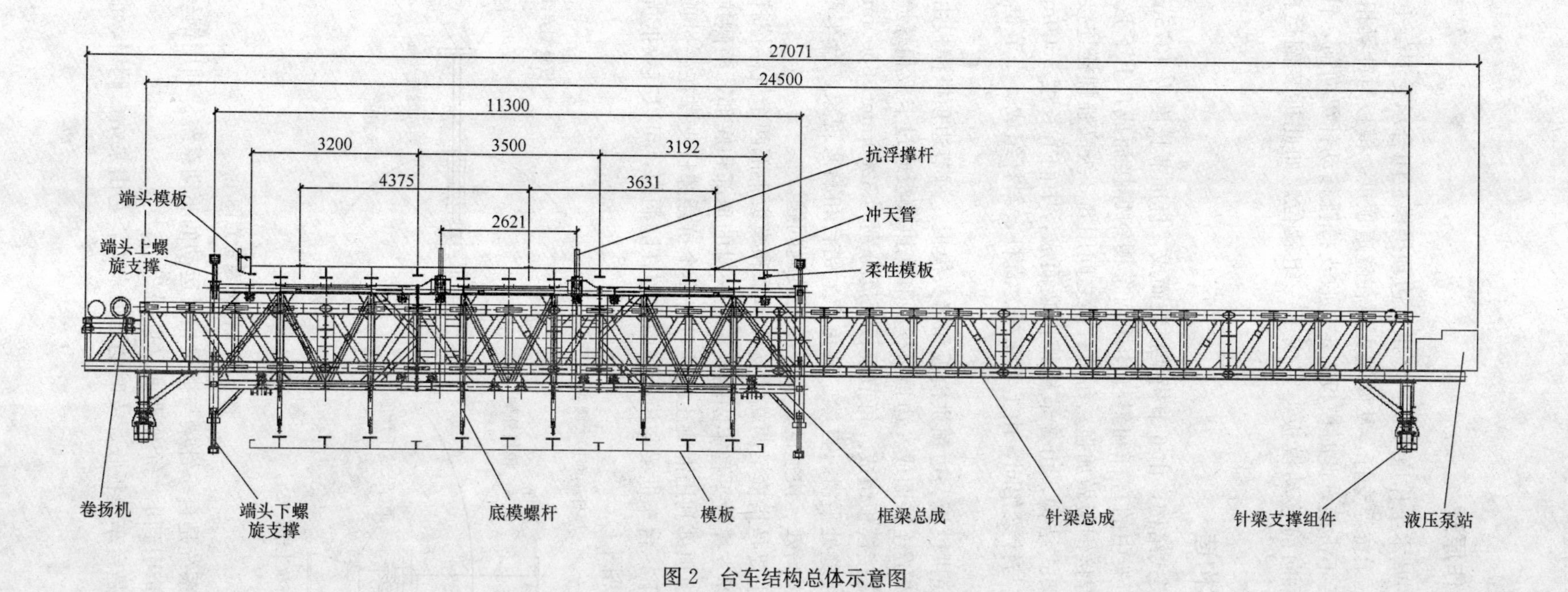

图 2　台车结构总体示意图

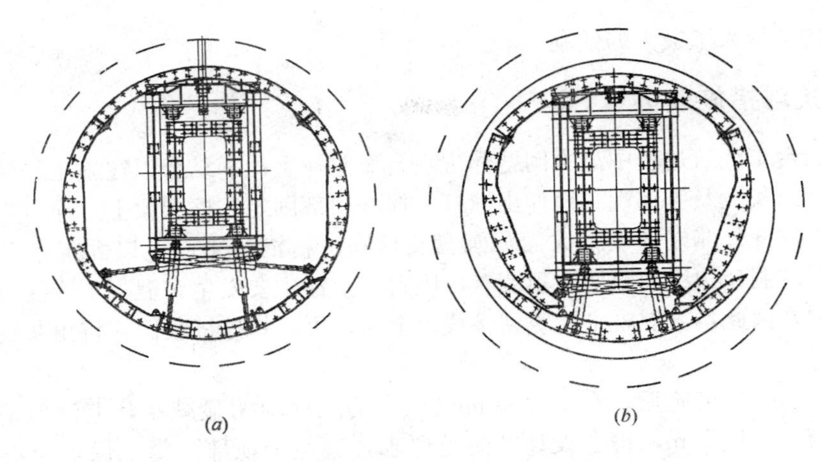

图3　台车液压系统控制模板收支原理示意图
（a）台车支模状态；（b）台车收模状态

3　台车结构改进分析

在设计阶段台车结构比选时，主要从两个方面进行了研究，一是如何加强模板自身整体性能，减少模板两侧附加支撑（即侧模丝杠和液压撑杆），节约有限空间，方便施工作业；二是如何加强抗浮体系，最大限度的控制台车上浮，以满足规范和设计要求，保证浇筑质量。

3.1　台车整体结构受力改进

台车针梁及框梁结构采用桁架式，桁架式结构的特点是：各杆件受力均以单向拉、压为主，通过对上下弦杆和腹杆的合理布置，可适应结构内部的弯矩和剪力分布。由于水平方向的拉、压内力实现了自身平衡，整个结构不对支座产生水平推力。桁架梁和实腹梁相比，在抗弯方面，由于将受拉与受压的截面集中布置在上下两端，增大了内力臂，使得以同样的材料用量，实现了更大的抗弯强度。在抗剪方面，通过合理布置腹杆，能够将剪力逐步传递给支座。这样无论是抗弯还是抗剪，桁架结构都能够使材料强度得到充分发挥。它将横弯作用下的实腹梁内部复杂的应力状态转化为桁架杆件内简单的拉压应力状态，能够直观地了解力的分布和传递，便于结构的变化和组合。综上，针梁和框梁采用桁架式结构，同样的材料用量下，整体抗弯性能和抗剪性能提高，能很好地承受模板及混凝土所产生的压力、剪力和弯矩，提高整体受力性能（见图4）。

另外，台车在设计上加强了模板结构的整体性能，模板内侧的横、纵向肋板支撑加密，加强了模板自身的刚度，模板之间通过高强螺栓和定位销连接定位，经过计算，模板结构满足受力要求，因此，取消了侧模与框梁之间的支撑丝杠，只在底模与框梁之间设置了竖向丝杠，保留液压杆件，这样，最大限度地节约了框梁两侧的空间，模板收支、混凝土浇筑时行走、操作方

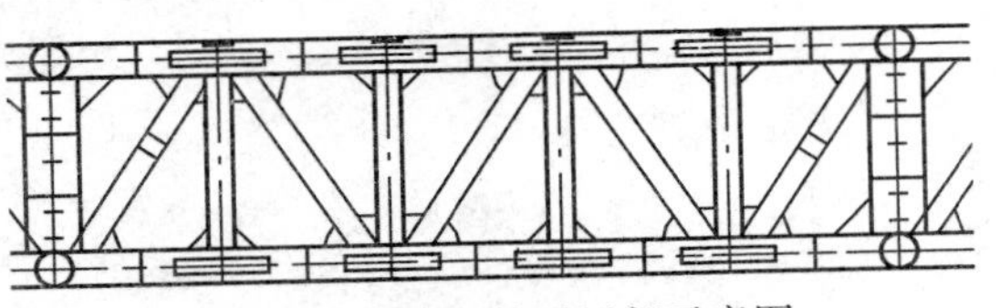

图4　针梁桁架体系局部示意图

便，给现场施工带来了极大的便利。

3.2 台车抗浮措施改进

在全断面台车浇筑过程中最大问题体现在台车整体上浮，结合以往施工经验及受力分析，利用顶部出灰孔及侧部观察窗伸出撑杆，撑杆内部固定在框架梁上，通过千斤顶或销轴变换长度，撑杆外侧端部设扩大面积圆盘支撑在一衬混凝土面上以固定台车在洞中位置，施工到相应洞口边缘前收回支顶装置。因台车上浮主要发生在混凝土腰线以下混凝土的浇筑过程中，因此，当混凝土浇筑到腰线以上时，可以将撑杆收回，将出灰孔和观察窗封闭。

改进台车的抗浮措施后，台车在浇筑过程中的上浮值明显减小，上浮值平均在5～8mm，最大值不超过1cm，符合设计及规范要求，避免了顶部混凝土保护层不够、漏筋等现象，效果显著。

3.3 台车拆装及行走系统改进

台车行走主要靠针梁一侧的卷扬驱动系统，利用钢丝绳牵引，实现针梁与框梁（框梁和模板一体）的相对运动，模板从上一个仓位顺利进入施工仓位，台车完成行走的时间仅仅需要3～4min。模板的收缩、支撑及调整定位靠液压系统完成，从台车模板就位、定位（包括中线、高程）、螺栓连接到定位销安装等需要3～4h，堵头模板安装（包括止水带、泡沫板安装）、加固需要4h，总计共需要7～8h，比不配置液压系统的简易结构节约3～4h，减少了人员消耗，提高了施工效率。

4 结语

南干渠工程使用的台车系统从结构整体性能、抗浮措施、空间利用和行走拆装效率等方面均有所改进和提高，满足设计及规范要求，提高了施工效率和质量。

盾构穿越细中砂层浅覆土始发施工

贾朝福[1]　杨富强[2]　施　笋[2]　王　坡[2]　程　恕[2]
（1. 北京住总集团有限责任公司；2. 北京住总市政工程有限责任公司）

【摘　要】 本文介绍了北京地铁M15号线南法信站～石门站区间隧道浅覆土盾构始发施工采取的措施。施工前根据地层条件采取旋喷桩和注浆预加固法加固地层，在盾构施工中，严格控制盾构掘进参数，保证盾构通过时地层的稳定，避免了出现地表的隆起和沉降。最终使得盾构施工安全通过浅覆土始发段，给今后同类工程施工带来参考经验。

【关键词】 盾构；浅覆土始发；地层加固；地面稳定

1　工程概况

北京地铁15号线南法信站～石门站区间采用盾构法施工，区间长度为2456.15m，盾构从南法信站始发。始发前112m覆土埋深为4.8～6.25m，覆土厚度小于盾构机直径D（6.25m），属于浅覆土始发施工。始发掘进线路平面为直线，竖向前32m为2‰的下坡，后68m为25‰的下坡。

浅覆土始发段中，上方主要为一条交通导改路和南法信儿童医院大门。导改路宽约15m，交通量较大。南法信儿童医院门口，行人较多。施工中因覆土深度太小，不易建立起土压平衡，容易产生塌方等事故，施工中采用先进行“地面旋喷桩＋地面注浆”加固地层形成顶盖的方式，保证地层的稳定，再进行盾构掘进的措施。

本区间盾构施工中采用德国海瑞克土压平衡盾构机，盾构机的直径为6250mm，管片的外径为6000mm，内径为5400mm，管片的环宽为1200mm。

2　工程地质概况

本工程地质概况主要为杂填土、细中砂层及粉质黏土层，盾构掘进断面为全断面砂层。土层的主要性质见表1、图1。

地质概况表　　表1

土层	物理指标	厚度	渗透系数	土层稳定性
杂填土	c=0kPa，φ=8°	约2m	透水性强	抗剪强度低，不均匀
细中砂	c=0kPa，φ=15°	约8.5m	0.02cm/s	自稳能力差，易坍塌
粉土填土	c=5kPa，φ=8°	约2.2m	透水性强	抗剪强度低，不均匀

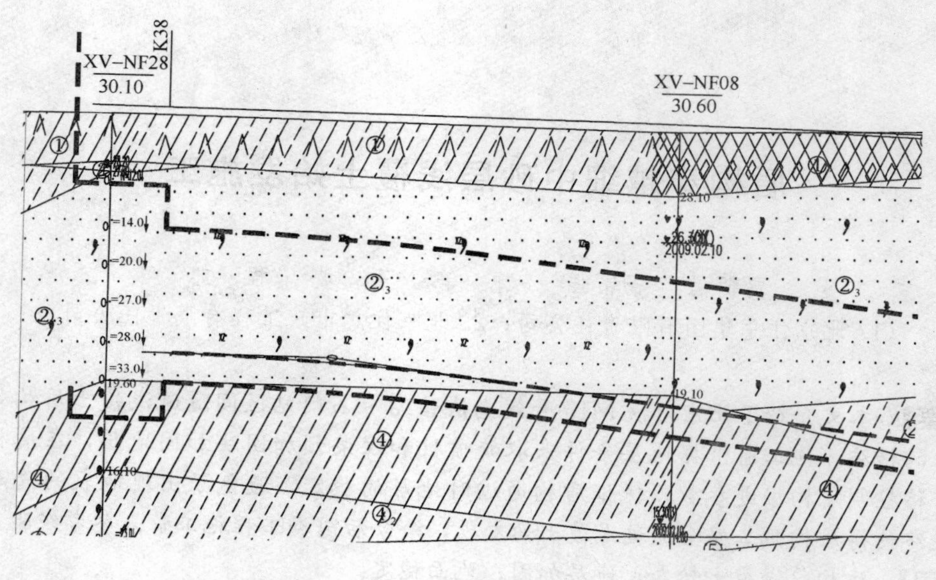

图 1　地质剖面图

此区间地下水的类型为潜水（二）、层间水（三）和层间水（四）。影响本区间盾构施工的主要为潜水（二）、水头埋深为 3.50～5.30m。

3　浅覆土段地基加固处理

在盾构始发之前，要根据洞口地层的稳定情况评价地层，常用的具体处理方法有搅拌桩、旋喷桩、注浆法，SMW 工法、冷冻法等，本工程地铁始发根据实际的水文和地质条件，选择地面旋喷桩加固和地面注浆加固相结合的方法（见图 2）。

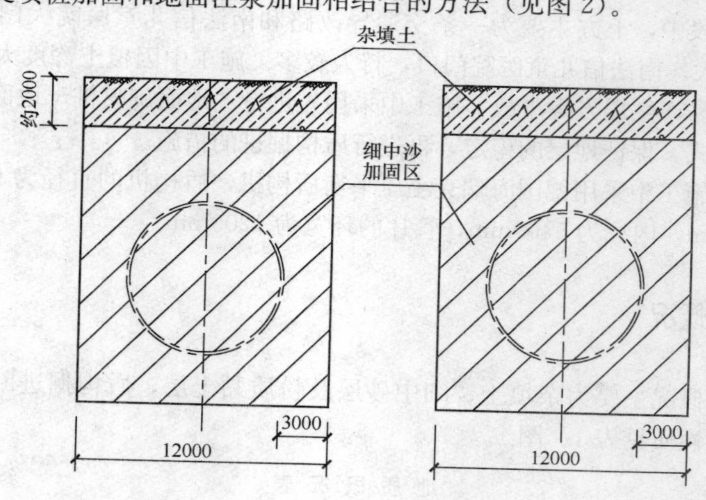

图 2　地层加固剖面图

3.1　地面旋喷桩加固

（1）加固范围：盾构进洞 9m 长度以及 15m 宽导改路，宽度为线路单线 12m 宽。加固地层主要为地面以下细中砂层至盾构隧道底以下 3m。

（2）加固方案：旋喷桩直径 800mm，咬合 200mm，旋喷桩呈梅花状排布。采用 P.O42.5 的普通硅酸盐水泥，水灰比 W：C=1：1。加固强度 $Q_u \geq 2.4$MPa。

3.2 地面注浆加固

（1）加固范围：南法信儿童医院门口长度为 20m，单线宽度为 12m，加固地层主要为地面以下细中砂层至盾构隧道底以下 3m。

（2）加固方式：根据地层情况选择超细水泥浆液为注浆材料，水灰比 W：C=1：1，注浆的扩散半径为 0.8m。浆液凝结时间为 20～30min，注浆压力 1～1.5MPa。注浆管直径 ϕ46mm，注浆孔间距 1m×1m 的梅花形布置。加固强度 $Q_u \geq 1.8$MPa。

4 盾构浅覆土掘进施工

4.1 推进模式的选择

推进采用土压平衡模式，掘进时按计算的土压力推进，对每环均进行土压力计算。

4.2 出土管理

在推进时加入足量的泡沫剂进行充分的碴土改良，使碴土具有良好的流动性，避免刀盘前方形成泥饼。并对出碴量进行统计，即每环出碴量不得多于 2.5 车，防止因出碴量过多造成刀盘前方地下水损失过大、地层失稳、坍塌。

4.3 同步注浆

注浆时应遵循“同步注入、快速凝结、信息反馈、适当补充”的原则。注浆方式以同步注浆为主，注浆浆液为水泥砂浆，水泥砂浆的初凝时间应不大于 2.5h，每环注浆量不小于 5m^3。同时注浆后根据监测情况及时进行二次补浆。

4.4 防止管片上浮

施工过中严格控制盾构姿态及管片拼装质量，加强管片监测，发现管片上浮，及时做好二次补压浆及调整盾构机姿态。

4.5 确保密封防效果

掘进过程中要控制盾构掘进方向和铰接油缸的行程差，并对铰接密封润滑，以确保铰接密封效果，不漏水漏砂；同时加强对尾刷密封油脂的注入检查，确保盾尾油脂传感器的正常工作，加强对油脂控制阀组的检测。要保证盾尾油脂密封压力正常，确保尾刷密封的防渗漏效果。

4.6 施工监测

通过在地表上方布置监测点，监测由于盾构施工引起的地表沉降和位移信息，及时反馈指导施工，并根据监测信息采取适当的技术措施，控制地表变形，确保地面的安全。

4.7 掘进参数控制

（1）初始掘进土压力控制由 0.2bar 逐渐加大至 0.5bar。

（2）注浆量采用理论值的 180%进行注浆，即控制在 4.5～5.4m^3 之间，注浆压力为 4bar。

（3）总推力控制在 900t 以下，分别由 130t、300t、350t 逐渐加大至 900t。刀盘转速控制在 0.8～1.0r/min；根据施工中反馈的各种信息，如地表沉降速率、轴线偏差、衬砌管片拼装质量，将推进速度定在 10～20mm/min 之间。

5 监测数据分析

在浅覆土段盾构始发的过程中，通过对地表监测数据进行收集和分析，测点的最大沉降量为－21.6mm，监测数据满足在规范要求的＋10～－30mm 范围内。图 3 为现场选取的 3 个监测断面的数据曲线。

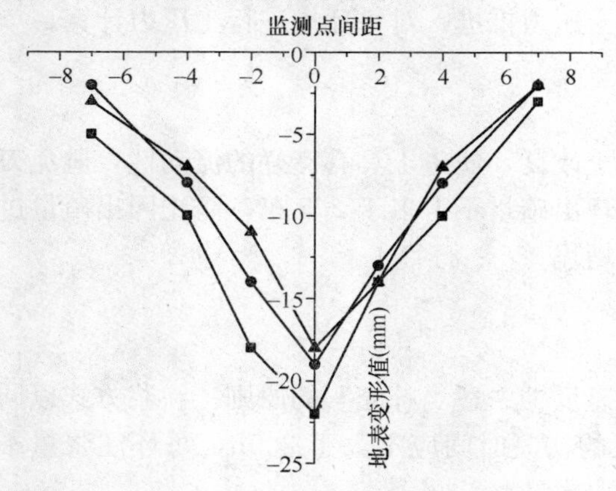

图 3　地表沉降数据曲线

6 结论

通过对盾构浅覆土段进行旋喷桩和地面注浆预加固的处理措施，使得盾构通过时地表变形最大沉降为－21.6mm，满足规范要求，未对地表上方的导改路和医院门口造成任何影响，具有重要的社会意义。

盾构法施工无需开挖，对周围环境影响较小，目前在众多工程中得到广泛应用。盾构始发是盾构掘进过程中的关键，始发的成败将对隧道施工质量、进度、安全、工期、社会效益及经济效益产生决定性的影响，盾构浅覆土始发的工程在国内极少，而本工程始发时覆土厚度仅为 4.8m，这在国内更是少见的，本工程通过对始发地层进行旋喷桩和注浆预加固，采用一系列洞内洞外措施并精心组织，创造了盾构浅覆土始发成功的事例，为今后类似工程提供了可借鉴的实例。

参考文献

［1］ 夏明耀，曾进伦．地下工程设计施工手册［M］．北京：中国建筑工业出版社，2002.

［2］ 李艳春．土质学与土力学［M］．北京：中国建筑工业出版社，2005.

［3］ 刘建航，侯学渊．盾构法隧道［M］．北京：中国铁道出版社，1991.

［4］ 张凤祥，朱合华，傅德明．盾构隧道［M］．北京：人民交通出版社，2004.

［5］ 周文波．盾构法隧道施工技术及应用［M］．北京：中国建筑工业出版社，2004.

加固、防水及其他工程

多项加固技术在校舍加固工程中的应用

王继生　李学祥　宋立艳
（北京城乡建设集团有限责任公司）

【摘　要】学校是培养人才的摇篮。汶川5·12大地震后，校舍安全引发各方关注，并陆续进行抗震加固。已有结构加固是对可靠性不足或业主要求提高可靠度的承重结构，构件及其相关部分采取增强，局部更换或调整其内力等措施，使其具有现行设计规范及业主所要求的安全性，耐久性和适用性。北京市二龙路中学12号楼、13号楼校舍抗震加固工程施工中同时采用粘钢加固、碳纤维加固、附加型钢法加固、喷射混凝土加大墙体截面、CGM灌浆料加大柱截面等多项加固技术，实践证明，效果良好。

【关键词】校安工程；抗震加固；技术应用

汶川5·12地震后，校舍安全引发各界关注，各级政府高度重视并制定了一系列抗震减灾措施，全国各地迅速展开校舍安全排查，对存在隐患的校舍工程进行抗震加固、迁移避险或集中重建工作。资料显示：北京地区1978年以前几乎无抗震设防，1978年至20世纪90年代之间的建筑虽然按相关规定进行了抗震设防，但设防标准却相对较低达不到8度抗震设防要求。北京市政府从落实“科学发展观，从关注民生、执政为民”的高度，本着“宁可千日不震，不可一日无防”理念，对全市校舍加固工作进行部署，提出2009年起三年内完成全市校舍加固工作。结构加固是对可靠性不足或业主要求提高可靠度的承重结构、构件及其相关部分采取增强、局部更换或调整其内力等措施，使其具有现行设计规范及业主所要求的安全性，耐久性和适用性。我公司承接的2010年北京市校安工程二龙路中学12号、13号楼校安工程，加固中采用增大截面加固法（喷射混凝土、增加钢筋混凝土结合层法、CGM灌浆料法），外粘型钢加固法的包钢法，复合截面加固法的外粘碳纤维加固法和粘接钢板等多项方法，使工程抗震性能得到极大提高，工程顺利通过验收。

本论文结合该工程的施工，由浅入深，详细论述了以上几项加固技术的施工方法和质量控制措施，力求总结经验，积累资料，为后续承接类似工程提供技术支持，同时为政府校安工程做出更大的贡献。

1　工程概况

北京市二龙路中学位于北京市西城区大木仓胡同39号，本次加固工程为其12号楼

(框架，风雨操场、多功能厅和会议室组成)、13号楼（砖混结构，教学楼、办公楼组成)。由北京市西城区教育委员会房管基建处作为业主方负责工程加固改造任务。工程由北京房地中天建筑设计研究院有限责任公司负责加固改造设计，工程开工时间2010年6月28日，竣工时间为2010年8月28日，总工期61日历天。

13号楼总建筑面积3716m²，为砖混结构，地上四层（教学楼层高均为4.2m，办公楼首层层高3.7m、2～3层层高为3.4m、4层层高3.9m)；砖基础，建于20世纪60年代，已经达到了设计使用寿命，本次加固后后续使用年限为30年，采用的主要加固措施有：各层墙体增设钢筋混凝土板墙（喷射)；原预制楼板上部增加40mm厚叠合层，下部构造粘钢加固；楼梯梁、板用碳纤维加固及附加型钢法加固。

12号楼总建筑面积1273.2m²，为框架结构，地上三层（多功能楼1、2层层高为5.0m，三层层高4.0m)；桩基础。建于20世纪80年代（1986年)，原工程由北京建筑设计院负责设计。本次加固后后续使用年限为40年，采用的主要加固措施有：底层柱需要加固，采用CGM灌浆料加大截面加固和包钢板法；梁加固采用包钢方法。

2 竖向构件结构加固

2.1 墙体喷射混凝土加固

13号楼砖墙体由基础至顶层全部采用喷射混凝土板墙加固补强技术（厚度为60mm、70mm、120mm，钢筋ϕ12@200、ϕ8@200，C20混凝土)，喷射混凝土补强技术是指将速凝的细石混凝土用喷射机喷向受喷面，保护参与或替代原结构工作，以恢复或提高结构的承载力，刚度和耐久性。

2.1.1 艺流程

基层处理→配置钢筋→埋设喷厚标志→原有结构浇水湿润→搅拌、喷射→抹面找平→养护

2.1.2 技术要点

（1）基层处理

1）此工程结构基层为砖墙，应将墙面装饰层铲除，清除粉尘及污物。

2）提前一天进行浇水湿润，使砖墙充分润湿。

3）如有裂缝，应用环氧水泥浆灌缝修补；如有受损砖墙，应将松动的砖剔除，用新砖把孔洞砌死。

4）需要指出的是，为确保喷射混凝土与原有砌体有效结合，形成有效结合并共同工作，对砌体结构层除清时应保持灰缝处理深度宜为10mm。再用压缩空气和水交替冲洗干净。

（2）钢筋配置

1）竖向钢筋应靠墙面。

2）钢筋网与墙面的空隙不小于5mm，钢筋外保护层厚度不小于10mm。

3）钢筋接头采用绑扎搭接，搭接长度不小于35d，并应错开搭接位置。

4）当墙体为双侧加固时，需设置ϕ8@800“S”型拉钩；当墙体为单侧加固时，设置

ϕ8@600“L”型锚筋，采用植筋胶锚固牢固。

5）楼层间设 ϕ20@600 长度突出楼层板上、板下各不小于 500mm 长度，作为连接楼层上下墙体连接钢筋。

6）墙体钢筋见图 1。

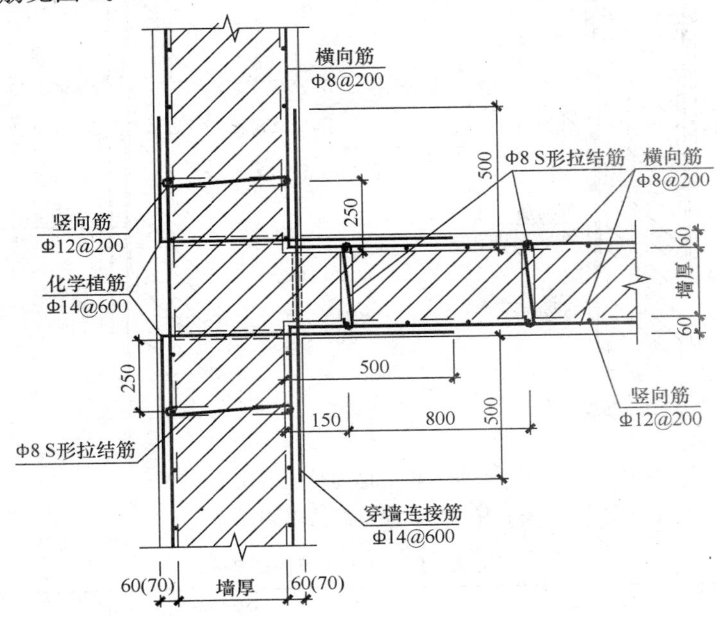

图 1　纵横墙双面喷射混凝土加固配筋

7）考虑到本次加固门窗洞口大小保持不变，又要确保门窗洞口两侧喷射混凝土保持有效工作状态，洞口部位设置“U”形钢筋，将洞口两侧墙体加固钢筋进行绑扎搭接，具体做法见图 2、图 3。

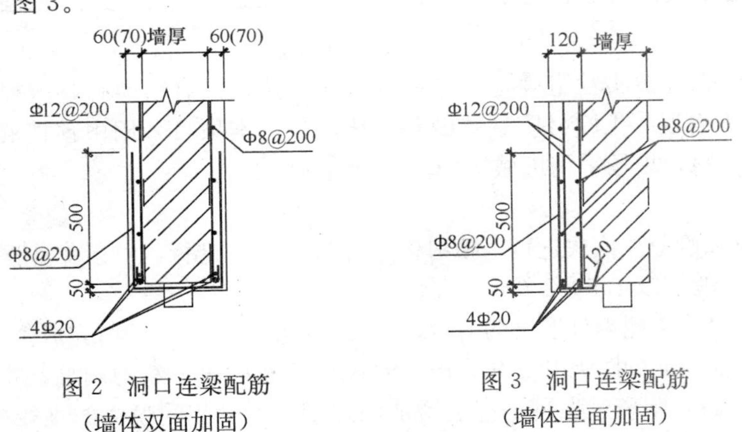

图 2　洞口连梁配筋
（墙体双面加固）

图 3　洞口连梁配筋
（墙体单面加固）

8）值得注意的是楼层间上下加固墙体间钢筋连接与锚固，该部位钢筋设置承上启下，十分关键，尤其是钢筋位置控制及楼层锚固是控制的关键内容，楼层间做法见图 4。

（3）埋设喷射层厚度标志

墙面设置灰饼，间距不大于 1.5m。一次喷射厚度见表 1。

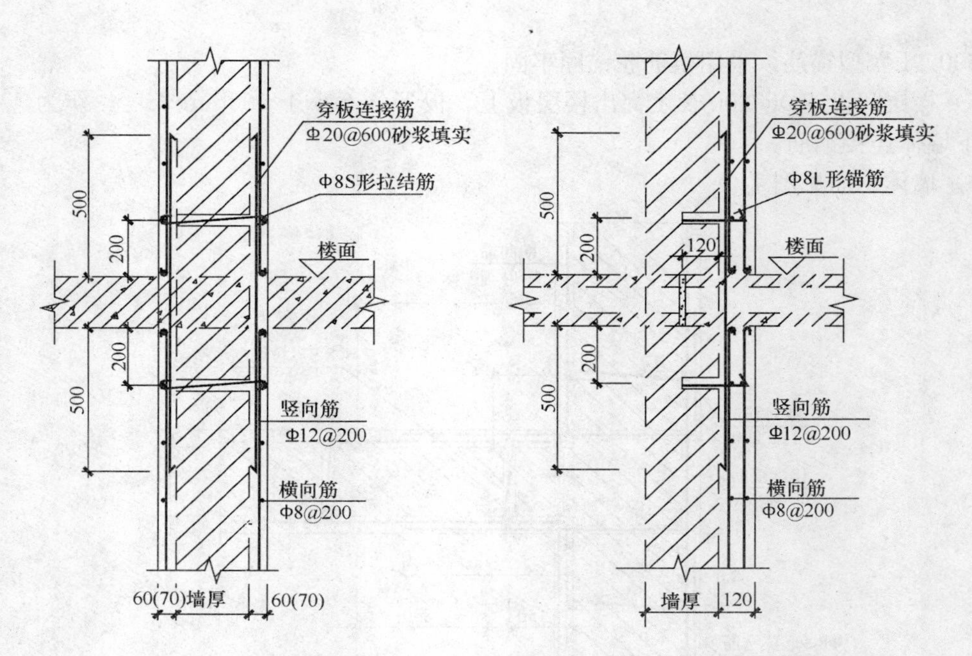

图 4　板墙加固楼面做法

（左为双面加固，右为单侧加固）

一次喷射厚度与喷射方向的关系　　**表 1**

喷射方向	一次喷射厚度（mm）	
	加速凝剂	不加速凝剂
向上	50～70	30～50
水平	70～100	60～70
向下	100～150	100～150

（4）搅拌

混合料的配合比由实验室确定，采用自落式搅拌机混合料搅拌，搅拌时间不得少于 2min。为确保喷射混凝土原材质量并做到配比均匀，本项目采用由预拌混凝土单位提供的预拌混凝土干料，现场采用机械拌合。

（5）喷射

1）喷射应分段分片依次进行，喷射作业应自下而上进行，喷射作业区段的宽度依具体条件而定，一般应以 1.5～2.0m 为宜。

2）本工程墙体单侧设计厚度为 60mm，按上表所示，一次喷射完成。

3）喷嘴与受喷面的距离和夹角，应随着风压的波动而不断的调整，喷嘴与受喷面的距离宜在 1m 左右，距离过大过小都会增加回弹量，喷嘴与受喷面的垂线成 10～15 度夹角，喷射效果较好，喷嘴与受喷面相垂直，回弹最小，喷射密度最大。喷嘴可沿螺旋形轨迹运动，螺旋的直径以 300mm 为宜，使料束以一圀压半圈作横向运动。

4）喷射混凝土施工缝宜留在结构受剪力较小处。

5）喷射混凝土的养护：喷射混凝土终凝后即开始洒水养护，以后的洒水养护应以保持表面湿润为度，养护时间不少于 14d。

2.1.3 喷射混凝土质量控制注意事项

1）喷射过程中，要及时检查喷射的混凝土表面，检查是否有松动、开裂、下坠、滑移等现象，如有发生应及时消除重喷。

2）当喷射混凝土达到一定强度后，用锤击听声方法进行检查，对空鼓、脱壳处应及时进行处理。

3）喷射混凝土的回弹率一般不应超过 25%。

4）混合料宜随拌随用。不掺速凝剂时，存放时间不应超 2h；掺速凝剂时，有效时间不应超过 20min。混合料在运输、存放过程中严防雨淋，杂物等混入，装入喷射机前应过筛。

5）大面积喷射前，需做样板，经有关方面验收后再大面积施工。喷射手技艺的高低直接影响喷射质量，故喷射手必须是做样板合格的喷射手，不允许擅自更换喷射手，如要更换必须先试喷，有关方面认同后，方允许其喷射。

6）回弹散落的混凝土不得用于结构施工。

2.2 框架柱 CGM 灌浆料增大截面加固

12 号楼底层柱需要加固，采用了 CGM 灌浆料加大截面加固法（图 5）和外粘型钢加固法的包钢板法。

2.2.1 工艺流程

加固表面清理→补配钢筋→支模→湿润混凝土表面→灌浆料配制→灌浆→养护→脱模。

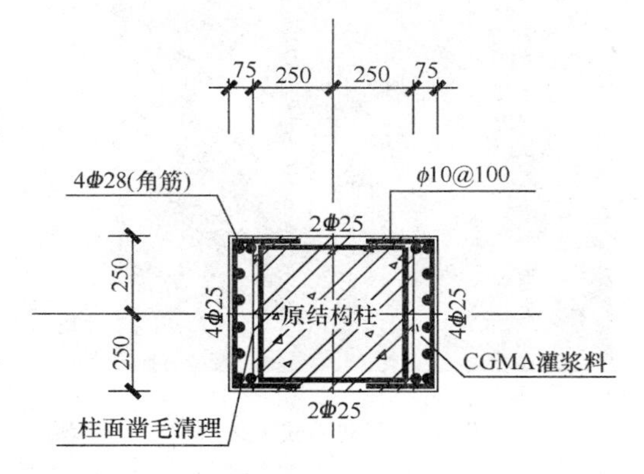

图 5 框架柱 CGM 灌浆料加固

2.2.2 操作要点

（1）加固表面清理

混凝土表面应清理干净，不得有浮浆、浮灰、油污、脱模剂等杂物，松动部位应剔除至实处，并用界面剂进行拉毛处理。

（2）补配钢筋

按设计要求配制钢筋。

（3）支模

模板应支设严密，达到不漏水的程度。灌浆中如出现跑浆现象，应及时处理。

（4）湿润

灌浆前 24h 浇水充分湿润混凝土表面，灌浆前 1h 吸干积水。

（5）灌浆料配制、灌浆

灌浆必须连续进行，不能间断，并应尽可能缩短灌浆时间。应当从一侧灌浆，至另一侧溢出为止，不得从四周同时进行灌浆，以防止由于窝住空气而产生空洞。

（6）脱模

CGM 灌浆料 24 小时后拆模；

（7）养护

灌浆完毕后，应立即覆盖塑料薄膜，浇水养护不少于 7d。

(8) CGM 灌浆料的养护、拆膜

养护与拆模时间见表 2。

CGM 灌浆料的拆膜、养护时间　　表 2

平均气温（℃）	拆膜时间（h）	养护时间（d）
0～5	72	10
5～15	48	7
≥15	24	7

2.3 框架柱粘钢加固

12 号楼首层框架柱部分还采用了外粘型钢加固法的包钢法（图 6）。

图 6　框架柱包钢加固现场照片

2.3.1 工艺流程

定位放线→混凝土面打磨→钢板固定→封缝→压力注胶→固化养护。

2.3.2 施工工艺

(1) 施工定位：按设计要求在钢件粘贴部位放线，原则上，放线宽度应在钢件投影面外围加宽 20mm；

(2) 应先将混凝土表面打磨平整，混凝土表面打磨掉混凝土浮层，直至完全露出坚实新结构面，混凝土表层出现剥落、空鼓、蜂窝、腐蚀等劣化现象的部位应予以剔除，用指定材料修补，裂缝部位应首先进行封闭处理。四角磨出小圆角，并用钢丝刷刷毛；

(3) 先将连接角钢固定牢固，再将裁切好的箍板、缀板按放线位置与角钢用卡具卡紧、焊接，焊接质量符合规范要求；

封缝并留出排气、注胶孔；

压力注胶，以胶从缝中挤出为度，保证钢材与混凝土连接紧密；

(4) 固化养护。

3 水平构件结构加固

3.1 梁粘钢加固

12 号楼为三层框架结构，其一至三层梁均采用了包钢的方法加固，做法见图 7。

3.1.1 工艺流程

定位放线→混凝土面打磨→钢板固定→封缝→压力注胶→固化养护。

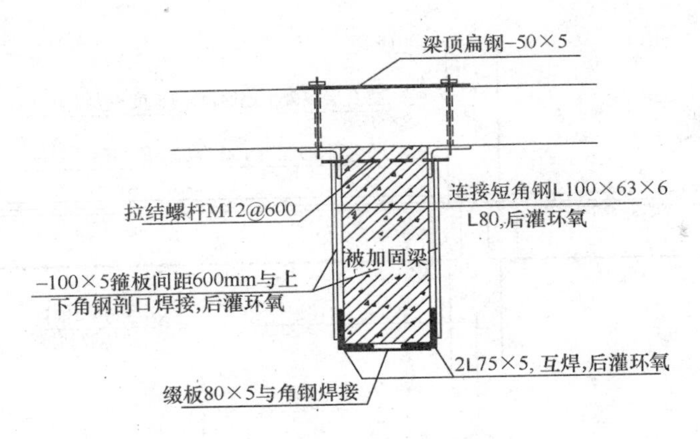

图 7　混凝土梁外包钢加固

3.1.2　施工工艺

(1) 施工定位：按设计要求在钢件粘贴部位放线，原则上，放线宽度应在钢件投影面外围加宽 20mm；

(2) 应先将混凝土表面打磨平整，混凝土表面打磨掉混凝土浮层，直至完全露出坚实新结构面，混凝土表层出现剥落、空鼓、蜂窝、腐蚀等劣化现象的部位应予以剔除，用指定材料修补，裂缝部位应首先进行封闭处理。四角磨出小圆角，并用钢丝刷刷毛；

(3) 先将连接角钢固定牢固，再将裁切好的箍板、缀板按放线位置与角钢用卡具卡紧、焊接，焊接质量符合规范要求；

(4) 封缝并留出排气、注胶孔；

(5) 压力注胶，以胶从缝中挤出为度，保证钢材与混凝土连接紧密；

(6) 固化养护。

3.2　楼板增设叠合层加固

13 号楼原楼板为钢筋混凝土预应力圆孔预制板，为了增加刚度、承载力和整体性，采用了在原结构层上表面增设 40mm 厚现浇叠合层（叠合层中设 $\phi6@200$ 的双向钢筋网，C20 混凝土），在原结构层楼板下部构造粘钢的方法。

3.2.1　工艺流程

剔除原建筑装饰面层至结构面→基层清理→配置绑扎钢筋→浇筑叠合层→养护。

3.2.2　技术要点

(1) 剔除原建筑装饰面层至结构面，板面凿毛，并清理干净；

(2) 配置绑扎叠合层钢筋，施工中应注意；

(3) 叠合层的钢筋应有 50%穿过内外墙体，即有 50%的混凝土应连通，另外 50%的钢筋，通过 $\phi6@200$ 穿墙筋相连，穿墙筋两端的锚固长度不应小于 300mm；

(4) 为保证 50%的混凝土连通，墙底部应凿出矮洞，洞高 40mm，洞长度不大于 1000mm，应沿墙长均匀间隔设置；对于开有门窗洞口的墙体，首选在窗下开洞，门洞为自然洞口；长度小于 1m 的短墙下不允许开洞，做法见图 8；

(5) 叠合层采用呈梅花形布置的 L 型 $\phi6@1000$ 的锚筋与原楼结构板相连，锚筋通过钻孔并采用胶粘剂锚入预制板缝中，锚固深度 100mm；

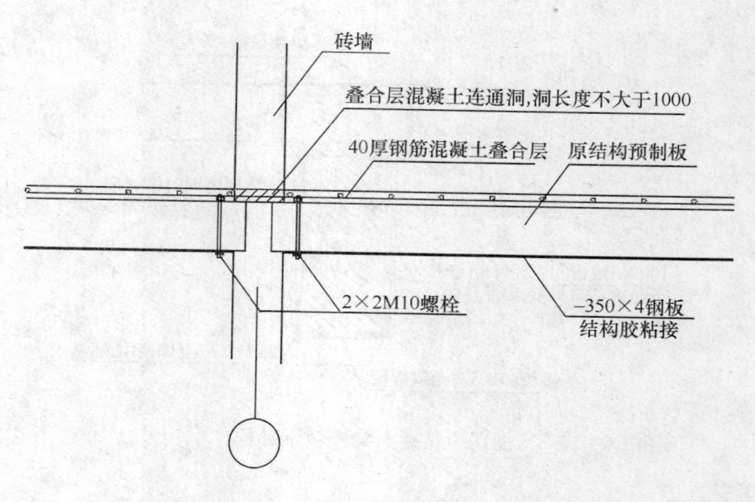

图 8　叠合层做法详图

（6）浇筑混凝土地面：采用预拌混凝土；浇筑混凝土前，在基层上洒水湿润，不可有积水，然后刷一道界面剂。将搅拌好的混凝土按做好的厚度控制点摊在基层上，然后沿冲筋厚度用刮杠摊平，用平板振捣器振捣密实，再用木抹子初次搓平压实，后表面压光；

（7）养护、保护：等面层凝固 12 小时后，喷水养护 7d。

3.3　板下粘钢加固

为保证安全，叠合层应在楼板下部构造粘钢施工完毕后进行，叠合层、楼板下构造粘钢（图 9）及原结构楼板协同工作，达到了对原结构楼板加固的目的。加固钢板采用—350×4mm,预制板缝处设置，即钢板间距为板缝距离，加固钢板两端用 2M10 螺栓穿透楼板与叠合层连接。

图 9　楼板下部粘钢现场照片

3.3.1　混凝土基层处理

（1）施工定位：按设计要求在钢件粘贴部位放线，原则上，放线宽度应在钢件投影面外围加宽 20mm。

（2）混凝土处理：为了保证粘贴密实，在不影响原结构的基础上，采用人工剔凿的方法。剔除表面灰层与混凝土的接触面，混凝土面平整度每米不大于 4mm。

（3）混凝土打磨：用角磨机对混凝土面进行打磨。磨去混凝土表面附着物，如混凝土老化层、油污、灰浆等，需要露出混凝土新面。

（4）混凝土面清洗：清洗过程中应多次成活。首先用干净棉丝擦拭混凝土粘贴面，去除表面浮灰；然后用清水（如有油渍用丙酮或酒精脱脂）擦拭 2～3 遍。最后，在粘贴钢板前再清洗一遍混凝土面。处理结果以表面无灰尘油污为准。

3.3.2　钢件处理

（1）钢件加工：按设计尺寸，结合现场实际情况，计算钢件尺寸，用剪扳机下料，尺寸偏差在3mm以内。

（2）钻孔：用台钻在钢件上钻孔。胀栓孔按设计尺寸或加压要求布置，根据现场实际打孔位置确定尺寸，孔径过大使结构在受力时失去部分抗剪作用。

（3）钢件基层处理：钢板粘贴面需要进行除锈和粗糙处理。如果钢板未生锈或轻微锈蚀，可用平砂轮及角磨机配备砂轮片打磨，直至出现金属光泽。打磨粗糙度越大越好，打磨出来的纹路要与钢板的受力方向垂直，其后用无油干净棉丝擦拭干净。

（4）清洗：粘贴前，用无油干净棉丝擦拭钢件表面，一般擦拭2～3遍，去除表面浮灰，油污等物，以使表面露出原金属光泽为度。

3.3.3 粘贴钢件

（1）调制结构胶：将结构胶甲乙组分按重量比的比例配制混合，用转数100～300转/分的搅拌器或手工搅拌，搅拌至胶内无单组分颜色即可。胶在配制过程中，必须避免有水、油等杂物混入。

（2）粘贴钢件：检查钢件与混凝土基面处理合格后，把配制好的结构胶涂在钢件表面结构面，把钢件贴向混凝土面，中间用M10胀栓紧固，间距不大于250mm加压固定，以胶从缝中挤出为度。若有空鼓，二次补胶。

3.4 楼梯附加钢梁加固

13号楼楼梯加固采用了两种加固方法：楼梯梁采用附加钢梁法；楼梯板采用下部粘贴碳纤维法。在原楼梯梁下增加25a号工字钢，两端与原结构可靠连接，达到加固楼梯梁的目的，工字钢两端通过锚板与原结构可靠连接，锚板与原结构连接方式为：原结构相应位置剔凿出300×200×150的方洞，锚板预先埋入，用CGM灌浆料灌筑密实，锚板位置精度要符合要求。

施工时要注意：

（1）工字钢两端与锚板的焊缝质量；

（2）锚板与原结构可靠连接的质量；

（3）工字钢应紧靠原楼梯梁，缝隙应灌注结构胶，以保证力的传递效果。

施工工艺比较简单，这里不做赘述，做法见图10。

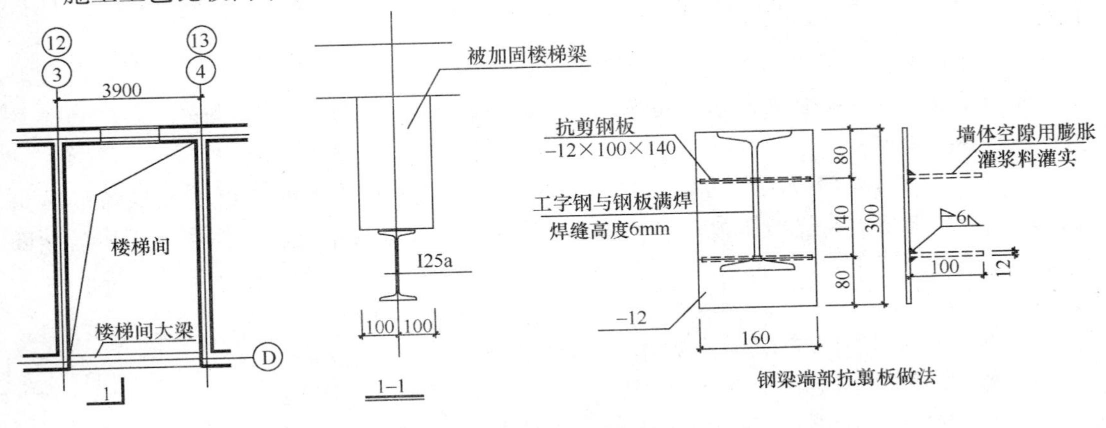

图10 楼梯梁“工”字钢加固

3.5 楼梯板下粘贴碳纤维加固

粘贴碳纤维的加固（图 11）是将碳纤维布采用高性能的环氧类粘接剂粘结于混凝土构件的表面，利用碳纤维材料良好的抗拉强度达到增强构件承载能力及刚度的目的。其优点是：高强高效，适用面广，质量易保证；施工便捷，工效高，没有湿作业，不需现场固定设施，施工占用场地少；耐腐蚀及耐久性能极佳；加固修补后，基本不增加原结构自重及原构件尺寸。

图 11 碳纤维加固楼板现场照片

3.5.1 工艺流程

定位放线→混凝土面基层处理→配制找平材料并对不平整处修复处理→配制并涂刷浸渍树脂或树脂→粘贴纤维布→固化、养护

3.5.2 施工工艺

（1）定位放线

首先熟悉施工图纸，明确加固部位及范围，然后在构件上弹线（其轮廓线要大于实贴尺寸 20mm 以便打磨）。

（2）混凝土基层处理

为了保证粘贴密实，在不影响原结构的基础上，采用人工机械打磨的方法。应清除被加固构件表面的剥落、疏松、蜂窝、腐蚀等劣化混凝土，露出混凝土结构层，并用修复材料（强度应高于梁体混凝土强度 1～2 级）将表面修复平整。剔除表面灰层与混凝土的接触面，混凝土面平整度每米不大于 4mm。用角磨机配合金刚石角磨机片，对混凝土面进行打磨。磨去混凝土表面附着物，如混凝土老化层、油污、灰浆等；需要露出混凝土新面若有裂缝，应按设计要求对裂缝进行灌缝或封闭处理。

（3）混凝土面清洗

清洗过程中应多次成活。首先用脱脂棉丝擦拭混凝土粘贴面，去除表面浮灰；然后用脱脂棉丝蘸清水（如有油渍用丙酮脱脂），擦拭 2～3 遍。混凝土表面应清洗干净并保持干燥。

（4）裁剪下料

按照设计尺寸并结合实际情况将纤维布准确下料，要求不乱丝、不断丝。

（5）找平处理

混凝土表面凹陷部位用专用找平材料填补平整，且不应有棱角；纤维布通过的转角处，用找平材料修复为光滑圆弧，半径不应小于 20mm；在找平材料表面指触干燥后立即进行下道工序。

（6）粘贴

1）按照产品工艺规定配制粘贴树脂，并均匀涂抹于粘贴部位；

2）将纤维布表面擦拭干净无粉尘；

3）将碳纤维布用手轻压贴于需粘贴的位置，采用滚筒顺纤维方向多次滚压，挤除气泡，使浸渍树脂充分浸透碳纤维布，滚压时不得损伤碳纤维布；

4）表面防护：

加固后对其表面抹灰保护。

5）质量要求

①碳纤维布的实际粘贴面积不应少于设计面积，位置偏差不应大于10mm。

②碳纤维布与混凝土之间的粘结质量，可用小锤轻轻敲击或手压碳纤维布表面的方法检查，总有效粘贴面积不应低于95%。当碳纤维布的空鼓面积不大于10000mm²时，可采用针管注胶的方法进行修补。当空鼓面积大于10000mm²时，宜将空鼓部位的碳纤维布切除，重新搭接贴上等量的碳纤维布，搭接长度不应小于100mm。

4 结论

工程的加固已经施工完毕，工程已顺利通过验收。对校安加固工程有很多东西值得我们思考和总结：

其一，在实践过程中，我们注意到，每项加固方法都有其最为重要的环节，这是我们在以后施工过程中更应该重视的。比如：CGM灌浆料增大截面法中模板支设是其重点，模板应支设严密，达到不漏水的程度；喷射混凝土施工喷嘴与受喷面的距离和夹角是其重点，过大或过小都会影响质量；包钢法中压力注胶环节极为重要，要保证注胶饱满，使钢材与混凝土连接紧密，确保其协同受力等。

其二，面对着时间紧、任务重的实际问题，我们必须迎难而上，理清思路，合理安排，实干加巧干，这是我们完成任务的前提。比如施工前施组与方案论证与优化、各项准备工作及时到位、计划周密完整、工艺流程与工序穿插合理以及安全与成品保护等方面措施落实。值得欣慰的是我们的一些建议得到了设计方及甲方监理认可，比如我们在墙体钢筋混凝土与基础的连接的部位加固做法做了改变，在保证加固要求的前提下，为我们节省了时间。

其三，该工程要求在不到两个月的时间内必须完成，同时要以保安全保质量为前提，这给施工单位带来了极大的困难，也是不十分科学的。在以后的校安工程中，如何给施工单位一个相对合理的施工工期，这是我们的政府必须考虑的问题了。

总之，通过过程的施工，我们力求总结经验，积累资料，为后续承接类似工程提供技术支持，同时为政府校安工程做出更大的贡献。

参考文献

[1] GB 50367—2006 混凝土结构加固设计规范. 北京：中国建筑工业出版社，2006.

[2] JGJ 116—2009 建筑抗震加固技术规程. 北京：中国建筑工业出版社，2009.

[3] CECS 25：1990 混凝土结构加固技术规范.

[4] CECS 146：2003 碳纤维片材加固混凝土结构技术规范. 北京：中国计划出版社，2007.

[5] CECS 161：2004 喷射混凝土加固技术规范.

[6] YB/T 9261—1998 水泥基灌浆材料施工技术规范.

水泥基渗透结晶防水逆作法在奥林匹克公园瞭望塔工程中的应用

徐德林　付雅娣　刘　伟　张占谦
（北京建工集团总承包部）

【摘　要】 本文介绍了水泥基渗透结晶防水逆作法在奥林匹克公园瞭望塔工程中的应用背景、试验方案设计、施工工艺及社会经济效益。
【关键词】 水泥基渗透结晶防水材料；干撒法；涂刷法；导墙；水泥砂浆；结晶体

1　工程概况

奥林匹克瞭望塔位于奥林匹克公园中心区，北辛店村路南侧，主体建筑紧邻中轴线景观大道，建筑占地面积约 $6500m^2$，由塔冠、塔身、塔座三部分组成，塔冠及塔身为钢结构，塔座为现浇混凝土结构，塔座全部覆盖在景观覆土层下。整个基坑南北长度约 101.821m，东西宽度约 87.561m，底板厚度有 600mm、1000mm、1500mm、3500mm 等几种情况，底板下皮标高有 －12.800、－11.300、－10.650、－10.100、－7.450、－6.750等多种。

本工程地下室底板及外墙防水，主要采用混凝土 P8 结构自防水，结构迎水面采用 1 层 1mm 厚澎内传水泥基渗透结晶防水层。

2　水泥基渗透结晶防水涂料逆作法在工程中的应用背景

2.1　水泥基渗透结晶型防水涂料简介

本工程用到的水泥基渗透结晶型防水涂料是一种粉状材料，适用于地上或地下混凝土结构的防水、防化学物质侵蚀，它具有极强的化学渗透和催化结晶能力，用于任何蓄水或防止水分渗入的混凝土结构，同时适用于可能或已经受到水或化学物质侵蚀的混凝土结构。它可以起到永久的防水和保护混凝土结构的作用。

2.2　水泥基渗透结晶防水涂料按施工工艺主要有涂刷、掺入混凝土和干撒三种方法

涂刷法最为普遍，即在已经完成的混凝土表面上进行涂刷施工，涂料中的活性化学物质通过渗透压力、扩散作用和渗水孔道或混凝土正常的毛细作用等进入混凝土的内部，并

与混凝土中的多种物质发生化学反应生成不溶于水的结晶体，填充、封堵微裂缝、毛细孔和孔隙，使水无法进入而达到防水的目的。

掺入法即是在混凝土搅拌过程中，掺入一定比例的防水材料，阻止水的渗入，为混凝土提供永久防水保护，并可保护混凝土免受恶劣环境的侵蚀。防水原理与涂刷法一样。

干撒法有两种：一种是在混凝土浇筑前，将粉状防水材料均匀撒在钢筋已绑扎的垫层上，然后浇筑混凝土；另一种是待混凝浇筑完成后、初凝固前，将粉状防水材料均匀撒在混凝土表面，并随混凝土收面时压入。前者属迎水面防水，后者属背水面防水。

本工程底板采用干撒法，地下室外墙采用涂刷法，工程结构底板因存在厚度不同、板底标高变化大、高低错落的特点，变标高处立面迎水面无法采用干撒法，由于高低跨处混凝土同时浇筑，也不具备在结构立面涂刷防水层的条件。因此工程中应用了水泥基渗透结晶逆作法进行这种特殊部位的防水施工。

所谓逆作法，即是与防水涂料的正常施工工艺相反，在结构浇筑前施工防水材料。本工程的应用部位主要有，底板防水干撒逆作法及底板高低跨处在防水导墙找平层上涂刷防水涂料后浇筑混凝土的逆作法。由于干撒法在规范中是有依据的，所以不再作详细介绍。

涂刷逆作法，是以导墙水泥砂浆找平层为载体，在砂浆找平层上分两遍涂刷澎内传（401）浆料，涂层厚度 1mm，不需养护便可浇筑混凝土，澎内传（401）涂层中的活性化学物质在现浇混凝土拌合物中水作用下不断地与混凝土产生微小的化学反应，渗透到混凝土毛细管内形成晶体，将毛细管及收缩裂缝封闭，直至混凝土结构内部，从而使混凝土结构实现永久防水。本工程就为验证此逆作法而做试验验证。

涂刷法施工工序：

防水导墙砌筑→20mm 水泥砂浆找平层→涂刷 1mm 厚渗透结晶防水涂料→浇筑混凝土

3 试验方案设计

由于对防水导墙抹灰层上涂刷此涂料，然后往混凝土内渗透这种逆作法，在《水泥基渗透结晶型防水材料》（GB 18445—2001）、《聚合物水泥基、渗透结晶型防水材料应用技术规程》（CECS 195：2006）中均无太多说明。为了验证此原理，项目部特对此工艺进行了模拟试验。

为了验证澎内传水泥基渗透结晶逆作法的防水效果，安排 23 日在南门东侧沉淀池做防水试验，如图 1、图 2 所示。

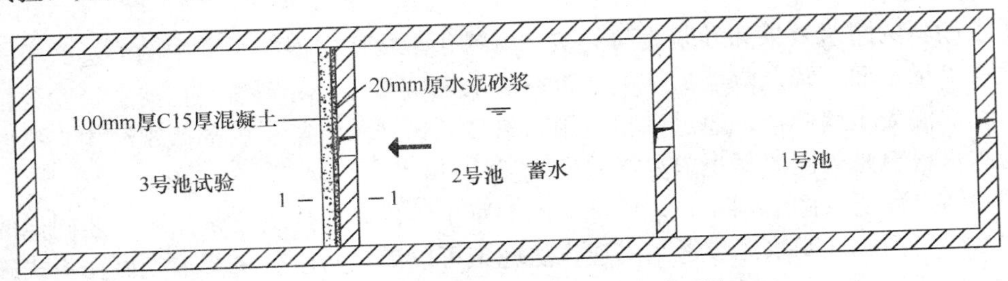

图 1　沉淀池水泥渗透结晶试验平面图

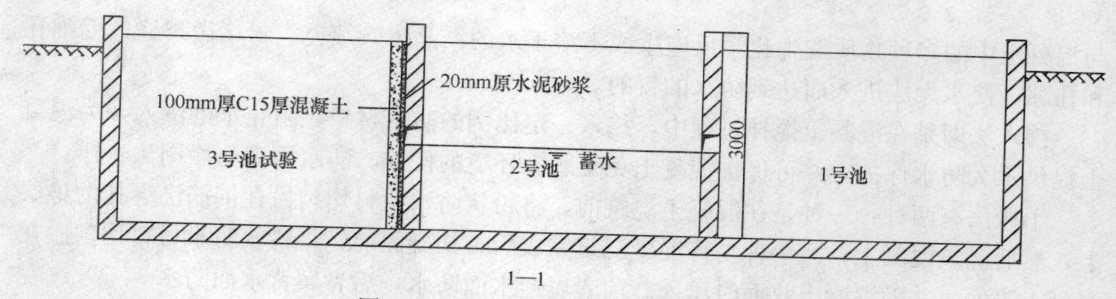

图 2　沉淀池水泥渗透结晶试验剖面图

3.1　搅拌澎内传水泥渗透结晶浆料

（1）每平方米用量 1.5kg，澎内传 401 粉料与洁净水调和，按表 1 进行。

各施工方法容积配合比表

表 1

施工方法	容积配合比
刮抹	粉料：水＝5：2.5
涂刷	粉料：水＝5：3

（2）将粉料和水倒入容器内，用手持电动搅拌器充分搅拌 3 分钟，搅拌均匀。

（3）每次按需搅拌，不宜过多，浆料要 30 分钟用完为宜。

（4）在使用中出现假凝现象，再次搅拌即可，禁止再次加水。

3.2　涂刷

使用半硬尼龙刷涂刷澎内传 401 浆料，涂刷时要反复用力，使凹凸处都涂刷到位，涂层均匀。阴角与凹处不得涂料过厚或沉积，否则影响涂料渗透或造成局部涂层开裂。待第一遍涂层不粘手时，即可进行第二遍涂刷。每层涂刷厚度为 0.5mm。

3.3　验证支模，浇筑 100 厚 C15 混凝土

待涂刷的水泥基渗透结晶防水涂料干燥后，在水池分隔墙外表面浇筑一层 100mm 厚的 C15 素混凝土墙

3.4　闭水试验

拆模后蓄水，蓄水高度为 1.5m，闭水 72 小时。

3.5　试验结论

防水涂料的防水效果和砂浆表面的防水材料化学物质向混凝土墙中的渗透效果，前者可以通过测量水面下降及隔墙另一侧是否有渗水来检验，后者则需要在前者检验合格的基础上，钻取混凝土墙芯样，通过试验室用高倍显微镜观测混凝土内部微观结构来检验砂浆表面的防水材料是否向混凝土内渗透并发生反应。

试验结果表明（图 3、图 4），后浇筑的混凝土墙内，形成了正常涂刷工艺同样的渗透结晶防水层。因此证明水泥渗透结晶逆作法施工可以满足防水效果要求，可在正式施工中应用此方法。

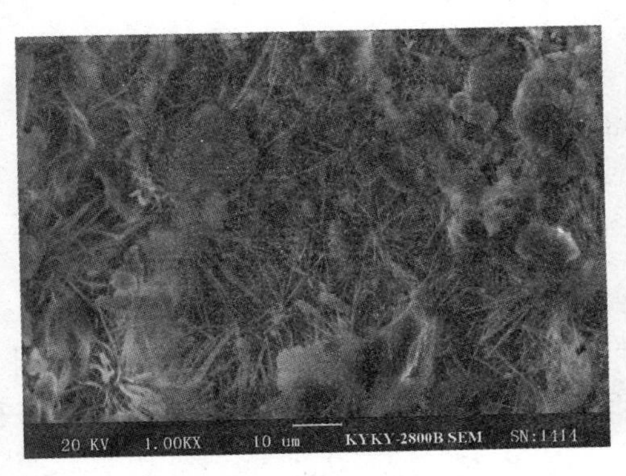

图 3　采用逆作法施工混凝土内结晶渗透效果

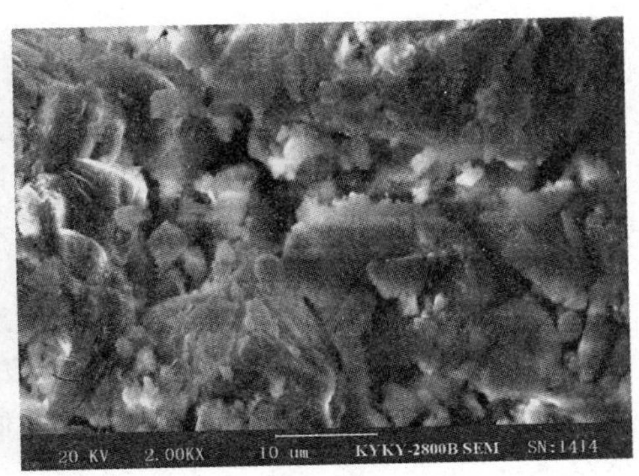

图 4　不涂刷防水的混凝土内部

4　逆作法施工工艺

4.1　底板施工工艺

浇筑 100mm 厚 C15 垫层→干撒 1mm 厚水泥基渗透结晶→绑扎底板钢筋→浇筑混凝土。

4.2　防水导墙防水施工工艺

砌筑 240mm 导墙→导墙侧壁刷 20mm 厚 1：2.5 水泥砂浆→侧壁水泥砂浆上涂刷 1mm 厚水泥基渗透结晶→肥槽回填→浇筑底板混凝土。如图 5 所示。

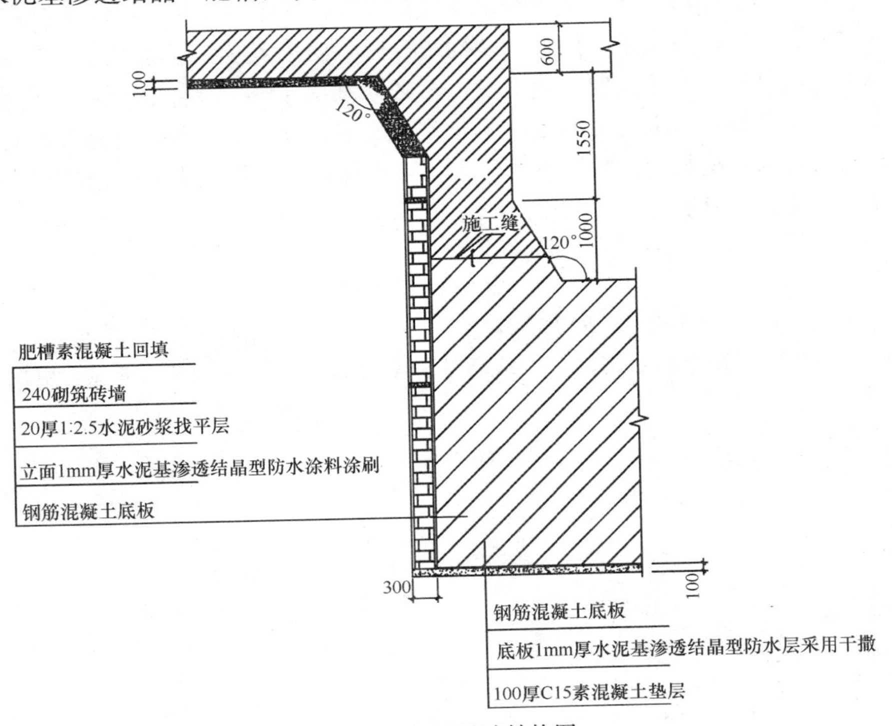

图 5　底板及导墙结构图

5 技术总结

5.1 工艺的可行性验证

水泥基渗透结晶型防水材料逆作法，虽然规范上有相关工艺说明，但应用较少。本工程开始使用该工艺前，组织了模拟现场施工的试验工作，取得了很好的效果，也证明了该方法是可行的。从目前已完成的结构来看，底板还未发现有渗漏点，表明该工艺具备很好的防水效果。

5.2 施工方便性

本工程底板施工采用干撒法，施工速度快且不占用关键线路。一般一个施工流水段面积在 1500m^2 以内，一桶防水粉料重量按 6kg 计，能撒 4m^2，普通工人 5min 能撒完一桶粉料，4 个工人 1h 就可以完成施工，不影响混凝土浇筑。

6 经济社会效益

水泥基渗透结晶型防水涂料，以其具有防水能力强、耐久年限长、符合环保要求、施工工艺稳定易于控制、经济性佳等优点，有效地解决了部分防水材料自身的抗污染性差、易老化、使用寿命短等缺陷，早已被广泛认可。而本工程底板采用的干撒法及防水导墙采用的涂刷法，均属逆作法，在相关规范里面没有大篇幅介绍，应用面并不十分广泛。在本工程中，这种方法完全解决了工期紧、结构底板标高变化多样、基底潮湿等实际问题，相较于卷材类防水材料，施工简便、速度快，不必等基层干燥，受结构标高变化影响小等，把原在工程施工关键线路上的工序变成了非关键工序，节省了工期，更为重要的是，在涂料价格与两层防水卷材相同的情况下，省去了防水保护层及相应土方开挖的费用，使得建设成本降低，优势十分明显。

参考文献

[1] GB 18445—2001 水泥基渗透结晶型防水材料. 北京：中国标准出版社，2004.
[2] CECS 195：2006 聚合物水泥、渗透结晶型防水材料应用技术规程. 北京：中国计划出版社，2006.

大面积直立锁边铝镁锰屋面板设计与施工

潘　峤　陈虹宇　胡海宽　李培春
（北京建工集团总承包部）

【摘　要】 结合信阳百花会展新建工程，介绍直立锁边铝镁锰金属屋面设计构造、工程难点和屋面特点。并重点介绍屋面板的接缝、防水性能、屋面系统的安装等施工工艺。结果表明采用直立锁边铝镁锰屋面板，可以达到外观整体效果好、防水性能好、透气性能好，且可以吸收由于结构沉降产生的垂直变形和面板长度方向的热胀冷缩变形。

【关键词】 屋面；直立锁边；设计；现场施工

近年来，国内经济高速发展，大型机场、火车站、会展中心等大量公共建筑迎来了发展的高潮，信阳百花会展工程就是其中一个，作为信阳市的地标性建筑，市政府要求首先百花会展屋面颜色必须与百花园区九大建筑相协调，并最终确定了“国旗红”的色调；其次必须达到屋面固有的防渗、防漏、隔热、隔声的功能。由于此建筑为大跨度空间异形结构，且作为区域的标志性建筑，因此必须既要达到外观效果，更要满足其使用功能。本文主要针对本工程的现状，结合我国金属屋面的发展情况，对原图纸设计的复合夹芯金属板，进行了重新设计和调整，最终采用了直立锁边铝镁锰屋面板，该论文主要针对屋面板接缝严密、防水性能、屋面整体性等工艺构造做法进行了论述，达到了良好的使用和外观效果，为其他类似工程积累了丰富的经验。

1　工程概况

1.1　总体概况

信阳市百花会展是一座多功能的大型智能化商务展览中心，该工程位于信阳市羊山新区新七大道以南（百花园对面），府西街与府东街之间，与信阳市政府大楼位于同一个中轴线上，该工程是信阳市百花园区九大工程中最大的工程，也是目前为止，信阳市投资最多、规模最大的单体工程。工程建筑面积为 77378.76m^2，占地面积为 32923.69m^2，本工程建筑结构呈“器”字形布置，以抗震缝分成北部、中部、南部三个部分。该工程屋面东西长 244m，南北长约 182m，面积约为 42000m^2，裙楼屋面标高为 18.8m～26.6m，主楼屋面标高为 36.8m～38.2m。屋面主檩条采用方通口，次檩条采用冷弯 C 型檩条，面层采用 0.9mm 厚 65/400 直立锁边压型铝镁锰合金屋面板（国旗红）。屋面示意图见图 1。

1.2　设计概况

屋面部分主要包括铝合金屋面板、铝合金檐口板和屋面虹吸排水系统。铝合金屋

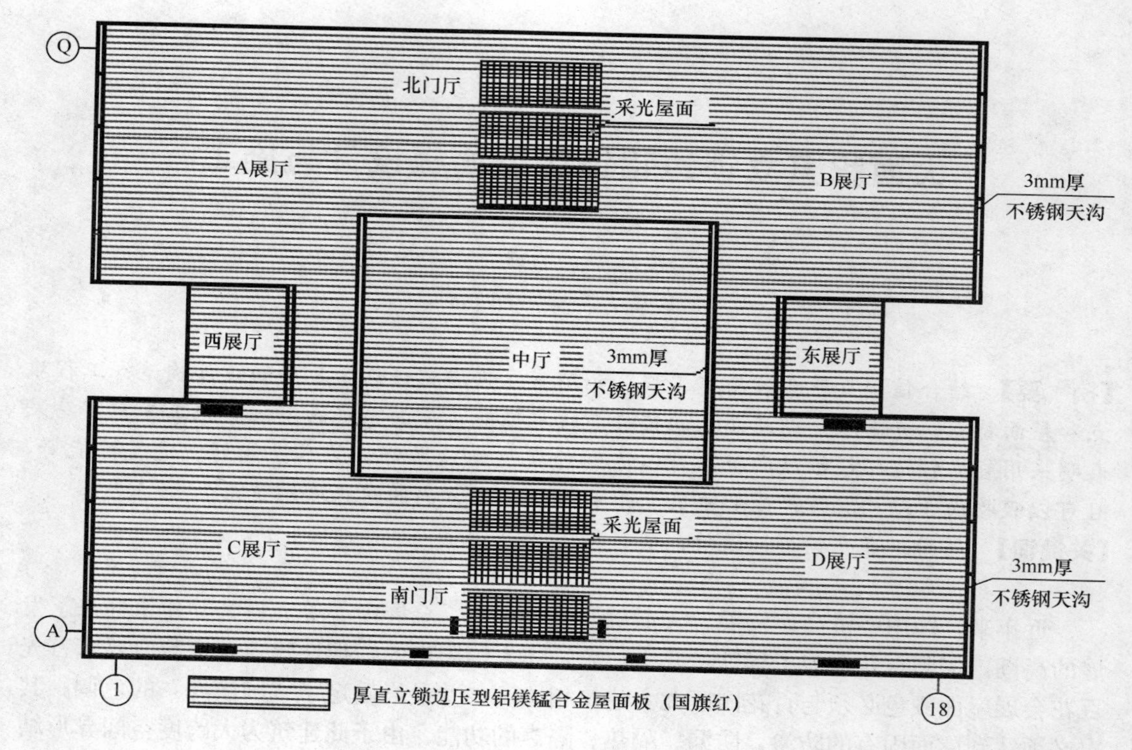

图1　屋面平面图

面板系统设计构造为：①0.9mm 厚 65/400 直立锁边压型铝镁锰合金屋面板（国旗红）；②150mm 厚玻璃棉保温层；③0.25 厚聚乙烯隔气层；④30mm 厚玻璃吸音棉，下铺无纺布；⑤0.5mm 厚穿孔镀锌压型底板（HV-200），灰白色；⑥主檩采用方通口，次檩采用冷弯 C 型檩条；⑦天沟采用 3mm 不锈钢板；⑧泛水收边板，材质与屋面板相同。

1.2.1　屋面系统标准轴测图（图 2）

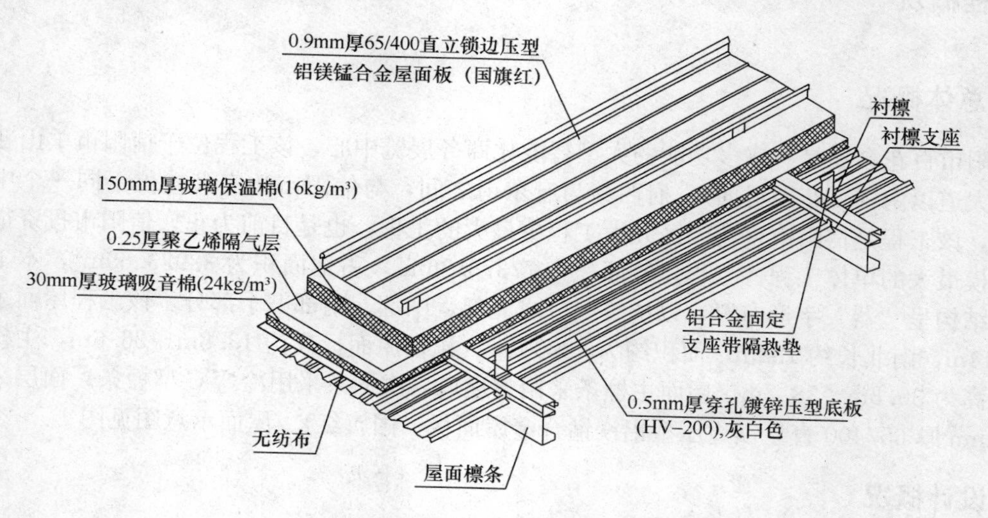

图2　屋面系统标准轴测图

1.2.2 金属屋面横向标准剖面示意图（图 3）

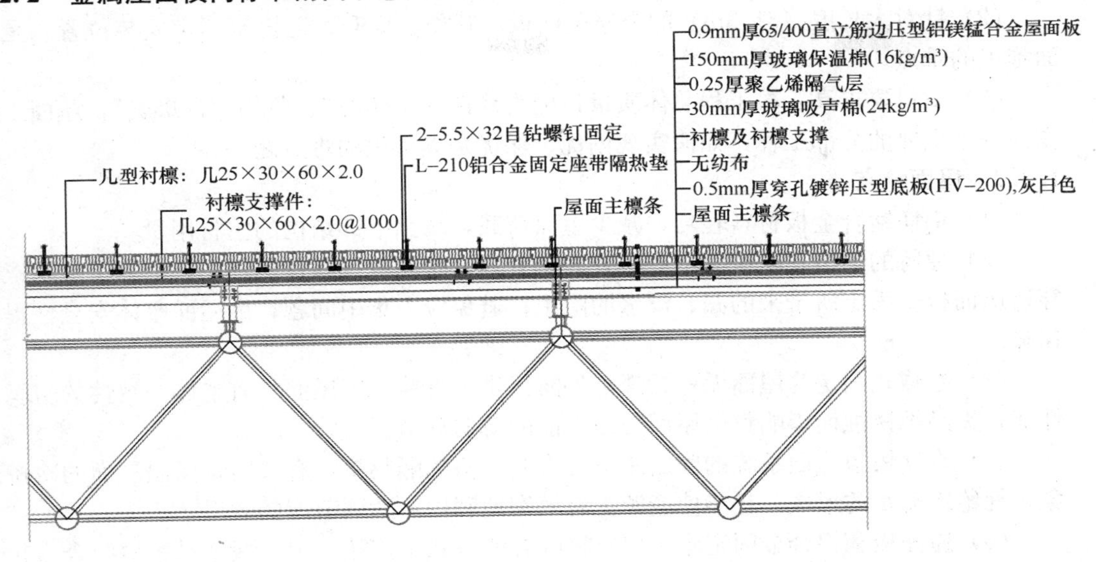

图 3 金属屋面横向标准剖面示意图

1.2.3 金属屋面纵向标准剖面图（图 4）

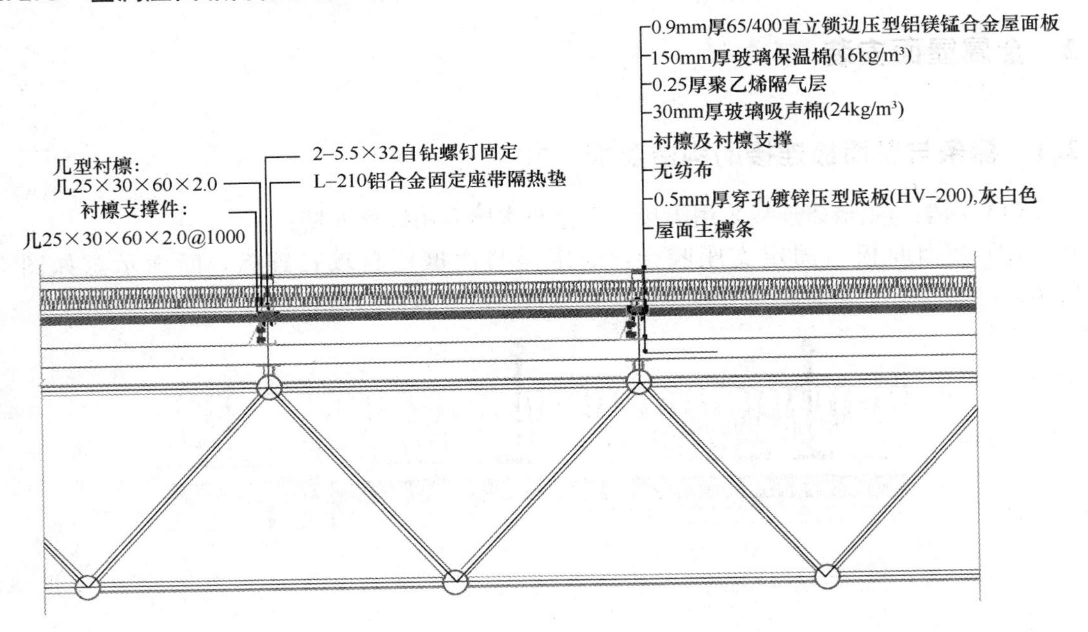

图 4 金属屋面纵向标准剖面示意图

1.3 屋面工程的难点、重点及特点

1.3.1 工程难点、重点

（1）节点复杂，防水难度大，由于本工程屋面面积大约为 42000m²，如何使屋面板接缝严密、防水效果好、提高整体性能，这部分从设计到施工均为本工程的难点，在设计和

施工时重点考虑。

（2）针对大长度（81.3m）的金属屋面板，其如何提升、运输至预定安装位置，是屋面施工的难点。

（3）质量要求高：本工程总体质量目标为确保“中州杯”、争创“鲁班奖”，屋面工程作为一个重要的分部工程，如何实现创优、保优是本工程的难点之一。

1.3.2　屋面特点

（1）铝镁锰合金板材料轻巧，减少屋面荷载，减少下部结构的主材用量。

（2）独特的锁边式暗藏固定支座式固定方式，屋面板没有任何损伤，消除了传统螺钉穿透屋面板式固定所带来的漏、渗水的隐患；避免应力集中问题，为屋面整体安全性提供保障。

（3）隐藏式固定为屋面无一颗螺钉外露提供了可能，即屋面具有整体一致性的防腐蚀性能，无易被锈蚀而影响整个屋面使用功能的薄弱环节。

（4）直立锁边屋面系统的固定座下带有断冷桥的隔热垫，有效防止保温屋面的冷桥现象，杜绝冷凝水的形成。且能使能源更有效率地利用，达到节能的效果。

（5）屋面板和铝合金固定座采用机械咬合的方式来连接，屋面板通过机械咬合力扣合在铝合金固定支座上，使屋面板可以在铝合金固定支座上自由滑动，此种连接方式可充分吸收屋面板由于热胀冷缩在纵向产生的变形。

2　金属屋面安装

2.1　檩条与屋面板连接的构造要求

（1）网架与主檩条连接采用焊接，主檩与次檩采用螺栓连接；

（2）屋面面板与固定支座咬合，固定座与次檩用自攻钉连接，断面示意如图5所示。

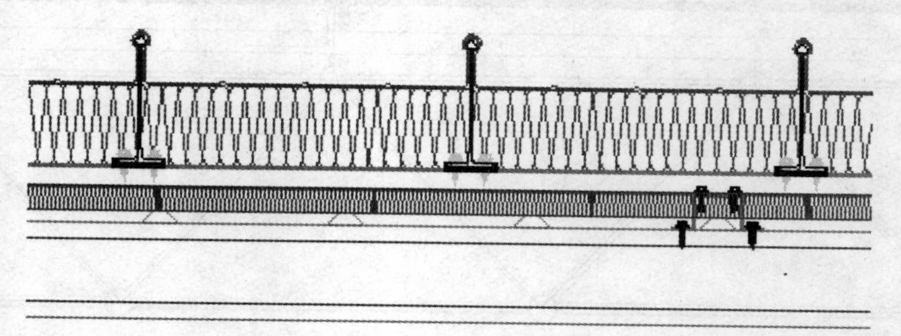

图5　断面示意图

檩条准确的布置安装是控制建筑物外观效果的关键，且檩条准确的疏密布置是建筑物整体结构安全的保障，固定支座的高程控制是多檩条位置、高程的细化调整，是建筑物外观的最终保障，而这两道工序贯穿本工程所有的屋面施工，所以在整个施工过程中，都要随时进行观测，以便及时发现和调整安全过程中的误差。

2.2 金属屋面板安装方法与运输

2.2.1 金属屋面安装方法

（1）屋面面板采用工厂加工成型，运输到现场进行安装。

（2）本工程金属屋面工程屋面面板较长，为解决其垂直运输问题和防止屋面板在提升中出现扭折，我们决定将屋面板压制设备提高到架子平台上进行压制，人工搬运就位进行安装。

（3）网架下弦满铺安全平网。

2.2.2 构件材料的运输

在金属屋面施工中，针对大长度的金属屋面板，其如何提升、运输至预定安装位置，是屋面施工的重要环节。

针对本工程特点，我们对于屋面板的提升方案确认如下：屋面面板现场压制，由于面板长度较长，水平运输时，应采用专门的支架，多名施工人员抬着支架进行板的运输。在抬运时应注意施工人员的行走路线保持直线，并由指挥部统一指挥、协调。在抬运前施工人员必须做好安全防护措施，如图6所示。

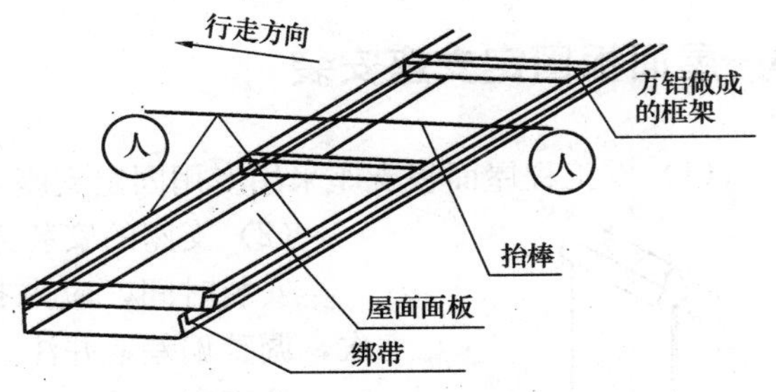

图6 安全防护示意图

2.3 屋面底板安装

（1）屋面底板采用0.5mm厚HV-200穿孔彩钢底板（图7）。

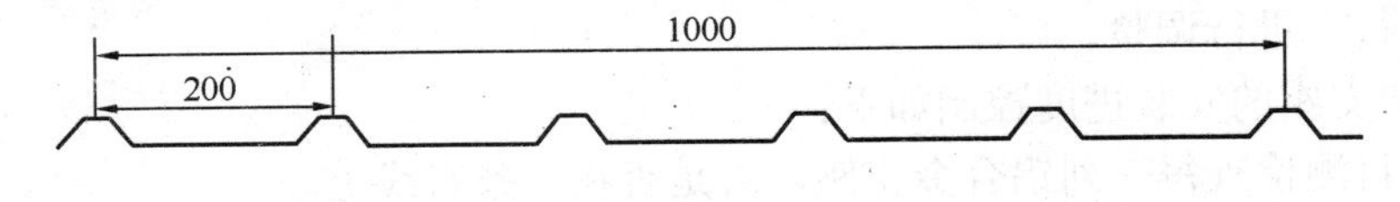

图7 HV-200板形大样图

（2）彩钢板安装顺序及流程：

1）安装顺序：底板安装采取从边线处开始，从一侧向另一侧展开施工。

2）安装流程：

安装准备→安装前对主檩条标高进行复测→屋面底板的运输（运至安装作业面）→放基准线→首块板的安装、复核→后继续屋面板的安装→安装完成后的自检、整修、报验。

3）底板的垂直运输采用汽车吊将一组五至七块屋面底板运至网架檩条上，均匀分布。

4）在底板安装前，利用水准仪和经纬仪在安装好的檩条上，先测放出第一列板的安装基准线，以此线为基础，先安装一排底板也是定位板。根据定位板依次安装底板，每十排板放一条复核线。

5）基板不应有裂纹，涂层、镀层。压型金属板成型后，其涂层、镀层不应有肉眼可见的裂纹、剥落和擦痕等缺陷。其表面应干净，不应有明显凹凸和褶皱。

6）底板安装注意事项

① 为保护压型钢板表面及保证施工人员的安全，必须用干燥和清洁的手套来搬运与安装，不得在粗糙的表面或网架上拖拉压型板，其他的杂物及工具也不能在压型板上拖行。

② 底板在安装时应注意板底平整度。

③ 锚固可靠、安装平整、板缝接缝严密，板面干净。

④ 压型底板应在支撑构件上可靠搭接，搭接长度应符合设计要求，且不应小于规范规定数值。

⑤ 底板安装应平整、顺直，板面不应有施工残留物和污染。檐口和墙面应呈直线，不应有未经处理的错钻空洞。

⑥ 底板安装的允许偏差值应符合设计及规范规定要求。

3 屋面板固定支座安装

（1）本工程屋面板支座采用专用固定支座，其构造如图 8 所示。

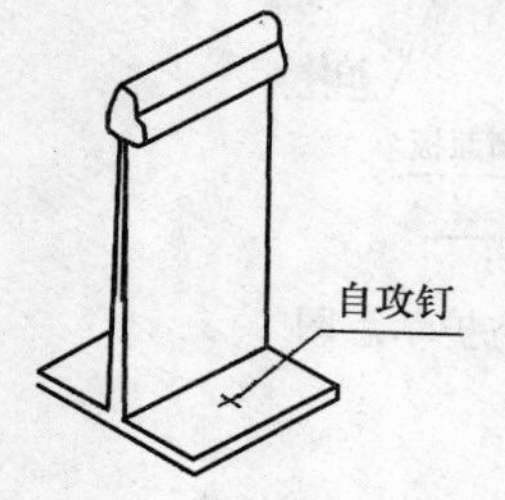

图 8　固定支座示意图

（2）支座的安装为对称打二颗自攻钉。

安装时间，应先打入一颗自攻钉，然后对支座进行校正一次，调整偏差，并注意支座端头安装方向应与屋面板铺板方向一致。校正完毕后，再打入第二颗螺钉，将其固定。

（3）安装好后，应考证好螺钉的紧固程度，避免出现沉钉或浮钉。

（4）固定支座的安装坡度应放正（与屋面板平行）。

（5）在施工以前，应事先检查屋面檩条的安装坡度、放正（与屋面板平行）进行调整。

（6）固定支座的安装进度控制如下：

1）先用目测检查每一列铝合金支座，看是否在一条直线上。

2）支座如出现较大偏差时，屋面板安装咬边后，会影响屋面板的自由伸缩，严重时板肋将在温度作用下磨穿。因此，如发现有较大偏差时，应对有偏差的支座节能型纠正，直至满足安装要求。

3）在支座安装完成后进行全面检查，采用在固定支座梅花头位置用拉线方式进行复查，对错位及坡度不符、不平行的及时调整。细部的标高偏差，可以通过在屋面板固定支座下部，塞入一定厚度的垫片，从而达到屋面板的标高设计要求。

4 玻璃吸声棉、保温棉安装

（1）底板安装好后开始铺设 30mm 厚玻璃吸声棉、聚乙烯隔气层及 150mm 厚玻璃保温棉。

（2）由于玻璃保温棉为受潮易损坏材料，保温棉的铺设第二至第三块时即开启直立锁边铝镁锰面板的安装。

（3）铺设时的注意事项：

1）由于玻璃棉为受潮易损坏材料，为保证铺设不受天气的影响，屋面板与保温、隔声材料平行施工。同时应在裸露和交接缝处用彩条布等物覆盖，做好防风、防雨保护措施。为保证工程施工质量，雨、雪或大风天气严禁施工。

2）浸水泡湿的保温棉、吸声棉不得直接使用，以确保施工质量。

3）保温棉、吸声棉必须铺平、无翘边、折叠；接缝严密，上下层错缝铺设。

4）为防止玻璃棉长时间暴露，施工时必须严密组织、集中施工，尽量减少玻璃棉暴露时间，同时准备防雨布，每天施工完后及时将未覆盖的玻璃棉临时覆盖，以防被雨淋湿。

5）保温棉端部必须固定，可用订书机搭接固定。

6）在屋檐、天窗窗口等必须做收边处理。

5　直立锁边压型铝镁锰合金屋面板安装

5.1　屋面板的构造

屋面面板采用0.9mm厚65/400型直立锁边铝镁锰合金板（图9）。

使用直立锁边系统的最大优点即压型板可在现场生产，这样就可以根据屋面的尺寸确定板的长度，从而避免出现在加工厂制作时由于设计尺寸和实际尺寸有误差导致生产出的板过长或过短而浪费板材的情况。并且板材可根据跨度尽量长，不受板材运输能力的限制，大大方便了现场施工，加快了施工进度，增加了屋面板的整体性和适用范围。

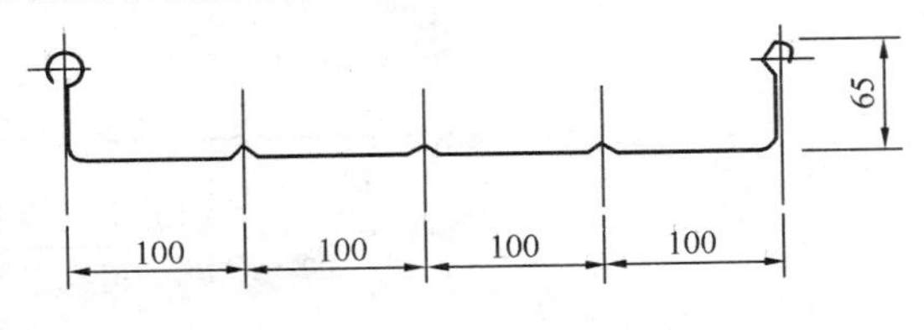

图9　铝镁锰合金板板型大样图

本工程所用现场压型设备为专用的压型机械；该机械性能优良，自动化生产程度高，为全电脑程序化控制，生产出的板面截面误差不超过0.1mm，长度误差不超过5mm。见图10。

图10　压型机械示意图

5.2 安装前的测试、调差

在进行屋面板安装之前，需要对已经安装好的固定支座进行测量。其测量的主要内容为：

(1) 各固定支座标高是否与设计的标高一致。由于屋面板是固定在固定支座上的，因此支座的标高是否与设计的标高一致直接影响到了整个屋面的造型以及整体的抗风、防水性能（图 11)。

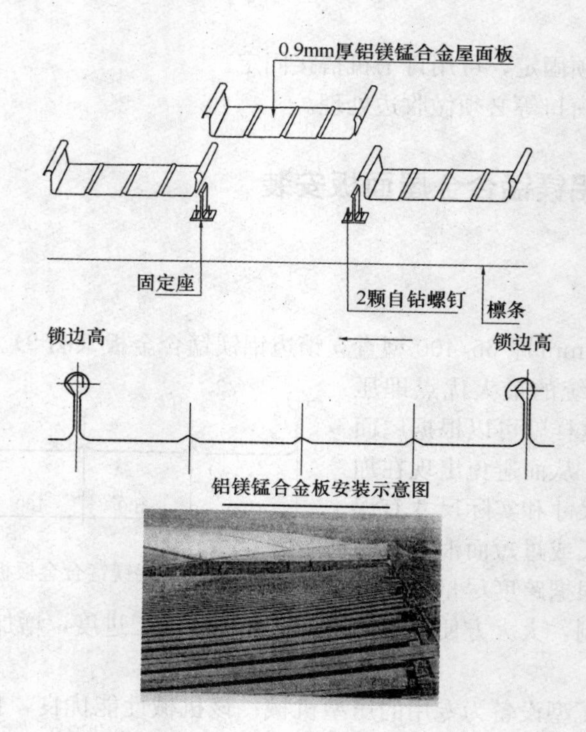

图 11 屋面板临时固定图

(2) 支座的布置是否合理，数量是否符合要求。

5.3 屋面板的施工工艺

5.4 屋面板的安装流程

屋面板的安装流程为：放线→就位→咬边→板边→修剪。

5.4.1 放线

屋面板的平面控制，一般以屋面板以下固定支座来完成定位。在屋面板固定支座安装合格后，只需要设板端定位线。一般以板出排水沟边沿的距离为控制线，板块伸出排水沟边沿的长度以略大于设计为宜，以便于修剪。

5.4.2 就位

施工人员将板抬到安装位置，就位时先对准板端控制线，然后将搭接边用力压入前一块板的搭接边，最后检查搭接边是否结合紧密。

5.4.3 咬合

屋面板位置调整好后，用专用电动锁边机进行锁边咬合。要求咬合过的边连续、平整，不能出现扭曲和裂口。

在咬边机咬合爬行过程中，其前方 1mm 范围内必须用力卡紧使搭接边接合紧密，这也是机械咬边的质量关键所在。

当天就位的屋面板必须当天完成咬边，以防屋面板被风吹坏或刮走。

5.4.4 板边修剪

屋面板安装完成后，需对边沿处的板边进行修剪，以保证屋面板边缘整齐、美观。屋面板伸入天沟内的长度以不小于 80mm 为宜。

5.4.5 翻边修理

在修剪完毕后，在屋面檐口部位屋面板的端头，需要利用专用夹具，将其板面向上部翻起，角度大致控制在 45°左右，以保证檐口部位雨水向内侧下泄，不从堵头及泛水板一侧向室内渗入。

5.4.6 安装要点

屋面面板安装采用机械式咬口锁边。屋面板铺设完成后，应尽快咬合，以提高板的整体性和承载力。

当面板铺设完毕，对完轴线后，先用人工将面板与支座对好，再将电动锁边机放在三块面板的接缝处上，由锁边机自带的双只脚支撑住，防止倾覆。

屋面板安装时，先由二个工人在前沿着板与板咬合处的板肋走动。边走边用力将板的锁缝口与板下的支座踏实。后一人拉动锁边机的引绳，使其紧随人后，将屋面板咬合紧密。

5.4.7 安装完成后的复测

在完成金属屋面板的安装后，安排技术小组对已安装完成的金属屋面板的各项性能进行测试，以保证金属屋面板的防水、抗渗等性能。

5.4.8 注意事项：

（1）在板材垂直运输过程中，指挥要得当，避免吊架、板材与建筑物相碰，吊架要慢慢落在屋面上，不能对屋面主檩条或底板形成较大冲击。

（2）在抬屋面板时，要有专人指挥，防止因用力不当或配合不协调导致板折坏。

（3）在抬运和安装屋面板时，要注意保护采光天窗的玻璃，严禁施工人员踩踏天窗。

（4）泛水板和屋面板上不准堆放其他重物，以免泛水和屋面板产生变形。

（5）已安装完的泛水板严禁人在上面行走，更不能允许硬物碰撞。

6 屋面其他相关配件的施工

6.1 屋面泛水板的安装

屋面泛水板采用工厂支座，现场连接安装方式进行。根据安装部位的不同，屋面泛水板有多种连接方式：

6.1.1 天沟处泛水板

天沟处泛水板，其功能主要为天沟上部作为披水板。在天沟处等有滴水的位置，设置滴水片，使屋面雨水顺其滴入天沟，而不会渗入室内。

6.1.2 山墙处泛水板

山墙泛水板，多利用山墙处紧固件（固定支座或山墙扣件），将泛水板与山墙部位用螺钉连接成形。

6.2 屋面板堵头的安装

屋面板堵头分为两种，其一为内堵头，主要用于天沟处；另一为外堵头，主要用于屋脊及檐口部位。

堵头的安装于屋面板安装后进行。其中，内堵头沿于两块屋面板交界面处，其连接采用双面胶粘贴成形；外堵头直接以人工安于屋面板板面上，利用屋面板的两个板肋将其卡住连续。

6.3 屋面山墙节点的处理

对于山墙节点，一般的做法也是简单地将山墙改版泛水板与屋面板最边缘板肋用自攻螺钉连接固定，其孔钉必然贯穿屋面内外。一旦出现密封失效，即会产生漏水。

山墙做法为：首先将铝合金山墙扣槽扣于屋面板的板肋上，然后与另一铝合金搭接，将铝合金搭件用不锈钢螺栓固定与屋面板板肋。通过山墙扣件扣住扣槽后用一固定支座固定，这样便于扣槽牢牢固定住。其将用丁字形可调扣槽卡在扣槽上，最后将山墙泛水板用柳钉固定在丁字形可调扣槽上。

6.4 天沟节点的处理

在地税片与屋面板之间，塞入与屋面板板型一致的防水堵头，使板肋形成的缝隙能够完全密封，防止因风吹灌入雨水。

6.5 侧封骨架及板安装

先装钢方管骨架，侧封板跟随着骨架之后进行。

处理板缝：用清洁剂将金属屋面板及框表面清洁干净后，立即在铝板之间的缝隙进行内部处理，使其平整、光滑。

7 结论

如此大面积的屋面安装后经过两个雨季的考验，未发现有渗漏水现象，施工效果良好。信阳市百花会展工程屋面采用直立锁边铝镁锰屋面板，屋面系统施工采用分段加工现场机械高空成型方式完成，组拼与焊接质量标准严格，采用机械控制，结构轻巧、安装灵活、快速便于普及，具有显著的经济效益。对提高大型公共建筑屋面整体性、防水性、安全性、节能有着很好的借鉴作用，值得推广。

参考文献

[1] 张勇，张洪雨，侯全强．浅谈直立锁边屋面系统．门窗，2010（07）．
[2] 朱晓东．北京恩布拉科雪花压缩机迁扩建工程超长金属压型板屋面施工技术及防水处理，张爱兰．中国大型建筑钢结构工程设计与施工．北京：中国建筑工业出版社，2007．
[3] 毛杰．直立锁边铝镁锰合金屋面施工技术．施工技术，2008，37（7）．

超高层柔性钢结构工程施工安全防护关键技术

徐德林　孙连学　郭　峰　付雅娣
（北京建工集团总承包部）

【摘　要】奥林匹克公园瞭望塔工程是一个超高层柔性钢结构。本文分塔身、塔冠施工两个阶段对施工过程中的主要安全防护风险进行分析，并阐述了钢结构安装期间现场安全管理的一些成果。

【关键词】超高；钢结构；安全防护

随着我国城市化进程的步伐不断加快，资源紧缺的问题日益明显，为提高资源的利用率，超高层城市综合体项目不断涌现。据不完全统计至2011年，全球300米以上超高层建筑（包括在建工程）共75栋，其中43栋在中国大陆，港台地区9栋。前十名中国大陆占8名，台湾占1名。

超高层建筑的不断涌现，给施工技术带来了飞速发展，也给施工安全防护技术提出了更高的要求。因此，在超高层建筑结构施工中，安全防护的技术措施和管理措施，显得尤为重要。

通过研究超高层施工安全防护技术，总结过程中的经验教训，对保证作业人员的生命财产安全，推动超高层施工技术的发展，对企业占领超高层施工这一高端市场，有着极为重要的意义。

1　安全管理风险点概述

奥林匹克公园瞭望塔工程是一个超高层柔性钢结构，建筑高度248m，由塔座、塔身和塔冠三部分组成，整个平面由五个直径6.5m至14m的塔组成。塔身高度在165m至228m不等，每42m一道桁架层，将1号塔与其他小塔连接起来，以增强整体抗侧移刚度。塔冠为树枝状结构，平面尺寸远较塔身大，安装难度大，施工风险高。

本工程结构全部采用焊接节点，施工难度大。超高层结构施工一个共同的特点就是超高作业，高处坠落、物体打击、火灾等安全问题极易发生。尤其是5个塔顶部塔冠结构呈树枝状，上部大下部小，大部分处在200m以上的悬空作业，防护难度大，施工安装风险高。

1.1　塔身钢结构安装安全防护

塔身也就是指结构直线段。五个塔共计48根钢柱，1号塔直线段最高，达到213m。具体各塔结构参数详见表1。

塔身塔冠结构概况详表　　表 1

塔　号	1	2	3	4	5
柱直径	750mm、600mm	800mm	800mm	800mm	800mm
柱数量	16＋8	6	6	6	6
直段高度	213m	207m	189m	177m	165m
结构总高	248m	228m	210m	204m	186m
塔身直径	14m	7.3m	7.3m	6m	6m
塔冠直径	51.2m	33.6m	32.4m	30.0m	26.4

结构平、立面图如图 1～图 3 所示。

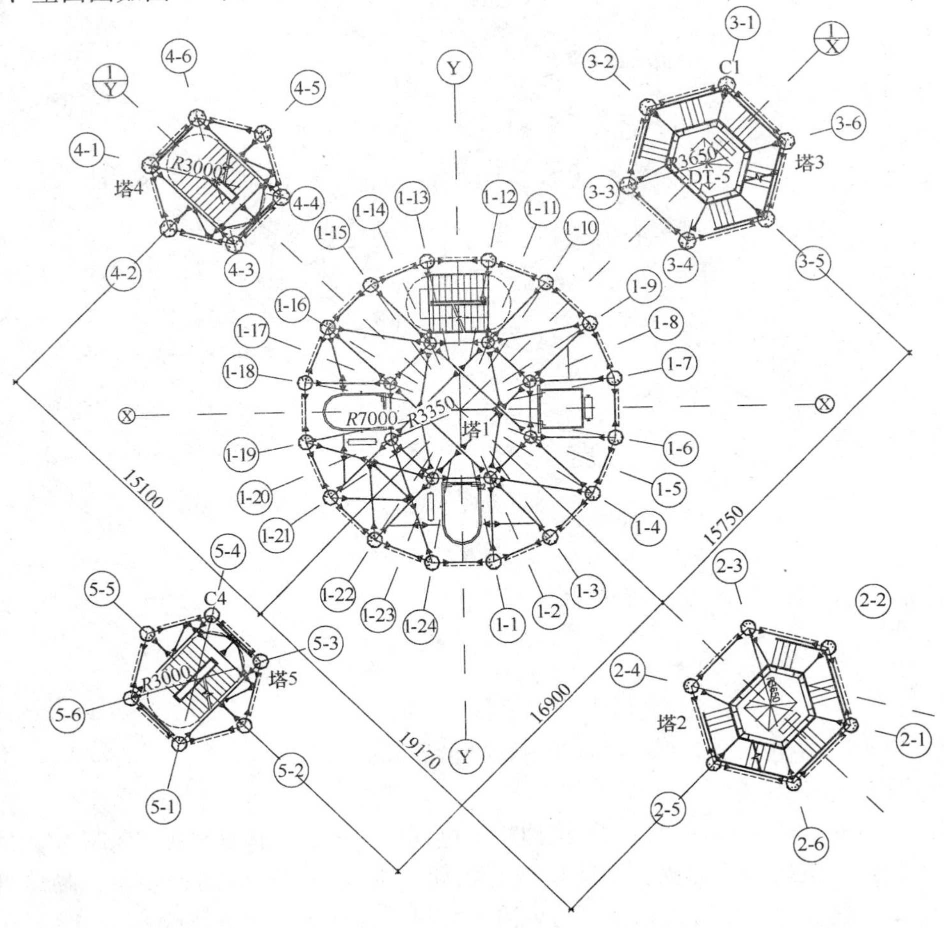

图 1　瞭望塔结构平面图（一）

1.1.1　施工外防护的风险点

根据钢结构安装方案，1、4、5 号塔竖向分段单元高度为 9m，2、3 号塔竖向每单元高度为 6m，竖向各单元间的连接全部采用高空焊接。因此，施工防护的风险点有以下几点：

（1）工人高空作业高处坠落、物体打击风险；

（2）大量焊接作业的火灾风险；

（3）防护构造的高空抵抗风荷载的风险；

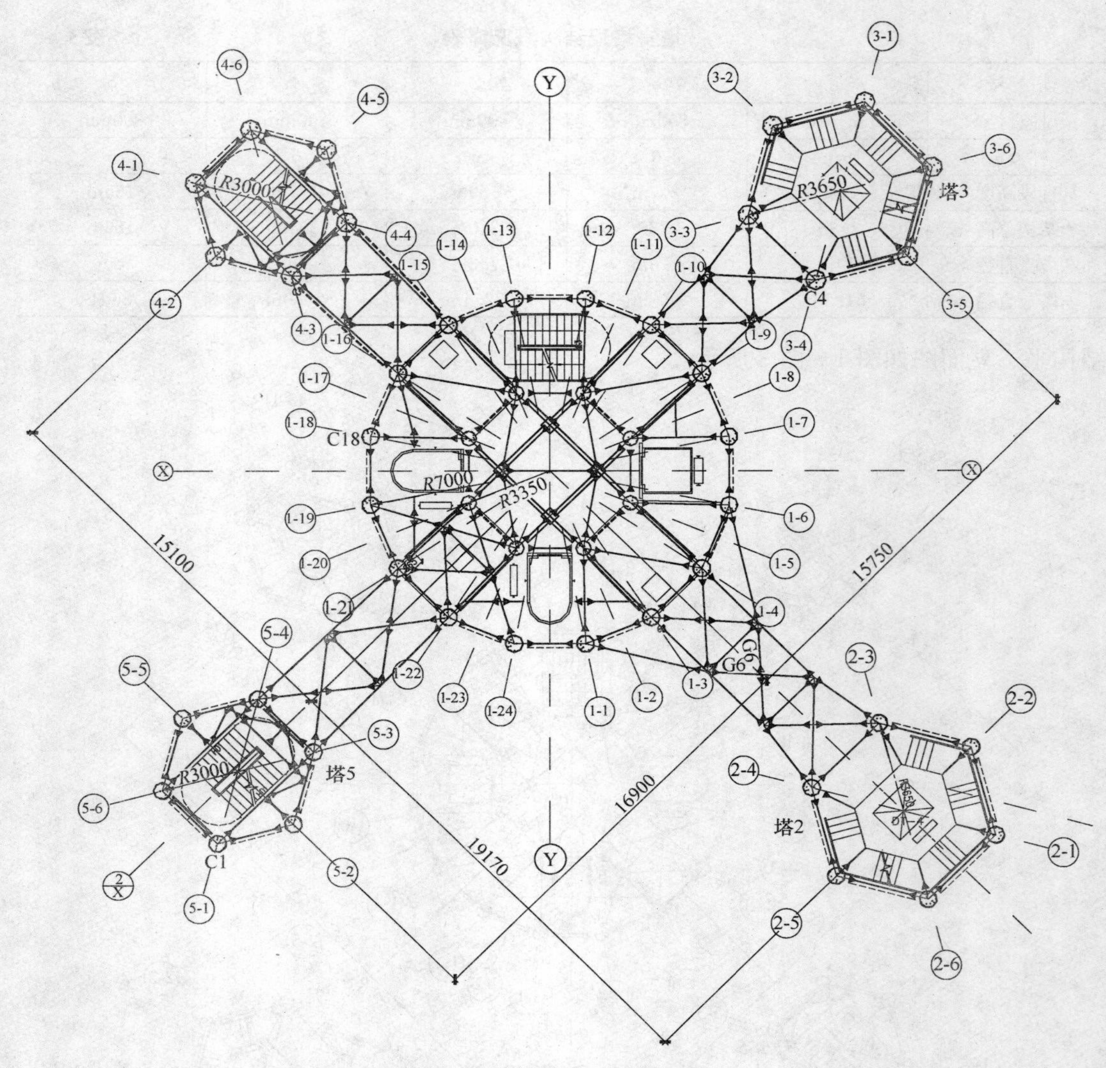

图 2 瞭望塔结构平面图（二）

（4）突出于结构外立面的构件对防护构造的影响。

1.1.2 室内防护风险点

室内、室外划分单元相同。在钢结构施工过程中，随着主体结构的升高，室内防护的风险点主要有：施工作业面上，结构楼板封闭前，工人高空作业高处坠落、物体打击风险；已施工完楼层高处坠落、物体打击风险；大量焊接作业的火灾风险。

1.1.3 层间施工硬防护风险点

与其他超高层结构一样，本工程在上部结构未完成时，下部外檐装修就要插入施工。因此，必须解决上下交叉施工给下部幕墙安装带来的安全问题。下部幕墙提前插入，施工最大的风险就是上部结构施工时的物体打击。

1.2 塔冠安装安全防护风险点

塔冠为树枝状结构，构件为扭转箱形截面，塔冠平面投影为环状，塔冠的尺寸远较塔

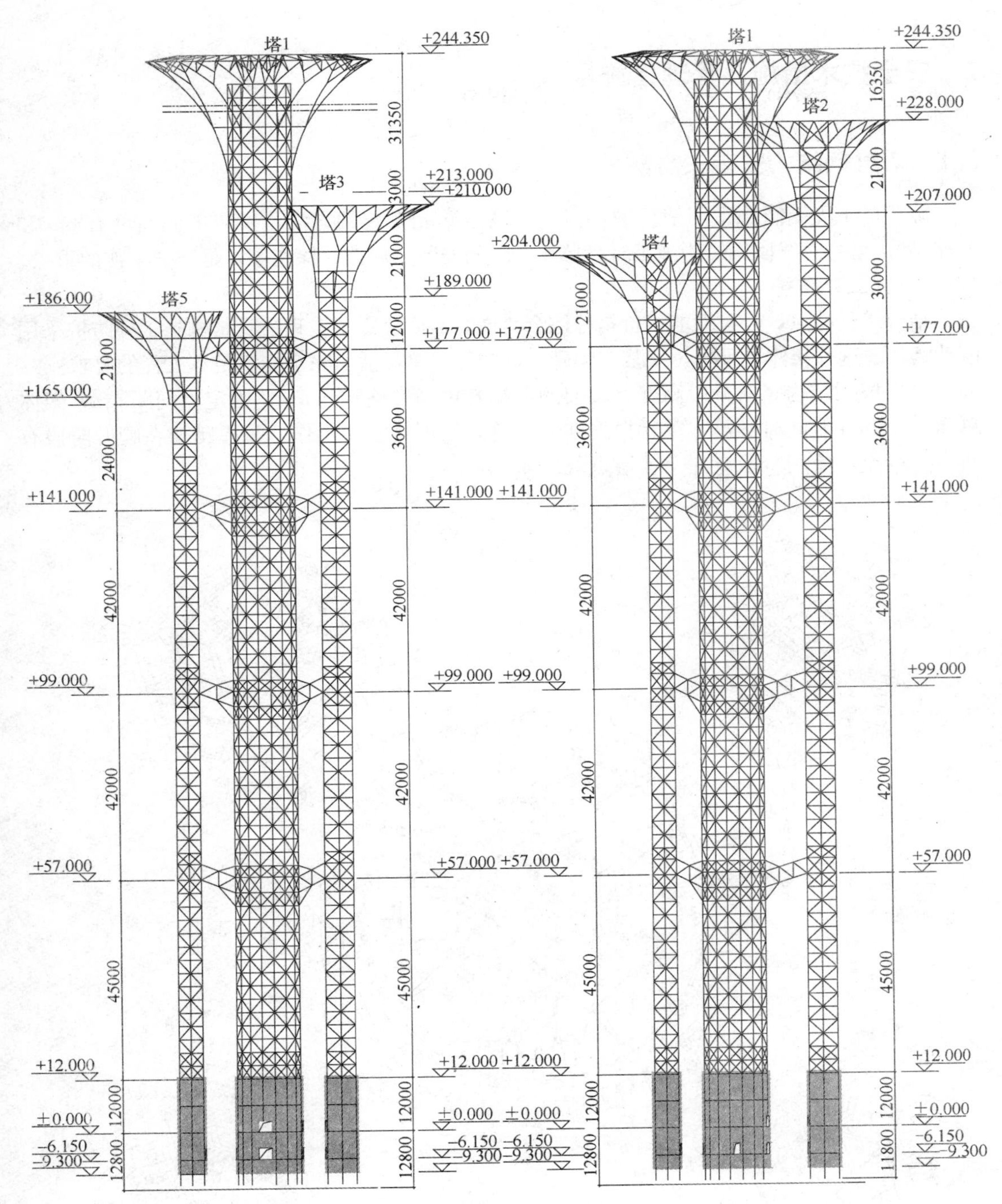

图 3　瞭望塔结构立面示意图

身大，其中 1 号塔外挑最多，达 18.6m。详细的结构参数详见表 1、图 3。

塔冠结构构件无法像塔身构件那样整层形成单元，因此，不可避免地存在高空拼装。从平面上看，结构拼接处均为 200m 左右的高空悬挑，如何保证高空操作工人的安全，是安全防护的重中之重。塔冠结构安装的风险点与塔身结构施工内容相同，只是风险更高，防护难度更大。

2　安全技术措施及管理措施

2.1　塔身钢结构安装安全防护

瞭望塔工程钢结构采用地面散件拼装、高空单元安装的方法，拼装单元高度有 6m 和 9m 两种。塔身直线段钢结构施工时，单元之间的安装、焊接、探伤等，是防护工作的重点。

2.1.1　施工外防护

结合工程特点，经过性能、价格等综合考虑，最后确定了工程塔身结构施工外防护采用电动爬架。这种架体自重轻，安装、爬升、拆卸等简单灵活，完全能满足本工程的要求。

（1）根据结构竖向分段高度，爬架的上端悬挑高度确定为 6m，固定点间距 6m，架体总高度 21m，能同时满足本单元探伤和上一单元的焊接安装工作。每榀爬架在爬升阶段有两个连墙点，使用阶段有三个连墙点（图 4、图 5）。

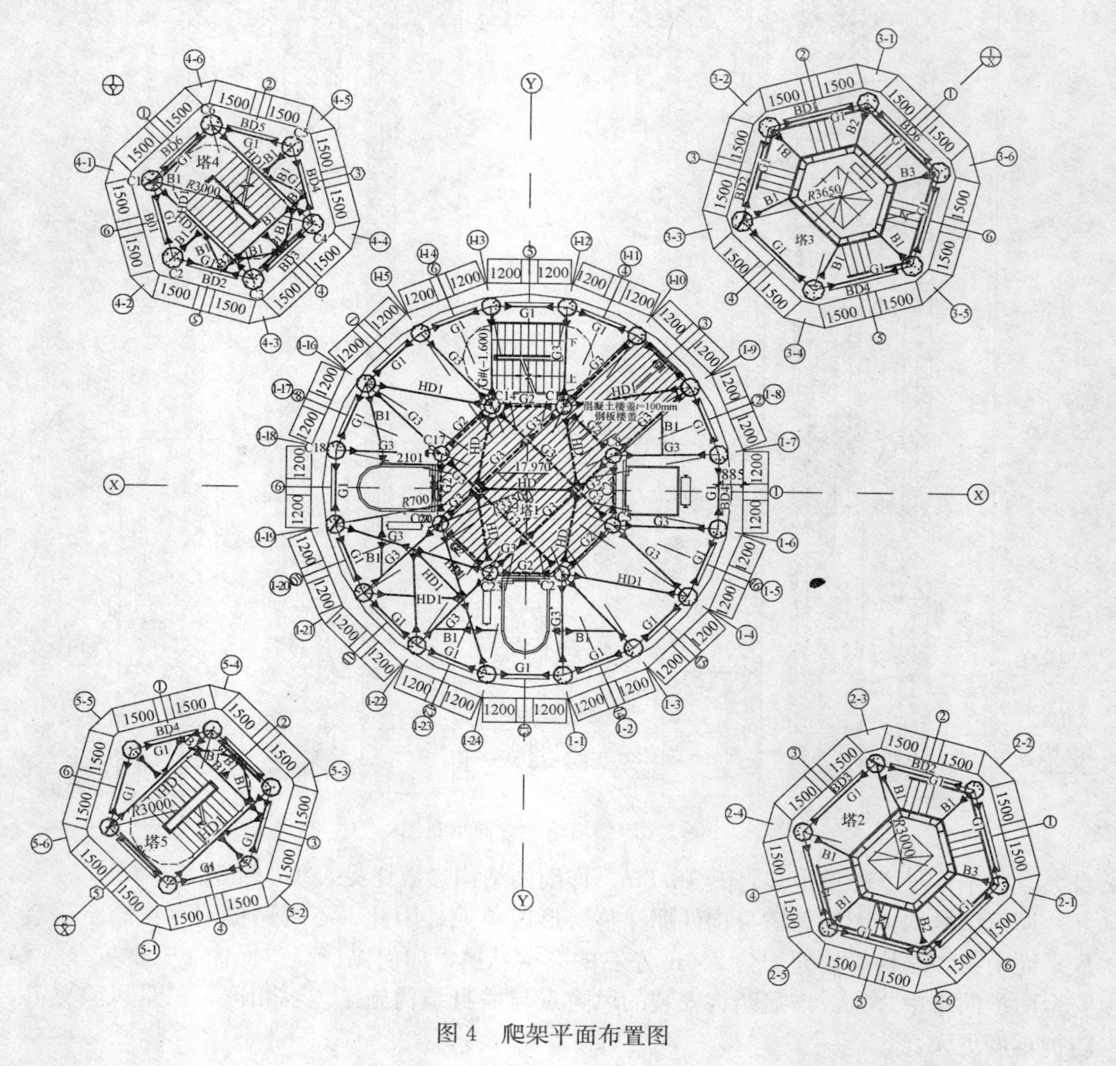

图 4　爬架平面布置图

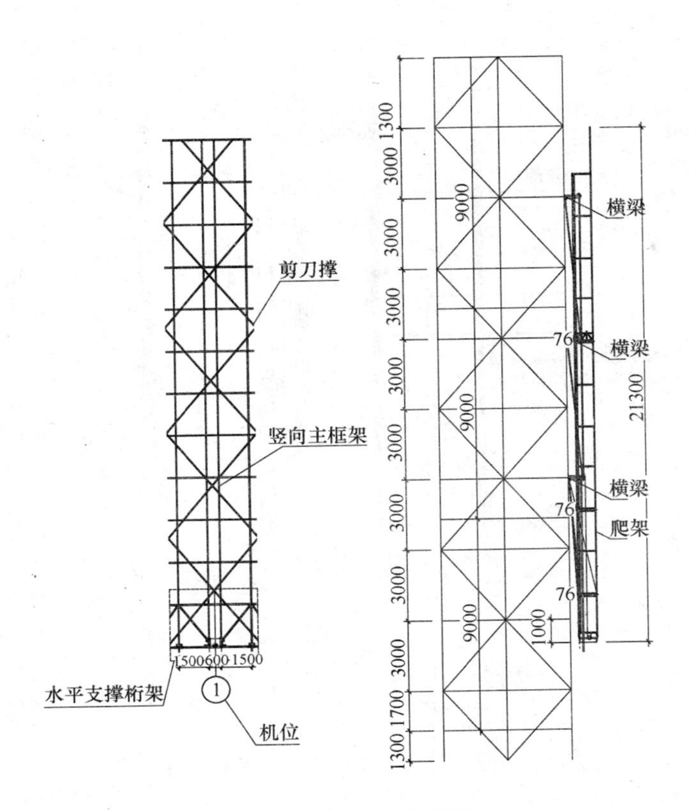

图 5　爬架立面示意图

爬架底部设置小翻板。爬架提升前，翻板翻起，不影响爬架提升；爬架爬升就位后，翻板放下，将爬架与结构间的间隙完全封闭，有效地阻止了高处坠落的物体从爬架与结构间的缝隙下落，大大降低了爬架下方人员遭受物体打击的风险。翻板防护构造详见图 6、图 7。

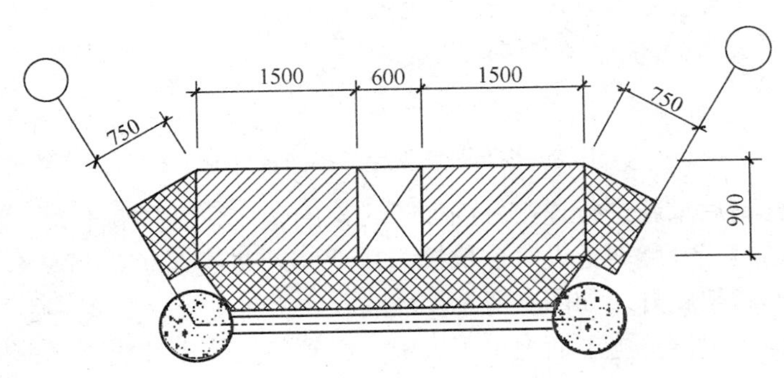

图 6　单榀爬架底部水平防护

本工程塔吊采用外附着式，两台动臂塔对称附着在 1 号塔上。塔吊最大自由高度为 54m，相邻附着点间距 36m，爬架的爬升滞后于塔吊锚固点安装。如图 8 所示。

从图 8 可看出，每侧有两榀爬架与塔吊锚固杆干涉。经过爬架公司详细的计算以及与现场各方 协商，采取方案如下：

两榀主框架能通过塔吊锚固杆间隙的爬架，爬升通过锚固杆时，连接杆拆除，待连接

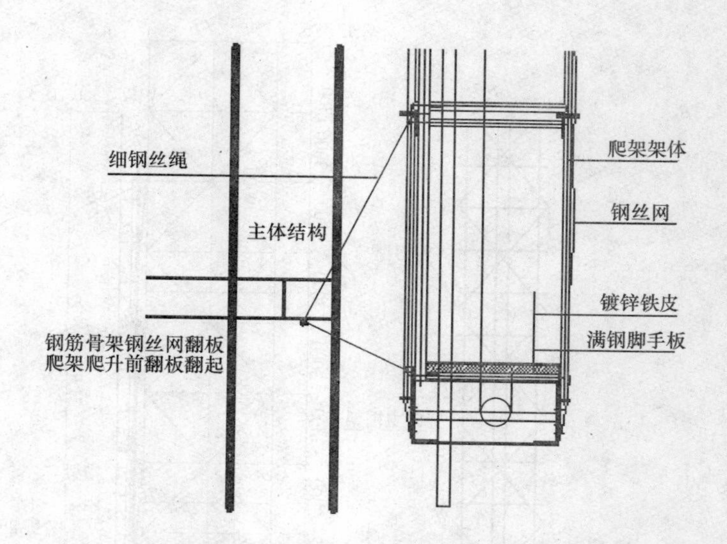

图 7　爬架底部翻板构造示意图

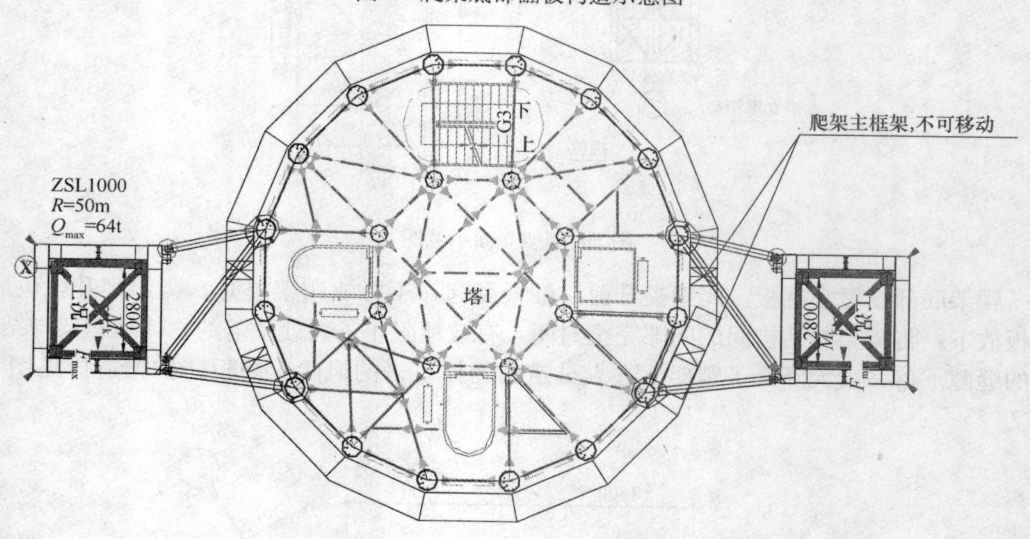

图 8　塔吊与爬架关系平面示意图

节点通过锚固杆标高后重新进行连接，确保了爬架的整体性受影响不大；两榀主框架无法通过锚固杆间隙的爬架，爬架搭设时该位置采用双排架进行防护，高 9m，使其既满足防护要求，又不影响爬架爬升。如图 9 所示。

（2）为了从根本上避免施工面上出现火灾，必须将架体设计成不可燃架体。爬架，设置了三层脚手板，为了减少火灾隐患，处理措施如下：

防护网采用不燃材料钢丝网；

脚手板上满铺一层镀锌铁皮，防止高温电焊渣引燃脚手板。

（3）结构外水平防护

结构施工期间，从 18m 标高开始，向上每 9m 设置一道 3m 宽水平安全网（图 10、图 11），塔间用钢丝拉通，水平网在钢结构周围用三脚架与结构梁柱节点连接锁定，安全网外侧均用 12.5mm 通长钢丝绳拉结。

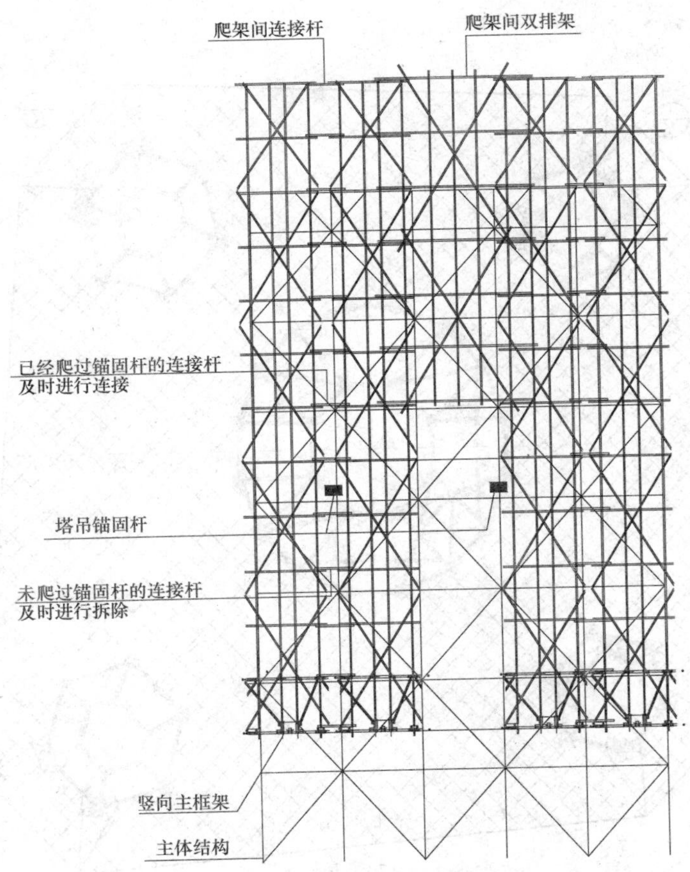

图 9　爬架与塔吊附着杆处理方法立面示意图

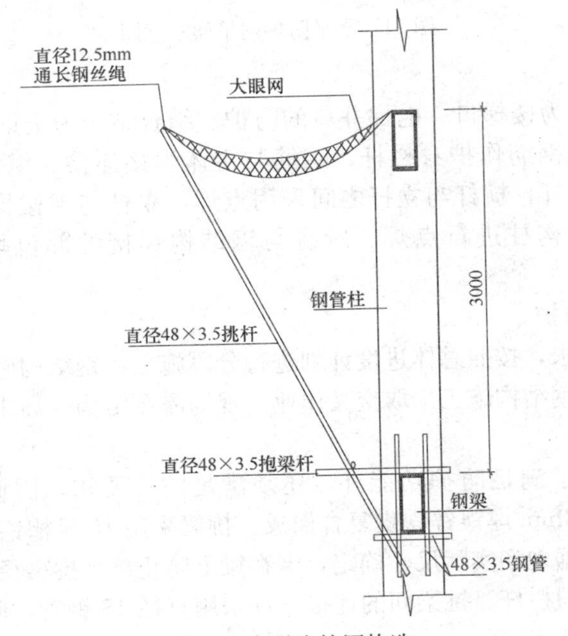

图 10　水平防护网构造

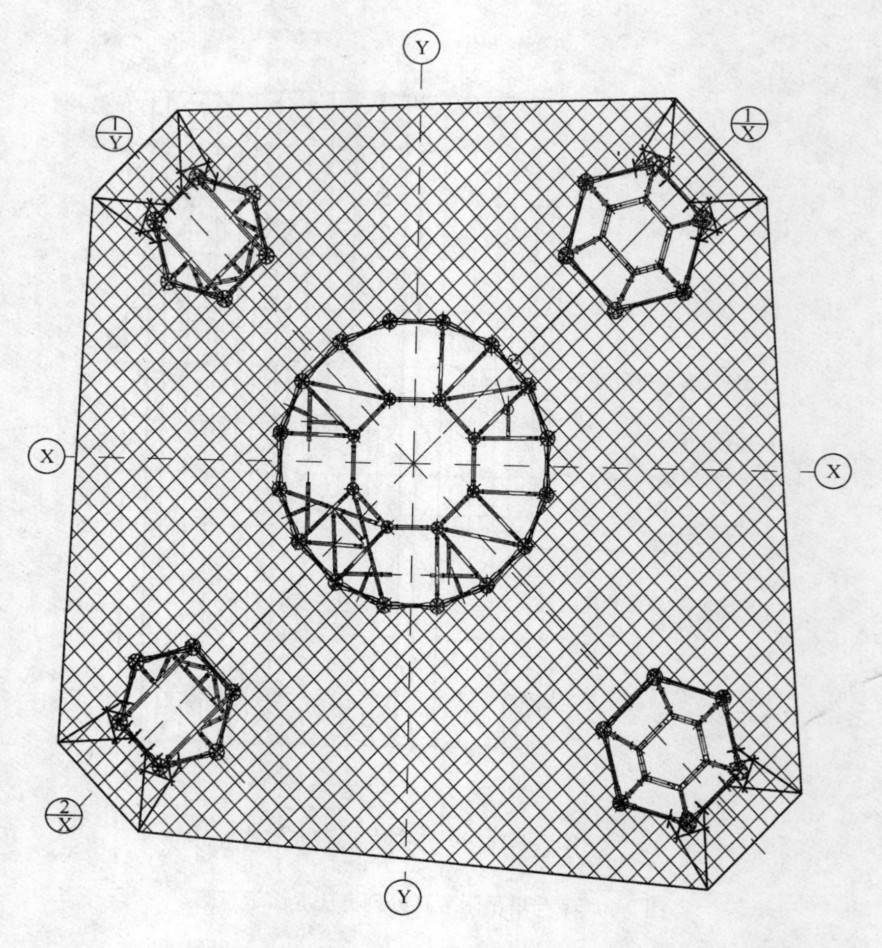

图 11 水平防护网平面示意图

2.1.2 室内防护

室内的防护主要为楼梯口、电梯井口的防护。结合结构为全钢结构的特点，室内楼梯、电梯井口均采用钢筋作护身栏杆，钢筋与主体焊接连接。钢楼梯及其休息平台周围用钢筋制成防护栏杆，横杆与立杆之间采用点焊，立杆与钢楼梯踢面面板进行焊接，横杆（扶手杆）与结构柱进行点焊。所有与钢结构焊接的部位均刷防锈漆二道。见图 12。

2.1.3 层间施工硬防护

为满足总工期要求，按照总体进度计划进行分段施工，钢结构施工至 123m 时插入幕墙施工。幕墙施工与钢结构施工采取交叉作业。现场需在结构标高 102.000m 位置设置硬性防护棚。

本工程硬防护除了满足防护功能外，还须满足防火要求，因此，硬防护面板选用 50mm 厚脚手板加 0.3mm 厚镀锌铁皮复合而成。挑梁采用 10 号槽钢，靠近结构一端焊接两根钢筋卡，间距根据现场实际尺寸确定，卡在梁上防止出现挑梁径向滑移；另一端焊接短钢管，便于连接防护栏杆。挑梁间的连接杆件采用直径 48 钢管，间距不超过 1200mm，与槽钢用四号铅丝绑扎连接。

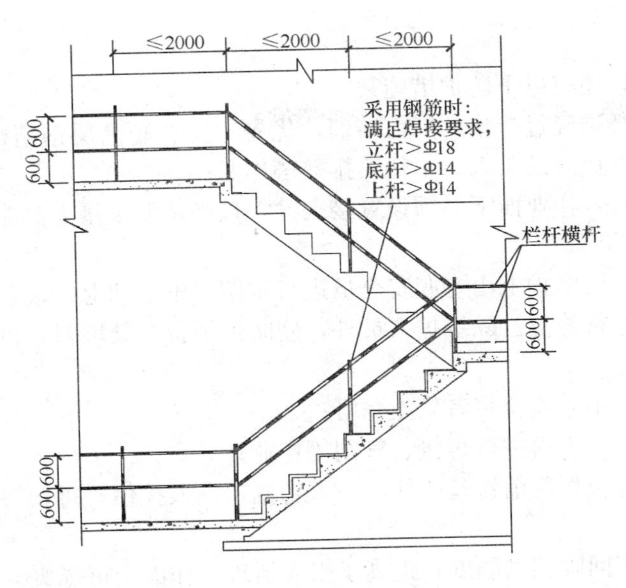

图 12　楼梯防护示意图

为满足硬防护平台安装过程中及使用过程中的需要，其上部、下部均设钢丝绳与结构悬挂。如图 13 所示。

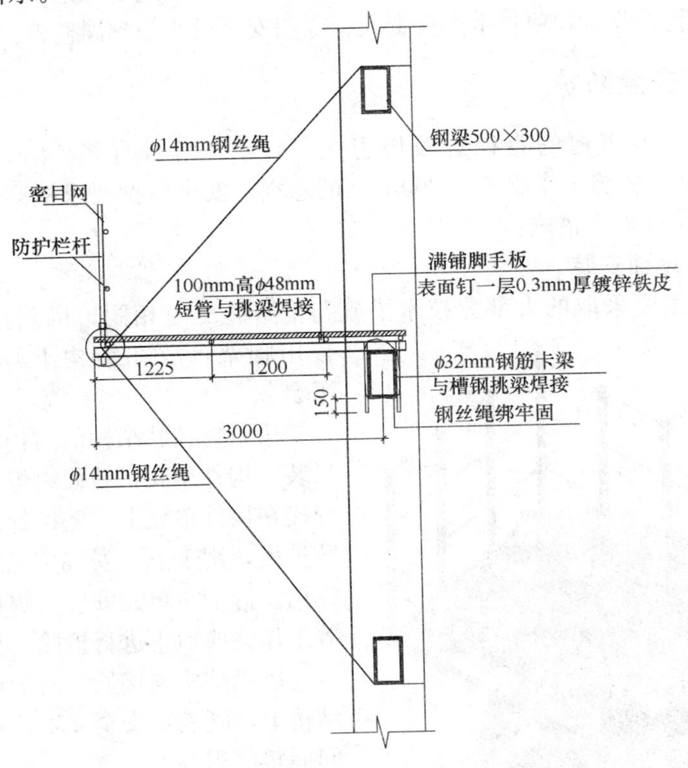

图 13　塔身硬防护剖面示意图

室内作业层下，满铺两层脚手板，脚手板表面也采用与外侧硬防护相同的防火构造。

2.1.4 管理措施

除上述措施外，还有以下防护措施：

(1) 操作工人必须经过严格的岗前培训，优先考虑有超高层钢结构施工经验的工人，恐高或有心理、生理疾病的工人，不得安排登塔作业；

(2) 高空焊接时，作业面下必须设置接火盆，且必须保证接火盆能正常使用，否则不得进行焊接作业；

(3) 施工期间，硬防护上由专职安全员进行定期、不定期巡查，发现杂物堆积立即清理，发现破损立即进行修复。除维护人员外，硬防护平台严禁堆料，也不得用作其他工种施工平台；

(4) 进塔设岗，不带安全带者禁止登塔；

(5) 未开动火证，不得进行焊接、气割等作业；

(6) 切割安装耳板切割前铁丝拴住，一人切割，一人拴住，每切一块，马上放入专用铁笼；

(7) 焊丝盘采用回收奖励制度，提高了工人清理工作面上可燃废弃物的积极性；

(8) 爬架的每次爬升，都必须有爬架公司技术人员，操作班组长，总包专职安全员在场。爬升前，塔根部总控电闸箱合闸通电；爬升完成后，爬架总闸断电，避免闲杂人员误操作随爬架电箱，造成爬架在使用状态下的爬升或下降，造成重大危险；

(9) 每次吊装作业时，项目生产负责人、专职安全员必须到岗监督。

2.2 塔冠安装安全防护

如表1所示，各塔冠的直径远较塔身大，1号塔塔身直径14m，而塔冠直径达51.2m，塔冠大部分的施工作业位于200m高的悬空。安全防护要求极高。针对塔冠施工的安全风险点，采取如下措施：

2.2.1 防护栏杆地面安装

塔冠施工时主要采取的大部分技术措施与塔身施工时相同，因斜挑结构无法继续使用爬架，故在结构上焊接连专用操作平台。

图14 塔冠构件护身栏杆节点

塔冠树枝状结构的防护栏、爬梯随构件吊装。构件单元在地面组焊时，将防护构造焊接在构件单元上，随构件吊装。本单元的防护栏，用于下一安装单元的安装、焊接工作用。待下一单元安装、焊接、探伤、防腐等工作完成后再进行拆除。如图14所示。

塔冠结构连接处，防护构造焊接在主体结构上，既满足安全要求，还可以在不同塔间周转使用。

2.2.2 高空水平安全防护

塔冠的水平防护网采用双层大眼网，在构件起吊前安装在结构上，每个吊装单元的防护网独立设置，吊装就位后，与相邻单元的防护网连成整体，塔冠合龙后，下部的防护网也连成整体。

2.2.3 管理措施

塔冠施工时，除了采取与塔身施工相同的管理措施，要求也更为严格。

塔冠施工期间，使用防坠器作为安全带，既保证了工人操作的安全，也方便工人操作。

管理措施：塔冠安装过程中，投影面半径50m范围内，设警戒线，禁止无关人员进出；生产负责人、专职安全员在构件吊装过程中必须旁站监督管理。

3 工程实践

由于本工程焊接工作量大，因此爬架必须能够防火。所以，在进行爬架方案编制时，即提出“不燃架体”这一概念，采用钢丝网取代了传统的密目网，木脚手板上均包裹了一层镀锌铁皮。

在满足结构安装防护高度上，国标中限制了爬架悬挑的最大高度为6m，因此，9m高单元的防护，必须在单元固定后，爬架再爬一次才能满足防护要求。而在上部安装时，下部仍有焊接、探伤等工作。综合考虑，爬架一次爬升距离6m，架体总高度21m，能满足上述要求。

爬架使用情况良好。爬升速度在80mm/min，每次爬升6m，一般不到2小时就能完成一次爬升。完全满足施工进度要求。

从地面监测的情况看，爬架在大风作用下非常稳定，采用钢丝网，网眼尺寸较大，兜风作用减弱很多。

爬架在爬升通过塔吊附着杆的过程中，由于管理得当，共计通过5次塔吊附着杆，每次均顺利通过。

爬架脚手板在大风作用下也未出现翻板现象。

钢筋作为护身栏杆，既方便施工，也充分利用了现场废钢筋头。且钢筋护身栏的焊接可在地面胎架内即焊接在主体钢结构上，减少了高空作业工作。

耳板、焊丝盘等的回收奖励制度，提高了工人的参与积极性，作业面基本能做到活完料尽脚下清，大大减少了高空坠物的风险。

4 结论

通过施工过程中采取各项安全技术措施及管理措施，有效地降低了施工中安全防护的风险，保证了工程施工的顺利进行。

自2010年6月钢结构开始安装，到目前为止，塔身钢结构已全部完成，未发生一起着火事件，未出现一次物体打击事故、高处坠落事故。

这些成绩的取得，除了因为采取了一系列的安全防护构造措施外，与现场一系列的管理措施是密不可分的，更为重要的是，如何保证安全防护构造的使用，如何将安全管理措施落实到每一个工人，是保证现场安全的重中之重。

参考文献

[1] JGJ 80—1991 建筑施工高处作业安全技术规范.
[2] JGJ 59—2011. 建筑施工安全检查标准.
[3] JGJ 130—2011. 建筑施工扣件式钢管脚手架安全技术规范.
[4] GB/T 50326—2006 建设工程项目管理规范.
[5] 中华人民共和国安全生产法.
[6] 中华人民共和国建筑法.
[7] 建设工程安全生产管理条例.
[8] GB 50009—2001. 建筑结构荷载规范.
[9] DBJ 01—62—2002. 北京市建筑工程施工安全操作规程.
[10] DBJ 01—83—2003. 建筑工程施工现场安全、防护、场容卫生、环境保护及保卫消防标准.